职业技术教育土木工程专业规划教材

土木工程材料

(第2版)

曹建生 主编

西南交通大学出版社
·成都·

图书在版编目（CIP）数据

土木工程材料：第2版 / 曹建生主编 . —成都：
西南交通大学出版社，2014.8（2018.1 重印）
职业技术教育土木工程专业教材
ISBN 978-7-5643-3238-9

Ⅰ. ①土… Ⅱ. ①曹… Ⅲ. ①土木工程－工程材料－
职业教育－教材 Ⅳ. ①TU5

中国版本图书馆 CIP 数据核字（2014）第 176914 号

职业技术教育土木工程专业教材

土木工程材料

（第 2 版）

曹建生　主编

责任编辑	曾荣兵
封面设计	米迦设计工作室
出版发行	西南交通大学出版社 （四川省成都市二环路北一段 111 号 西南交通大学创新大厦 21 楼）
发行部电话	028-87600564　028-87600533
邮政编码	610031
网　　址	http://www.xnjdcbs.com
印　　刷	成都蓉军广告印务有限责任公司
成品尺寸	185 mm × 260 mm
印　　张	17.5
字　　数	439 千字
版　　次	2014 年 8 月第 2 版
印　　次	2018 年 1 月第 5 次
书　　号	ISBN 978-7-5643-3238-9
定　　价	35.00 元

图书如有印装质量问题　本社负责退换

版权所有　　盗版必究　举报电话：028-87600562

第二版前言

随着建设行业的快快发展,我国在土木工程新材料,新工艺等方面都取了许多新的成果。近年来颁布了一些新的标准、规程和规范。为紧跟行业新技术的发展步伐,适应新标准和规范的要求,本版主要改正了第一版中与新标准、规程和规范表述不相吻合的内容,并弥补了第一版在使用过程中的不足。本版主要按以下原则进行重新了编写。

增补的标准主要为《公路工程沥青及沥青混合料试验规程》(JTGE 20—2011)、《水泥标准稠度用水量、凝结时间、安定性检测方法》(GB/T 1346—2011)、《建筑用碎石、卵石》(GB/T 14685—2011)、《普通混凝土配合比设计规程》(JGJ 55—2011)。

本书由武汉铁路桥梁学校曹建生主编。编写分工为:绪论、第七章、第八章、第九章、第十章由曹建生编写,第一章、第二章、第十一章、第十二章上陈辰编写,第三章、第四章、第五章、第六章由付恩琴编写。

编 者
2014 年 7 月

第一版前言

本书在编写过程中参考了有关土木工程材料方面的一些资料，采用我国颁布的材料方面的新标准、新规范，并吸取了本学科在国内外的新成就。在内容上，本书针对土木工程所涉及的材料进行介绍，涉及面较广，内容较全面，建议不同专业教师可以根据自己的专业特点选择重点进行讲解。

本书由武汉铁路桥梁学校曹建生主编。绪论、第七章、第八章、第九章、第十章由曹建生编写，第一章、第二章、第十一章、第十二章由陈辰编写，第三章、第四章、第五章、第六章由付恩琴编写。本书主要供中职和高职院校学生使用，也可供从事工程技术人员参考学习。

由于编者水平和教学经验有限，书中难免有不足和疏漏之处，敬请广大师生和技术人员提出宝贵的意见，我们将及时修正。

编　者
2010 年 4 月

目 录

绪 论 ··· 1

第一章 材料的基本性质 ··· 5
第一节 材料的基本物理性质 ··· 5
第二节 材料的力学性质 ··· 7
第三节 材料与水有关的性质 ·· 10
第四节 材料与热有关的性质 ·· 12
第五节 材料的耐久性、装饰性和安全性 ··· 14

第二章 气硬性胶凝材料 ··· 17
第一节 石 灰 ··· 17
第二节 石 膏 ··· 19
第三节 水玻璃 ··· 21

第三章 水 泥 ··· 23
第一节 通用硅酸盐水泥 ·· 23
第二节 特性水泥与专用水泥 ·· 38

第四章 混凝土 ··· 47
第一节 普通混凝土的组成材料 ··· 47
第二节 混凝土的技术性能 ··· 56
第三节 混凝土外加剂 ··· 67
第四节 混凝土的配合比设计 ·· 67
第五节 混凝土的质量控制 ··· 74
第六节 其他混凝土 ·· 90

第五章 建筑砂浆 ·· 103
第一节 砌筑砂浆 ·· 103
第二节 其他建筑砂浆 ··· 109

第六章 建筑钢材 ·· 114
第一节 铁和钢的冶炼及钢的分类 ··· 114
第二节 建筑钢材的技术性质 ·· 117
第三节 建筑钢材的技术标准和应用 ··· 125

第四节　钢筋和钢丝 ··· 129
　　第五节　桥梁结构钢 ··· 136
　　第六节　钢轨钢 ··· 139
　　第七节　建筑钢材的锈蚀与防锈、防火 ······································· 140

第七章　土的工程性质 ··· 143
　　第一节　土的三相组成 ·· 143
　　第二节　土的物理性质 ·· 147
　　第三节　土的颗粒级配 ·· 158
　　第四节　土的工程分类与野外鉴别 ··· 162

第八章　无机结合料稳定材料 ·· 172
　　第一节　无机结合料稳定材料的组成 ·· 172
　　第二节　无机结合料稳定材料的技术性质 ···································· 176
　　第三节　无机结合料稳定材料的组成设计 ···································· 184

第九章　沥青材料 ·· 189
　　第一节　石油沥青 ·· 189
　　第二节　其他品种沥青 ·· 207

第十章　沥青混合料 ··· 223
　　第一节　概　述 ··· 223
　　第二节　热拌沥青混合料 ··· 225
　　第三节　其他沥青混合料 ··· 251

第十一章　新型墙体与屋面材料 ·· 258
　　第一节　烧土制品的原料及生产工艺简介 ···································· 258
　　第二节　烧结砖 ··· 261
　　第三节　非烧结砖 ·· 264
　　第四节　建筑砌块 ·· 265
　　第五节　建筑板材 ·· 267
　　第六节　屋面材料 ·· 268

第十二章　土木工程材料发展及展望 ·· 271

参考文献 ·· 274

绪 论

一、材料与土木工程的发展

土木工程材料包括结构材料、维护材料、装饰材料以及各种功能材料（如防水、保温隔热、隔声吸声、透光反光材料）、门窗材料、小五金材料、土工材料、沥青材料等。

土木材料的发展是随着社会科技的进步而不断发展的。我们的祖先最早就是从利用自然界材料建造人们赖以生活的住所开始，才有了后来的古罗马建筑、埃及金字塔、中国的万里长城等。人类在土木工程的建造中发现（发明）了许多现在仍被广泛使用的建筑材料，如石灰、石膏、波特兰水泥、钢铁、减水剂、碳纤维等，也正是由于出现了钢筋混凝土、高强合金钢、高强纤维等，才使我们今天的建筑发生了如此巨大的变化。如：波兰 65 m 高的钢筋混凝土世纪大厅；德国采用玻璃纤维增强水泥建造的联邦园艺展览厅的双曲抛物面屋顶，直径 31 m，厚 1 m，质量才 25 t；还有我国正在建造的苏通长江公路大桥，其全长 8 206 m，主跨 1 088 m，是一座双塔斜拉桥。这些都说明材料的发展对土木工程的发展贡献是多么的巨大。

现代土建工程中采用的钢材强度已达 1 800 MPa，碳纤维可达 2 000～4 000 MPa，而混凝土材料强度在很多建筑中已用到 100～150 MPa。只有不断应用新型材料，才可能有结构的创新和发展。可以这样认为：如果说土木建筑业的发展可以折射出社会的进步，那么材料的发展对它的促进作用则功不可没。

随着现在社会的发展，人们对土木建筑工程，如桥梁、隧道、高层建筑、城市交通网、地下铁路、大型标志性建筑、大型水利工程、海港工程等，提出了更高的要求，除了高强轻质外，还要求高寿命（100～500 年）、低能耗、绿色环保。

从成本上考虑，一项土建工程，材料费用所占工程造价的比例是最高的（根据工程性质的不同，比例在 50%～80% 变化）。因此，合理、正确地选用材料，是降低工程造价的关键，否则会由于材料选用不当甚至严重失误而导致重大工程事故的发生。

二、我国土木工程材料的发展

新中国成立初期，我国水泥年产量仅 66 万吨，钢产量几乎为零。改革开放后，我国土木工程和建材业得到了迅速的发展，2004 年钢材已达到 1.25 亿吨，占全世界的 1/4，居世界首位；1985 年水泥年产量就达到了 1.5 亿吨，居世界第一，2003 年我国水泥产量已达世界总产量的 1/3 以上；普通玻璃年产量现在已达到 1 亿标箱以上；其他材料如建筑陶瓷，已占到世界总产量的 1/4 以上，我国已是建筑材料生产名副其实的大国。当然，我国的建筑材料产业得益于蓬勃发展的建筑业，但基建投资的迅速发展，使很多生产还停留在高能耗、低效率、高污染的状况。要改善现状，必须建立和健全相关法律和法规，并与国际接轨。

随着科学技术的发展，材料的研究与开发利用已成为国民经济的支柱产业，并相应产生了一门新的学科——材料科学，它是运用物理、化学、力学的基础理论，通过电子显微镜、X射线、红外光谱仪及其他现代测试手段，研究材料组成、内部结构和构造对性能的影响以及相互作用的一门科学。它的产生为材料的研制、生产和应用提供了广泛的理论依据，也为新产品的产生奠定了理论基础。随着土木工程的发展，人们对未来的建筑材料提出了以下要求：

（1）高耐久性。有高的预期寿命，且综合单价低（含运营期维护费）。

（2）高性能。要求综合性能优良，如结构具有轻质、高强、高抗震性。

（3）多功能化。既是承重材料，又是维护材料，还具有良好的保温、隔热、隔声等功能，如多功能玻璃墙可起到装饰、隔热、吸热、防辐射、单面透光等作用。

（4）绿色环保。材料从生产、施工到使用的多个环节上都是低能耗、低污染，不影响生态环境。

（5）智能化。某些土木工程重要部位的材料在发生破坏前能产生自救功能或发出警示信号等。

三、土木工程材料的分类

土木工程材料品种繁多，由于使用和生产的目的不同，分类方法也就不同。例如，按化学成分可分为无机材料、有机材料和复合材料，见表0.1。

表0.1　土木工程材料按化学成分的分类

土木工程材料	无机材料	金属材料	黑色金属：钢、铁
			有色金属：铝及铝合金、铜及铜合金
		非金属材料	天然石材：石灰岩、大理石、花岗岩、砂岩
			陶瓷和玻璃：砖、瓦、玻璃、陶瓷
			无机胶凝材料：石膏、石灰、菱苦土、水玻璃、水泥
			混凝土与砂浆：混凝土、砂浆、硅酸盐制品
	有机材料	植物材料	木材、竹材、纤维制品
		高分子材料	塑料：聚乙烯、聚氯乙烯、工程塑料
			涂料：聚乙烯醇、丙烯酸酯、聚氨酯
			胶黏剂：环氧类、聚醋酸乙烯、丙烯酸酯
			密封膏：聚硫橡胶
		沥青材料	石油沥青、煤沥青
	复合材料	金属与非金属：钢筋混凝土、钢丝网水泥、钢纤维混凝土	
		有机与无机：聚合物混凝土、沥青混凝土、纤维增强塑料	

若按材料在工程中的功能可分为承重材料、防水材料、隔热保温材料、吸声材料、装饰材料和防护材料等，按用途可分为结构材料、墙体材料、屋面材料、地面材料、装饰材料等。

四、土木工程材料的标准与工程建设规范

为了确保土木工程的质量，必须从材料的生产、运输、保管、施工、验收等方面全方位监控，而监控的依据就是规范。目前我国已制定了各种建筑材料的技术标准，它们包括产品的规格、分类、技术要求、检验方法、验收方法、验收标准、包装标志、运输和储存等要求。按照这些标准，企业就可以进行生产质量的控制，也可以以此评定产品质量合格与否，并为需求方对产品的质量进行验收提供了依据。

我国建筑材料标准分为国家标准、部委行业标准、地区标准和企业标准。国家标准和部委行业标准是全国通用标准。

世界各国对建筑材料均有各自的国家标准，如美国的"ASTM"标准、德国的"DIN"标准、英国的"BS"标准、日本的"JIS"标准等。另外，全世界统一使用"ISO"国际标准。

我国常用的标准有：

（1）国家标准。国家标准有强制性标准（代号 GB）、推荐标准（代号 GB/T）。

（2）部委行业标准。有建筑工业标准（代号 JG）、建材行业标准（代号 JC）、冶金行业标准（代号 YB）、交通行业标准（代号 JT）、铁道部标准（代号 TB）等。

另外，我国土木工程协会标准（代号 CCES）也是全国推荐标准，它具有前瞻性和引导性。标准表示方法一般是由标准名称，部门代号，编号和批准年份等组成。例如，国家标准《建筑用砂》（推荐性）为 GB/T 14684—2011，国家标准《钢筋混凝土热轧带肋钢筋》（强制性）为 GB 1499—1998。对强制性标准，任何技术（或产品）不得低于其规定的要求；对推荐性国家标准，也可执行其他标准。地方标准和企业标准所制订的技术要求应高于国家标准。

五、本课程的目的和要求

"土木工程材料"是针对土木类及相关专业开设的专业基础课。它是从工程实用的角度去研究材料的原料和生产、成分和组成、结构和构造、环境条件等对材料性能的影响以及其相互关系的一门应用学科。作为一个未来的土木工程技术人员，建筑材料的一些基本知识是必须具备的，这样才能在今后从事专业技术工作时，合理选择和使用建筑材料。

虽然材料品种、规格繁多，但常用的材料品种并不多，通过对常用的、有代表性的材料的学习，可以为今后工作中了解和运用其他材料打下基础。

土木工程材料课程的学习要抓住一个中心，即材料的性能。但如果我们孤立地去死记材料的性能实际上是很困难的。只有通过学习材料的组成、结构、构造和其性能的内在联系，以及影响这些性能的因素，才能从本质上去认识它。

此外，在学习土木工程材料课程时，可把相关内容分为三个层次：第一层次是土木工程材料基础知识。所谓基础知识，是指在土木工程中与建筑材料有关的术语，如标准试件、标准强度、强度等级、屈服强度（σ_s）、材料牌号、材料技术指标等。第二层次是材料的基本性质，它包括材料的生产工艺，材料的组成、结构、构造和性能的关系及其影响因素。这一层次要求学生重点掌握，并能运用已有的理论知识对上述关系进行分析。第三层次是有关土木工程材料的基本技能，指能够结合工程实际，正确地选用材料；且可以根据工程

实际情况对材料进行改性，设计、计算材料配比、材料强度、耐久性等。上述三个层次也是本门课程考核的重点。

在学习中，通常可以通过对比法找出它们的共性和各自的特性。此外，要抓住建筑材料中的典型材料、通用材料，举一反三，紧密联系工程实际问题，在学习中寻求答案，这样有助于增强学习的兴趣和效率。

本课程是一门实践性很强的课程，为了配合理论教学，还开设了必要的建筑材料试验。试验是本课程的重要教学环节，通过试验可验证所学的基础理论，熟悉材料的检验方法，掌握一定的试验技能，对培养分析和判断问题的能力、试验工作能力以及严谨的科学态度十分有益，也为今后从事既有材料的改性、新材料的研制以及材料方面的科学研究打下基础。

第一章 材料的基本性质

各类建筑物是由土木工程材料构筑而成的。建筑物要保证其正常使用,就必须具备基本的强度、防水、保温、隔声、耐热、防火、防腐蚀等功能,而这些功能往往是所采用的建筑材料提供的。但是材料在各种外力、阳光、大气、水分及各种介质作用下,会发生受力变形、热胀冷缩、干湿变形、冻融交替、化学侵蚀等,这些因素都会使材料产生不同程度的破坏。为了使建筑物和构筑物能够安全、适用、耐久而又经济,必须在工程设计和施工中充分了解和掌握各种材料的性质和特点,以便正确、合理地选择和使用材料,使其性能满足使用的要求。

土木工程材料品种繁多,性质各异,有其共性,也有其各自的特性。本章将对工程材料在物理、力学等方面的各种共同性质作专题介绍,建立起主要概念,对其内涵和相互关系进行论述,以便在后续各章中直接应用。

第一节 材料的基本物理性质

一、密 度

密度是指单位体积物质的质量,其单位可用 g/cm^3、kg/L 或 kg/m^3 表示。但是由于材料有密实的、多孔的和颗粒堆积等不同状态,材料的密度也就有密实密度、视密度、表观密度和堆积密度之分。

(1) 密实密度(简称密度)。材料在密实状态下单位体积的质量称为材料的密实密度。用下式表示和计算:

$$\rho = m/V$$

式中 ρ ——材料的密实密度(g/cm^3 或 kg/m^3);
m ——材料的干质量(g 或 kg);
V ——材料在密实状态下的体积(cm^3 或 m^3)。

材料在密实状态下的体积是材料体积内固体物质所占的体积,不包括孔隙在内的体积。但实际中完全密实的材料是很少的,绝大多数的材料内部都是含有孔隙的。对于密实材料的密实体积,可用量尺计算或排水法测定,但对于有孔材料的密实体积,则需将其磨成细粉,并通过 0.25 mm 孔径的筛子,然后测其粉末的排水体积,并将此体积作为材料的密实体积。用此法获得的密度又称"真密度"。当然,理论上材料磨得越细,所测得的密实体积就越精确。

(2) 视密度。材料在自然状态下不含开口孔隙时单位体积的质量称为材料的视密度。

对于自身较为密实的颗粒堆积材料，如配置混凝土所用的砂、石等材料，可不必磨成细粉，而直接用颗粒排水测得体积（包括少量的封闭孔隙而不含开口孔隙的体积），这样计算得到的密度即视密度，按下式计算：

$$\rho' = m/V'$$

式中　ρ'——颗粒堆积材料的视密度（g/cm^3 或 kg/m^3）；
　　　m——颗粒堆积材料的干质量（g 或 kg）；
　　　V'——包含少量封闭孔隙而不含开口孔隙的颗粒体积（cm^3 或 m^3）。

(3) 表观密度（又称体积密度）。材料在自然状态下单位体积的质量称为表观密度，用下式计算：

$$\rho_0 = m/V_0$$

式中　ρ_0——材料的表观密度（g/cm^3 或 kg/m^3）；
　　　m——材料的质量（g 或 kg）；
　　　V_0——材料自然状态下的体积（自然体积）（cm^3 或 m^3）。

材料的自然体积是包括孔隙在内的体积，对于有开口孔的材料（如多孔砖等），还包括其开口孔的体积。通常是用规则的材料量尺计算或在材料表面涂蜡将开口孔隙封闭后用排水法测得其自然状态下的体积。

材料的表观密度，通常是指在干燥状态下的体积密度（即干体积密度）。但是材料在自然状态下不一定是完全干燥的，常含有一些水分，会影响表观密度的值，这时应标明其含水状态。在这种情况下计算表观密度时，材料的质量应该包括所含水的质量（即湿表观密度）。

(4) 堆积密度。颗粒材料或纤维材料在自然堆积状态下单位体积的质量称为堆积密度，用下式计算：

$$\rho_0' = m/V_0'$$

式中　ρ_0'——材料的堆积密度（g/cm^3 或 kg/m^3）；
　　　m——材料的质量（g 或 kg）；
　　　V_0'——材料的堆积体积（cm^3 或 m^3）。

材料的堆积体积是指颗粒或纤维在自然堆积状态下，包括空隙体积在内的自然体积。颗粒堆积的堆积体积要用已知容积的容器量得。堆积密度是颗粒材除以料松散堆积状态的密度，如果颗粒材料按照规定方法颠实后，其单位体积的质量则称为紧密密度。

材料的密实密度、视密度、体积密度和堆积密度，是材料的主要物理性质，可用于材料的孔隙率或空隙率计算以及材料质量与体积之间的换算，如材料的用量、运输量和堆积空间的计算，材料配合比的计算，构件自重的计算等。

二、密实度和孔隙率

(1) 密实度。密实度是指在材料的自然体积中，被固体物质所充实的程度。用材料中固体物质的体积占总体积的百分比表示：

$$D = (V/V_0) \times 100\%$$

亦可用材料的密实密度和体积密度计算：

$$D = V/V_0 = [(m/\rho) \div (m/\rho_0)] \times 100\%$$

式中　D——材料的密实度（%）。

（2）孔隙率。孔隙率是指在材料的自然中，孔隙体积所占的比例，用下式计算：

$$P = (V_0 - V)/V_0 = 1 - D = [1 - (\rho_0/\rho)] \times 100\%$$

式中　P——材料的孔隙率（%）。

$$P + D = 1$$

材料的密实度和孔隙率，从两个不同的方面反映材料的同一个性质，即密实程度。材料的许多性质，如材料的体积密度、强度、吸水性、抗冻性、抗渗性、导热性、吸声性、耐腐蚀性等，都与材料孔隙率的大小和空隙特征有直接关系。

材料的空隙特征包括孔隙构造和孔隙粗细两个方面。孔隙的构造是指孔隙是封闭的或是开口连通的；孔隙粗细则是指孔隙是粗大的或是细微的。

三、填充率和空隙率

（1）填充率。填充率是指在颗粒材料的堆积体积中，被颗粒所填充的程度，用下式表示：

$$D' = V'/V_0' = (\rho_0'/\rho_0) \times 100\%$$

式中　D'——材料的填充率（%）。

（2）空隙率。空隙率是指颗粒材料的堆积体积中，颗粒间空隙体积所占的百分比，用下式表示：

$$P' = \frac{V_0' - V'}{V_0'} = 1 - \frac{V'}{V_0'} = 1 - \frac{\rho_0'}{\rho_0} \times 100\%$$

式中　P'——材料的空隙率（%）。

$$P' + D' = 1$$

材料的填充率和空隙率一般用来表示砂、石子、粉粒等颗堆积材料或纤维堆积材料的密实程度。

第二节　材料的力学性质

材料的力学性质又称机械性质，是指材料在外力作用下的变形性能和抵抗破坏的能力。材料对外力的抵抗行为取决于材料的组成、结构和构造。

一、强 度

材料抵抗外力或荷载破坏的能力称为材料的强度。

材料所受的外力有压缩、拉伸、剪切和弯曲等多种形式。根据材料所受外力形式的不同,材料的强度分为抗压强度、抗拉强度、抗剪强度和抗弯强度4种,表1.1是材料受力示意图和相应强度计算公式。

表1.1 材料受力示意及相应强度计算公式

强度类型	试验装置举例	计算式	备 注
抗压强度(f_y)	混凝土	$f_y = \dfrac{P}{A}$	
抗拉强度(f_L)	钢	$f_L = \dfrac{P}{A}$	P——破坏荷载,N; A——受荷面积,mm; L——跨度,mm; b——断面宽度,mm; d——断面高度,mm。
抗剪强度(f_z)	木材	$f_z = \dfrac{P}{A}$	
抗弯强度(f_w)	木材	$f_w = \dfrac{3}{2} \cdot \dfrac{PL}{bd^2}$	

土木工程材料的结构用材,一般以强度作为主要质量评定指标,即按强度的大小将材料划分为若干等级。对某种具体材料的强度等级的评定,应根据材料本身的特点、强度检测结果的波动特征和工程结构的需要,确定某种强度为指标,以试验检测结果的平均值或最低值,或统计计算值作为检测结果,并依据标准规范的最低限制做出判断。

在现代材料的应用中,人们增加了对耐久性的重视;同时人们注意到材料除了应具有较高的强度外,还应该有较低的表观密度。在跨度大、高度高的结构中尤其需要这样的材料,这就提出了一个新的概念——比强度。比强度定义为材料强度(见表1.2)与表观密度之比。它是衡量材料轻质高性能的主要指标。土木工程中作为大量结构用材的混凝土必须向轻质高强的方向发展,才更具有市场前景。这也是土木工程材料的一个研究方向。

表1.2 几种常用材料的强度

材料名称	抗压强度/MPa	抗拉强度/MPa	抗折强度/MPa
钢 材	—	300~1 500	—
松木(顺纹)	30~60	80~120	60~110
花岗岩	100~250	5~8	10~14
普通黏土砖	7.5~30	—	2~5
普通混凝土	7.5~60	0.7~4	0.7~4
水 泥	30~80	—	5~9

二、弹性与塑性

材料在外力作用下会产生变形，当外力撤销时，变形随之消失材料能够完全恢复原来形状的性质称为弹性。这个过程中发生的可以完全恢复的形变称为弹性变形。

材料在外力作用下产生变形，当外力撤销后，仍保持已发生的变形，并不产生裂缝的性质称为塑性。这种不能恢复的变形称为塑性变形。

但是纯弹性的材料是没有的。有的材料（如钢材）在受力不大时表现为弹性，超过弹性极限之后便出现塑性变形。同样纯塑性的材料也是没有的，因为塑性材料产生塑性变形的机理不同。所以在发生塑性变形后，材料都会有不同程度的恢复，因此没有绝对的塑性变形。许多材料（如混凝土等）在受力后，弹性变形和塑性变形是同时发生的，若撤销外力，其弹性变形将消失，但塑性变形仍然残留着。这种既有弹性又有塑性的变形称为弹塑性变形。

三、脆性和韧性

材料受力时，在没有明显变形的情况下突然断裂的性质为脆性。具有这种性质的材料称为脆性材料。一般来说，脆性材料的抗压强度比抗拉强度往往要高出几倍甚至几十倍，但抗冲击性却很差，受较大震动或冲击荷载作用时容易破坏。砖、石、陶瓷、玻璃、混凝土、铸铁等均属于脆性材料。

材料受力时，发生较大变形而不断裂的性质称为韧性。具有这种性质的材料称为韧性材料。对于有裂缝的材料，裂缝尖端附近的应力、应变很难准确测出，相应的单位体积内的断裂能也可较精确计算出。因此，材料的韧性一般采用冲击试验来进行检测，用冲击破坏时断口处单位面积所吸收的功来比较材料的冲击韧性，该值称为材料冲击韧性系数。

工程中所用的建筑钢材、木材等均属于韧性材料，多用于受冲击或震动荷载作用的结构物中，如桥梁、吊车梁以及抗震的结构。

四、硬度与耐磨性

1. 硬度

材料表面抵抗其他较硬物体压入或刻画的能力称为硬度。实际上，硬度是材料表面的局部抗压强度。

测定材料硬度的方法有很多种，由于方法不同，对硬度的解释也有差异。按测定方法可以分为：压痕硬度、冲击硬度、回弹硬度、刻痕硬度等。金属材料多用压痕硬度，岩石矿物则多用刻痕硬度。

利用硬度与其他力学性质之间的相互关系，由硬度大致推算其他力学性质是材料性质分析的常用方法。如混凝土构件强度非破损检测中的回弹法，就是用混凝土回弹硬度推算混凝土的强度。在某些情况下，有时还用射击方法检测推算材料的强度。

一般说来，硬度大的材料耐磨性较强，公路路面、地面、大坝的溢流面、钢轨等都应该考虑材料的硬度。

2. 耐磨性

材料表面抵抗磨损的能力称为耐磨性。材料与其他物体间的相对运动会产生不同的摩擦，磨损是摩擦发生在表面的必然结果。

表示耐磨性的方法有几种。在交通土建工程中常用的是质量法，即以磨损率来表示。磨损率是一定摩擦行程下单位材料受磨损面积或单位质量的减少量。摩擦行程（时间）越大，磨损率越大。

材料的耐磨性还取决于材料的组成和内部构造以及硬度、强度等。在公路、铁路等工程中同样也应该考虑耐磨性的问题。

第三节　材料与水有关的性质

一、亲水性与憎水性

材料与水接触时，根据材料表面对水的吸附程度，分为亲水与憎水两种不同的情况。大多数材料的表面对水的吸附力较大，水在材料表面呈摊开状[润湿角 $\theta < 90°$，如图 1.1（a）所示]，材料表面能被水润湿，材料中的开口微孔能将水吸入，材料的这种性质称为亲水性，具有这种性质的材料称为亲水性材料。木材、砖、石、混凝土等材料都是亲水性材料。

少数材料的表面对水的吸附力较小，由于水的内聚力作用，水在材料表面收拢成珠状[润湿角 $\theta > 90°$，如图 1.1（b）所示]，材料表面不易被润湿，材料中的微细孔隙不会将水吸入（若憎水性材料的缝隙进入了亲水的粉尘，应另当别论），材料的这种性质称为憎水性，具有这种性质的材料称为憎水性材料。沥青、石蜡等材料属于憎水性材料。憎水性材料常用作防水材料，或对亲水性材料表面作防水处理。

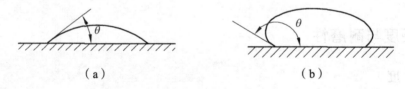

（a）　　　　　　　　　　　　（b）

图 1.1　材料表面对水的吸附情况

二、吸水性

材料在水中吸水的性质称为吸水性。材料的吸水性用质量吸水率或体积吸水率表示。

材料在吸水饱和状态下，所吸收水分的质量与材料干质量比值的百分比称为材料的质量吸水率（简称吸水率）。用下式表示：

$$W_{吸} = [(m_{饱} - m_{干})/m_{干}] \times 100\%$$

式中　$W_{吸}$——材料的质量吸水率（%）；

　　　$m_{饱}$——材料吸水饱和时的质量（g）；

$m_干$——材料烘干至恒重时的质量（g）。

对于轻质多孔材料的吸水率，可用体积吸水率表示。材料在吸水饱和的状态下，所吸水分的体积与材料自然状态的体积比值的百分比称为材料的体积吸水率。用下式表示：

$$W_体 = [(m_饱 - m_干)]/\rho_水 V_0] \times 100\%$$

式中　$W_体$——材料的质量吸水率（%）；
　　　V_0——材料在干燥状态时的自然体积（cm³）；
　　　$\rho_水$——水的密度，取 1 g/cm³。

材料吸水性的强弱，取决于材料的亲水性、孔隙率和空隙特征。一般说来，孔隙率较大的亲水性材料，其吸水率大，吸水性强。但封闭孔隙不能进水，粗大孔隙虽然容易进水却不易存留，而具有大量开口连通细微孔隙的亲水性材料（如木材、砖、多孔混凝土等），其吸水性是很强的。

三、吸湿性

材料在潮湿环境中吸收水分的性质称为吸湿性。材料的吸湿性用含水率表示。材料在自然状态下，所含水分的质量与材料干质量比值的百分比称为材料的含水率。用下式表示：

$$W_含 = [(m_含 - m_干)]/m_干] \times 100\%$$

式中　$W_吸$——材料的质量吸水率（%）；
　　　$m_含$——材料含水时的质量（g）。

材料含水率的大小，除与材料的亲水性、孔隙率、空隙特征有关之外，还随着周围环境的温度、湿度而变化。当周围环境较为潮湿时，材料将吸入水分，使含水率增大；反之，当周围环境较为干燥时，材料中的水分蒸发，使含水率下降，直至与外界湿度达到平衡为止。达到平衡时材料的含水率称为平衡含水率。

四、耐水性

材料在长期饱和水作用下保持其原有性质的能力称为耐水性。不同材料的耐水性有不同的含义：结构材料的耐水性主要指材料受水后强度的变化，而装饰材料的耐水性主要指材料受水后的颜色变化、霉变、是否会鼓泡起层等。

结构材料的耐水性用软化系数 $K_软$ 表示：

$$K_软 = f_饱/f_干$$

式中　$f_饱$——材料在吸水饱和状态下的抗压强度（MPa）；
　　　$f_干$——材料在干燥状态下的抗压强度（MPa）。

材料在吸水后，由于水分子的浸入，削弱了材料微粒间的结合力，并溶解其中易溶于水的成分，使材料的强度有不同程度的下降，严重者会完全丧失其强度（如黏土）。

材料的软化系数，其值一般为 0~1。$K_软$ 越接近 1，材料的耐水性越好。凡用于受水浸泡或潮湿环境的重要材料，要求其软化系数不能小于 0.85；而用于受潮湿较轻或次要部位的材料，要求其软化系数不小于 0.7。凡是软化系数大于 0.85 的材料，通常认为是耐水材料。

五、抗冻性

抗冻性是指材料在吸水饱和的状态下，能经受多次冻融循环作用而不被破坏，强度也不严重降低的性质。

由于水结冰时体积膨胀的 9%，材料孔隙内的饱和水结冰膨胀，将对材料的孔壁产生很大的压力，无论是冰冻还是融化，都会使材料出现内外裂纹、表面剥落、强度下降，引起冻融破坏，且冻融循环次数多，冻融破坏就越严重。

材料的抗冻性，用抗冻等级表示，分为 F10、F15、F25、F50、F100 等抗冻等级。其中"F"是抗冻等级的代号，其数码代表冻融循环次数。如"F25"代表材料经过 -15 ℃ 冰冻、+20 ℃ 下融化，如此循环 25 次后，材料未发生严重破坏，即质量损失不大于 5%、强度损失不大于 25%、裂纹开展不超限。

材料抗冻性的好与差取决于材料的强度、孔隙率和空隙特征。增大材料的密实性或使材料内部形成一定数量的封闭孔隙，均能提高材料的抗冻性能。

六、抗渗性

材料抵抗压力水或液体渗透的能力称为抗渗性。材料抗渗性能的好与差，主要取决于材料的孔隙率和孔隙特征。与抗冻性一样，增大材料的密实性或使材料内部形成一定数量的封闭孔隙，都能提高材料的抗渗性能。

材料的抗渗性，有的用抗渗等级表示，分为 P4、P6、P8、P10、P12 等抗渗等级。其中的"P"是抗渗等级的代号，其数值代表材料在不发生渗透的前提下所能承受的最大水压。如"P6"代表材料按标准方法的抗渗试验时，在 0.6 MPa 的水压作用下不发生渗透。

第四节 材料与热有关的性质

一、导热性

材料能传导热量的性质称为导热性。材料传导热量的能力用导热系数 λ 表示。根据热工原理：当面积为 A、厚度为 d 的材料，在两侧温差为 t_2-t_1 的情况下，传热时间 s 内所传导的热量为 Q，有如下关系：

$$Q = \lambda \cdot As(t_2-t_1)/d$$

式中　　λ——材料的导热系数 [W/(m·K)]；

　　　　Q——材料传导的热量（J）；

d——材料的厚度（m）；

A——材料的传热面积（m²）；

s——传热的时间（h）；

t_2-t_1——材料传热时两面的温差（K）。

可见，导热系数 λ 表示面积为 1 m²、厚度为 1 m 的材料，当其两面的温差为 1 K 或 1 ℃ 时，在 1 h 内所传导的热量。

一些常用材料的导热系数如表 1.3 所示。

表 1.3 几种材料的热工性质指标

材　料	导热系数 W/(m·K)	比热容 J/(g·K)	材　料	导热系数 W/(m·K)	比热容 J/(g·K)
铜	370	0.38	绝热纤维板	0.05	1.46
钢	55	0.46	玻璃棉板	0.04	0.88
花岗岩	2.9	0.80	泡沫塑料	0.03	1.30
混凝土	1.8	0.88	冰	2.20	2.05
黏土砖	0.55	0.84	水	0.60	4.19
松木	0.15	1.63	密闭空气	0.025	1.00

材料保温性的好与差，取决于材料的成分和构造。由于密闭空气的导热系数很小，所以孔隙率较大且细微封闭孔隙的材料的导热系数也就小，保温性能就越好。具有粗大而贯通孔隙的材料，由于有对流作用，其导热系数会增大。材料受潮或吸水受冻后，由于水和冰的导热系数比不流动的空气的导热系数大几十倍，会使材料的导热系数增大。

一般认为，导热系数 $\lambda \leqslant 0.23$ W/(m·K) 的材料，可作为保温隔热材料，这种材料必定是多孔轻质的，且应在干燥环境中使用，以利于发挥其保温隔热的性能。

二、热容量

热容量是材料受热时吸收热量、冷却时放出热量的性质，即材料能容纳热量的性质。单位质量的热容量用比热容表示，即

$$C = Q/m(t_2-t_1)，\quad (t_2 > t_1)$$

式中　C——材料的比热容 [J/(g·K)]；

Q——材料吸收或放出的热量（J）；

m——材料的质量（g）；

t_2-t_1——材料受热或冷却前后的温差（K）。

比热容表示 1 g 材料温度升高 1 K 时所吸收的热量（或者降低 1 K 时所放出的热量）。几种常用材料的比热容值见表 1.3。

材料的质量与比热容的乘积（$m \cdot C$）就是材料的热容量。材料的热容量对保持建筑室内温度的稳定有很大的作用。用于建筑外围的材料，宜采用导热系数小或热容量大的材料，这样能在

室内外温差较大的情况下缓和室内温度的波动，对于采暖或供冷的建筑，可起到节约能源的作用。

三、热膨胀

材料的热胀冷缩是一种自然现象。材料由于温度上升 1 K（或下降 1 K）所引起的相对伸长值（或相对缩短值）称为线膨胀系数 α，α 的值在常温下是一个常数：

$$\alpha = \Delta L / L \Delta t$$

式中 L——材料原有的长度（m）；

ΔL——材料由温变引起的伸长或缩短值（m）；

Δt——温度的变化量（K）。

常见的线膨胀系数如下：

钢　材　　　　　$\alpha = (10 \sim 12) \times 10^{-6} / K$

混凝土　　　　　$\alpha = (5.8 \sim 12.6) \times 10^{-6} / K$

岩石、集料　　　$\alpha = (6.3 \sim 12.4) \times 10^{-6} / K$

线膨胀系数是一个重要的物理参数，可以用来计算材料在温度变化时所引起的变形，或当温度变形受阻时所产生的温度应力等。

第五节　材料的耐久性、装饰性和安全性

一、材料的耐久性

耐久性是材料在长期使用过程中，抵抗其自身及外界环境因素的破坏，保持其原有性能且不变质、不破坏的能力。

材料在长期使用中引起破坏的因素往往是复杂多样的，可以概括为物理作用、化学作用、生物作用等破坏。

（1）物理作用。包括材料所受的干湿变化、温度变化和冻融循环作用。这些作用会使材料发生体积膨胀或收缩，使材料内部裂缝逐渐发展，致使材料发生破坏。

（2）化学作用。包括酸、碱、盐等物质的溶液和有害气体的侵蚀作用。这些侵蚀作用使材料性能逐渐发生变化而引起破坏。

（3）生物作用。主要是指由于昆虫或菌类的危害所引起的破坏作用。

耐久性是一项综合性质，在具体的工程环境条件下，不同类别的材料其抵抗能力各不相同。

无机质的非金属材料，如石料在水中除了会发生渗透和降低强度等物理作用外，还可能受到环境水的侵蚀作用，在北方的冬季甚至还会发生冻害，而水利工程中的混凝土还会受到水流或泥沙等的冲磨作用。如在几种因素共同作用下，材料的破坏现象则更为严重。

无机质的金属材料在大气中或水中，会发生化学腐蚀而锈蚀。

在有机质材料中，木材等常受到虫类或菌类等的侵蚀造成腐朽，沥青、塑料等则在空气、阳光和热作用下常发生老化而变脆开裂。

在一定的环境条件下，合理地选择材料和正确施工、使用、维护，可以提高材料的耐久性，延长使用期，降低维修费用，从而获得显著的综合技术、经济效益。

对材料耐久性的评定，可根据某些指标将材料划分为若干等级，如混凝土的抗渗等级、抗冻等级等。

现代工程中对耐久性的要求越来越高，提出耐久性指标的工程设计也越来越多。对材料的质量评定也应逐渐由强度指标发展为耐久性指标。预计在未来的工程设计中，按耐久性进行的设计将取代目前按强度进行的设计。

二、材料的装饰性

随着经济发展，人们对各类工程的要求不再局限于功能方面，还要求获得舒适和美的感受，达到一定的艺术效果。土木工程材料中，目前发展变化最快的材料之一就是建筑装饰材料。在土木工程中，装饰材料已成为一种不可缺少的物质基础。

材料的装饰效果主要取决于色彩、光泽、表面组织及形状尺寸等，即装饰材料的这些效果都是通过材料表面的光学性质和形状尺寸等特征，被人的感官感知，并产生美的效果。当然，材料的装饰效果还与社会时尚有着密切的关系。

装饰材料应该与环境相协调，以最大限度地表现装饰材料的装饰效果。

三、材料的安全性

健康、安全是当今社会的重要话题。随着越来越多的有机、无机材料在工程中应用，除了带来方便、舒适、多功能的享受外，土木工程材料应用的安全问题也受到公众的重视。材料的安全性是指在生产、使用过程中，材料是否会对人的生命健康造成危害的性能，包括卫生安全和灾害安全。

土木工程材料的卫生安全问题包括：无机土木工程材料的天然放射性和有机土木工程材料的有害气体等。

天然放射性是指天然存在的不稳定原子核自发放出 α、β、γ 等射线。无机土木工程材料主要是矿物类的材料，当其中含有不稳定原子核时就会有放射性。当放射量达到一定程度时，就会对人体产生不良影响。放射线在被人体吸收时产生电离作用，从而引起生物化学反应而使机体受到损伤，如急慢性放射病、癌变或遗传疾病等。国家标准规定，在检验土木工程材料成品时，按对比活度和 γ 射线照射量率来评定材料的放射性。

在有机土木工程材料的使用和施工过程中可能会产生某些有害气体和物质，如在涂料中为溶剂的四氯乙烯、三氯乙烯、甲苯、甲醇以及多环芳香烃等，人体摄入过量时会影响健康甚至危害生命。也有一些有机装饰材料在发生火灾时，会放出有毒气体。装饰涂料中含有氟化物、硝酸盐及其铝化物时，人体吸收过量，会造成中毒，危及健康和生命。此外，某些土木工程材料在生产过程中产生的粉尘也有危害作用。这些问题早已引起社会的重视，国际、国内已有相关法规加以限制，以保障人类的健康安全。

材料的灾害安全性是指在突发灾害情况时，土木工程材料是否对人的健康造成危害的性能，包括防火、防爆能力等。

复习思考题

1. 什么是材料的密度？按材料状态的不同分为哪几种？分别如何表示和计算？
2. 什么是材料的密实度、孔隙率和空隙率？如何计算？材料的孔隙特征指什么？
3. 取一些卵石经洗净烘干后，称取 1 000 g，将其浸水饱和（其开口连通孔隙吸饱水，可使测试结果更为准确，但封闭孔隙未进水），广口瓶盛满水连盖称得质量为 1 840 g，装入卵石并加满水加盖称得质量为 2 470 g，求卵石的视密度。
4. 什么是材料的强度？按受力形式的不同分为哪几种？分别如何计算？现用单位是什么？
5. 什么是弹性变形？什么是塑性变形？什么是材料的韧性？什么是材料的脆性？就韧性材料和脆性材料各举些例子。
6. 亲水性材料与憎水性材料在与水接触时的性能有何不同？对这两类材料各举例说明。
7. 什么是材料的吸水性和吸湿性？什么是材料的吸水率和含水率？如何表示和计算？
8. 什么是材料的热容量？它对建筑物的热工性能有何影响？
9. 什么是材料的耐久性？材料会受到哪些破坏作用？材料的耐久性主要反映在哪几个方面？

第二章 气硬性胶凝材料

能够将散粒材料（如砂和石子）或块状材料（如砖和石块）黏结为一个整体，并经过自身的一系列物理化学作用后具有一定机械强度的物质，统称为胶凝材料。

胶凝材料根据化学成分分为无机胶凝材料和有机胶凝材料两大类。

$$\text{胶凝材料}\begin{cases}\text{无机胶凝材料}\begin{cases}\text{气硬性胶凝材料：石膏、石灰、水玻璃等}\\ \text{水硬性胶凝材料：各种水泥}\end{cases}\\ \text{有机胶凝材料：沥青、树脂、橡胶等}\end{cases}$$

气硬性胶凝材料又称非水硬性材料，只能在空气中硬化，也只能在空气中保持或继续发展强度。已硬化并具有一定强度的制品在水的长期作用下，强度会显著下降以致破坏。

水硬性胶凝材料既能在空气中硬化；又能在水中更好地硬化，保持并继续发展其强度。

将无机胶凝材料区分为气硬性和水硬性，有着重要的实用意义，在材料使用过程中一定要注意其适用的环境。

第一节 石 灰

石灰（Lime）是使用较早的无机胶凝材料之一。石灰的原料（石灰石）分布很广，生产工艺简单，成本低廉，所以在建筑业中一直应用很广。根据成品加工方法的不同，可将石灰分为块状生石灰、生石灰粉、消石灰粉、石灰浆（石灰乳）。

一、石灰的原料及制备

制造石灰的原料主要有天然石灰岩、白煤、白云质石灰岩等，以及一些化工副产品，这些原料主要含碳酸钙（$CaCO_3$）及少量的 $MgCO_3$、SiO_2、Al_2O_3 等杂质。其煅烧反应式如下：

$$CaCO_3 \longrightarrow CaO + CO_2$$

石灰的质量品质与原料成分、煅烧温度、煅烧设备等有很大关系。原料中含 $CaCO_3$ 成分越高，杂质越少，煅烧后得到的有效 CaO 就越高。煅烧温度过低或时间不足时，会使生石灰中残留未分解的 $CaCO_3$，称为欠火石灰；欠火石灰中 CaO 含量低，从而降低了石灰质量等级和石灰的利用率。若煅烧温度超过烧结温度或煅烧时间过长，将出现过火石灰，过火石灰质地密实，消解十分缓慢。煅烧石灰石的窑型有多种类型，如土窑、轮窑、立窑、回转窑、沸腾窑等,应根据原料的结构和性质、燃料的性质以及对产品质量的要求、设备供应的条件等因素,从技术和经济角度全面考虑需要选用煅烧的设备。

石灰的另一来源是化学工业副产品,如用水作用于碳化钙(即电石)以制取乙炔时,所产生的电石渣,其主要成分是氢氧化钙,即消石灰(或称熟石灰):

$$CaC_2 + 2H_2O == C_2H_2 + Ca(OH)_2$$

二、生石灰的熟化和硬化

建筑工地上使用石灰时,通常将生石灰加水,使之消解为消石灰——氢氧化钙,这个过程称为石灰的"消化",又称"熟化":

$$CaO + H_2O == Ca(OH)_2 + 64.79 \text{ kJ}$$

生石灰具有强烈的水化能力,水化时放出大量的热,同时体积膨胀 1~2.5 倍。一般煅烧良好、氧化钙含量高、杂质少的生石灰,不但消解速度快,放热量大,而且体积膨胀也大。

生石灰中常含有欠火石灰或过火石灰。欠火石灰会降低石灰的利用率;过火石灰颜色较深,密度较大,表面常被黏土等杂质融化形成的玻璃釉状物包覆,熟化很慢,当石灰硬化后,其过火颗粒才开始熟化,体积膨胀,引起隆起和开裂。为了消除过火石灰的危害,石灰浆应在消解灰坑中陈伏两星期以上。陈伏期间,石灰表面应保有一层水分,并与空气隔绝,以免碳化。

石灰浆体的硬化包括干燥、结晶和碳化 3 个交错进行的过程。

干燥时,石灰浆体中多余水分蒸发或被砌体吸收而使石灰粒子紧密接触,从而获得一定强度。随着游离水的减少,$Ca(OH)_2$ 逐渐从饱和溶液中结晶出来,形成结晶结构网,使其强度继续增加。但这个强度值不大,当浆体再遇水时,其强度又会丧失。

由于空气中有 CO_2 存在,$Ca(OH)_2$ 在有水的条件下与之反应生成 $CaCO_3$:

$$Ca(OH)_2 + CO_2 + nH_2O == CaCO_3 + (n+1)H_2O$$

新生成的碳酸钙晶体相互交叉连生或与氢氧化钙共生,构成较紧密的结晶网,使硬化浆体的强度进一步提高。显然,碳化对于强度的提高和稳定是十分有利的。但是,由于空气中的 CO_2 含量低,且碳酸钙晶体表面形成碳化层后,CO_2 不易深入内部,还阻碍了内部水分的蒸发,故碳化自然能在石灰被一定厚度水全部覆盖的情况下进行,因为水达到一定深度,其中溶解的 CO_2 含量极微。

三、石灰的应用

1. 配制石灰砂浆和石灰乳涂料

用石灰膏和砂(或麻皮、纸筋)配制成的石灰砂浆、麻皮灰、纸筋灰被广泛地用作内墙、顶棚的抹面砂浆。用石灰膏和水泥、砂配制成的混合砂浆通常作墙体砌筑或抹灰之用。将消石灰或熟化的石灰膏加入多量的水搅拌稀释得到的石灰乳,是一种廉价易得的涂料,主要用于内墙和天棚刷白,增加室内美观和亮度;在我国农村也用于外墙。

2. 配置灰土和三合土

石灰与黏土混合均匀后,经分层夯实成为灰土墙或广场、道路的垫层或简易面层,其强度和耐水性比石灰或黏土都高。其主要原因是黏土颗粒表面有少量的活性氧化硅、氧化铝与石灰起反应,生成水化硅酸钙和水化铝酸钙等不溶于水的水化物。另外,石灰改善了黏土的可塑性,在强力夯打下密实度提高,也是其强度和耐水性改善的原因之一。

3. 制作硅酸盐制品

磨细的生石灰或消石灰粉与砂或粒化高炉矿渣、炉渣、粉煤灰等硅质材料经配料、混合、成型,再经常压或高压蒸汽养护,就可制得密实或多孔的硅酸盐制品,如加气混凝土砌块、灰砂砖、粉煤灰砖等。

储存生石灰时,不但要防止受潮,而且不宜久存,最好运到后立即消化成石灰浆,变储存期为陈伏期。另外,生石灰受潮消解时要放出大量的热,且体积膨胀,故储存和运输生石灰时,要注意安全,并应将生石灰与易燃物分开保管,以免引起火灾。

第二节 石 膏

我国是一个石膏资源丰富的国家,石膏作为建筑材料使用已有悠久的历史。由于石膏制品具有轻质、高强、隔热、耐火、吸声、容易加工等一系列优良性质,特别是近代在建筑中广泛采用框架轻板结构,作为轻质板材主要品种之一的石膏板自然受到普遍重视,其生产和应用都得到迅速发展。生产石膏胶凝材料的原料有二水石膏和天然无水石膏以及化学工业的各种副产物的化学石膏。

生产石膏的原料主要是天然二水石膏,又称软石膏或生石膏,是含两个结晶水分子的硫酸钙($CaSO_4 \cdot 2H_2O$)。天然二水石膏可制造各种性质的石膏。除天然原料外,也可用一些含有 $CaSO_4 \cdot 2H_2O$ 或含有 $CaSO_4 \cdot 2H_2O$ 与 $CaSO_4$ 混合物的化工副产品及废渣(称为化工石膏)作为生产石膏的原料。天然无水石膏($CaSO_4$)又称为天然硬石膏,质地较天然二水石膏硬,可用来生产明矾石膨胀水泥等。

一、建筑石膏

生产石膏的主要工序是煅烧和磨细。在煅烧二水石膏时,由于加热温度不同,所得石膏的组成成分与结构也不同,其性质有很大差别。常压下,当加热温度至 107 ℃ ~ 170 ℃ 时,二水石膏逐渐失去大量水分,生成 β 型半水石膏(熟石膏)。其反应方程式为

$$CaSO_4 \cdot 2H_2O = CaSO_4 \cdot \frac{1}{2}H_2O + 1\frac{1}{2}H_2O$$

将 β 型半水石膏磨成细粉,即得建筑石膏。其中,杂质较少、色泽较白、磨得较细的产品称为模型石膏。

建筑石膏密度为 2.5 ~ 2.8 g/cm³,其紧密堆积表观密度为 1 000 ~ 1 200 kg/m³,疏松堆积

表观密度为 800~1 000 kg/m³。建筑石膏遇水时，将重新水化成二水石膏，并逐渐凝结硬化。其反应如下：

$$CaSO_4 \cdot \frac{1}{2}H_2O + H_2O = \frac{1}{2}CaSO_4 \cdot 2H_2O$$

建筑石膏凝结硬化过程：半水石膏遇水即发生溶解，溶液很快达到饱和，溶液中的半水石膏水化成为二水石膏。由于二水石膏的溶解度远比半水石膏小，所以很快在过饱和溶液中就沉淀析出二水石膏的胶体微粒而并不断转化为晶体。由于二水石膏的析出破坏了原有半水石膏的平衡，这时半水石膏便进一步溶解和水化。如此不断地进行着半水石膏的溶解和二水石膏的析晶，直到半水石膏完全水化为止。随着浆体中的自由水分因水化和蒸发而逐渐减少，浆体逐渐变稠而失去塑性，呈现石膏的凝结。此后，二水石膏的晶体继续大量形成、长大，晶体之间相互接触与连生，形成结晶结构网，浆体逐渐硬化成块体，并具有一定的强度。建筑石膏凝结硬化很快，一般终凝不超过半小时。硬化后体积稍有膨胀（膨胀量为 0.5%~1%），故能填满模型，形成平滑饱满的表面，干燥时也不开裂，所以石膏可以不加填充料而单独使用。

建筑石膏水化反应的理论需水量仅为石膏质量的 18.6%，但使用时，为使浆体具有一定的可塑性，需水量常达 60%~80%。多余水分蒸发后留下大量孔隙，故硬化后石膏具有多孔性，表观密度较小，导热性较小，强度也较低。建筑石膏硬化后具有很强的吸湿性。受潮后晶体间结合力减弱，强度急剧下降，软化系数为 0.2~0.3，耐水性及抗冻性均较差。

建筑石膏具有良好的防火性能。硬化的石膏为二水石膏，当其遇火时，二水石膏吸收大量的热而脱水蒸发，在制品表面形成水蒸气隔层，故其具有良好的防火性能。建筑石膏分为三个等级，各等级的技术指标见表 2.1 建筑石膏的技术指标。

表 2.1 建筑石膏的技术指标

技术指标		优等品	一等品	合格品
抗折强度/MPa		2.5	2.1	1.8
抗折强度/MPa		4.9	3.9	2.9
细度（0.2 mm 方孔筛筛余，%）		≤5	≤5	≤5
凝结时间/min	初凝（不小于）	6		
	终凝（不大于）	30		

建筑石膏适用于室内装饰、抹灰、粉刷，制作各种石膏制品及石膏板等。石膏板是一种新型轻质板材，它是以建筑石膏为主要原料，加入轻质多孔填料（如锯末、膨胀珍珠岩等）及纤维状填料（如石棉、纸筋等）而制成的。为了提高石膏板的耐水性，可加入适量的水泥、粉煤灰、粒化高炉矿渣等，或在石膏板表面粘贴纸板、塑料壁纸、铝箔等。石膏板具有质量轻、隔热保温、隔音、防火等性能，可锯、可钉，加工方便，适用于建筑物的内隔墙、墙体覆盖面、天花板及各种装饰板等。目前我国生产的石膏板主要有纸面石膏板、纤维石膏板、石膏空心板条、石膏装饰板及石膏吸音板等。

二、高强度石膏

将二水石膏在 0.13 MPa 压力的蒸压锅内蒸炼（即在 1.3 个标准大气压，125 ℃ 条件下进行脱水），所得的半水石膏为成型半水石膏，其需水量（35%～45%）仅为建筑石膏的一半。故其制品密实度和强度较建筑石膏大，称为高强度石膏。它适用于强度较高的抹灰工程、石膏制品和石膏板等。

三、无水石膏水泥

将二水石膏在 600 ℃～800 ℃ 温度下煅烧后所得的不溶性无水石膏，加入适量的催化剂，如石灰、页岩灰、粒化高炉矿渣、硫酸钠、硫酸氢钠等，共同磨细而制得的气硬性胶凝材料，称为无水石膏水泥。它具有较高的强度，可用于配制建筑砂浆、保温混凝土、抹灰、制造石膏制品和石膏板等。

第三节　水　玻　璃

水玻璃俗称泡花碱，是一种水溶性的硅酸盐，由碱金属氧化物和二氧化硅结合而成，如硅酸钠（$Na_2O \cdot nSiO_2$）、硅酸钾（$K_2O \cdot nSiO_2$）等。建筑上常使用的水玻璃是硅酸钠的水溶液，为无色、青绿色或棕色黏稠液体。其制造方法是将石英砂粉或石英岩粉加入 Na_2CO_3 或 Na_2SO_4，在玻璃炉内以 1 300 ℃～1 400 ℃ 温度熔化，冷却后即成固态水玻璃。然后在 0.3～0.8 MPa 压力的蒸压锅内加热，将其溶解成液态水玻璃。它是一种胶质溶液，具有胶结能力。

水玻璃中 SiO_2 和 Na_2O 的分子数比值 n 称为水玻璃硅酸盐模数。n 值越大，水玻璃中胶体组分越多，水玻璃的黏性越大，越难溶于水，但却容易分解硬化，黏结能力较强。建筑工程中常用水玻璃的 n 值一般为 2.5～3.5。相同模数的液态水玻璃，其密度较大（即浓度较稠）者，则黏性较大，黏结性能较好。工程中常用的水玻璃密度为 1.3～1.48 g/cm^3。

水玻璃在空气中与二氧化碳作用，析出无定型的二氧化硅凝胶，并逐渐干燥而硬化：

$$Na_2O \cdot nSiO_2 + CO_2 + mH_2O = Na_2CO_3 + nSiO_2 \cdot mH_2O$$

由于空气中的 CO_2 含量有限，上述硬化过程进行得很慢，为加速此硬化过程，常加入促硬剂氟硅酸钠（Na_2SiF_6），以促使二氧化硅凝胶加速析出。其反应式为

$$2(Na_2O \cdot nSiO_2) + Na_2SiF_6 + mH_2O = 6NaF + (2n+1)SiO_2 \cdot mH_2O$$

氟硅酸钠的适宜掺用量为水玻璃质量的 12%～15%。

水玻璃在建筑工程的主要用途如下：

（1）作为灌浆材料以加固地基。不仅可以提高基础的承载能力，还可以增强其不透水性。

（2）将水玻璃溶液涂刷于混凝土、砖、石、硅酸盐制品等材料的面，使其渗入材料的缝隙中，可以提高材料的密实性和抗风化性。但不能用水玻璃涂刷石膏制品，因硅酸钠能与硫酸钙反应生成硫酸钠，结晶时体积膨胀，使制品被破坏。

（3）水玻璃能抵抗大多数无机酸（氢氟酸除外）的作用，故常与耐酸填料和集料配制耐酸砂浆和耐酸混凝土。

（4）水玻璃的耐热性较好，可用于配制耐热砂浆和耐热混凝土。

（5）将水玻璃溶液掺入砂浆或混凝土中，可使砂浆或混凝土急速硬化，用于堵漏抢修等。

不同的应用条件需要选择不同 n 值的水玻璃。用于地基灌浆时，采用 $n = 2.7 \sim 3.0$ 的水玻璃较好，涂刷材料表面时，采用 $n = 3.3 \sim 3.5$ 为宜；配制耐热混凝土或作为水泥的促凝剂时，采用 $n = 2.6 \sim 2.8$ 为宜。

水玻璃 n 值的大小可根据要求予以配制。在水玻璃溶液中加入 Na_2O 可降低 n 值；溶入硅胶（SiO_2）可以提高 n 值。也可用 n 值较大及较小的两种水玻璃掺配使用。

复习思考题

1. 什么是胶凝材料？气硬性胶凝材料与水硬性胶凝材料有什么区别？
2. 现场使用的石灰有哪些品种？各自成分是什么？
3. 过火石灰有什么特性？有什么危害？如何避免这种危害？
4. 石灰的特性有哪些？有何用途？使用时要注意什么问题？
5. 建筑石膏的成分是什么？天然石膏的成分是什么？
6. 建筑石膏的特性有哪些？有何用途？
7. 水玻璃有哪些优良性能？有哪些应用？

第三章 水 泥

水泥呈粉末状，与水混合之后，经过一系列物理化学变化，由可塑性的浆体逐渐凝结、硬化，变成坚硬的固体，并将散粒材料或块状材料胶结成为一个整体。因此，水泥是一种良好的无机胶凝材料。就硬化条件而言，水泥浆体不仅能在空气中硬化，还能更好地在水中硬化并保持发展强度，故水泥属于水硬性胶凝材料。

水泥是人类在长期使用气硬性胶凝材料（特别是石灰）的经验基础上发展起来的。1824年英国建筑工人阿斯普丁（J. Aspdin）首次申请了生产波特兰水泥的专利，所以一般认为水泥是那时发明的。

水泥是重要的工程材料之一，被广泛应用于工业与民用建筑、交通、海港、水利、国防等建设工程。

水泥的品种很多，按其主要矿物成分，水泥可分为硅酸盐类水泥、铝酸盐类水泥、硫铝酸盐类水泥、铁铝酸盐类水泥等。按其用途和性能，又可分为通用水泥、专用水泥和特性水泥三大类。

第一节 通用硅酸盐水泥

通用硅酸盐水泥（GB 175—2007）是指以硅酸盐水泥熟料和适量的石膏及规定的混合材料制成的水硬性胶凝材料。按混合材料的品种和掺量分为硅酸盐水泥、普通硅酸盐水泥、矿渣硅酸盐水泥、火山灰质硅酸盐水泥、粉煤灰硅酸盐水泥和复合硅酸盐水泥。

一、通用硅酸盐水泥的品种及定义

（1）硅酸盐水泥。凡由硅酸盐水泥熟料、0~5%的石灰石或粒化高炉矿渣、适量石膏磨细制成的水硬性胶凝材料，称为硅酸盐水泥，又称波特兰水泥。硅酸盐水泥分两种类型：不掺混合材料的称为Ⅰ型硅酸盐水泥，代号为P·Ⅰ；在硅酸盐水泥熟料粉磨细时掺加不超过水泥质量5%的混合材料（如石灰石或粒化高炉矿渣）的称为Ⅱ型硅酸盐水泥，代号为P·Ⅱ。

（2）普通硅酸盐水泥。凡由硅酸盐水泥熟料、5%~20%的混合材料和适量石膏磨细制成的水硬性胶凝材料，称为普通硅酸盐水泥（简称普通水泥），代号为P·O。

（3）矿渣硅酸盐水泥。凡由硅酸盐水泥熟料、20%~70%的粒化高炉矿渣和适量石膏磨细制成的水硬性胶凝材料称为矿渣硅酸盐水泥（简称矿渣水泥），分为A型和B型。A型矿渣掺量为20%~50%，代号为P·S·A；B型矿渣掺量为50%~70%，代号为P·S·B。

（4）火山灰质硅酸盐水泥。凡由硅酸盐水泥熟料、20%~40%的火山灰质混合材料和适量石膏磨细制成的水硬性胶凝材料称为火山灰质硅酸盐水泥（简称火山灰水泥），代号为P·P。

（5）粉煤灰硅酸盐水泥。凡由硅酸盐水泥熟料、20%~40%的粉煤灰、适量石膏磨细制成的水硬性胶凝材料称为粉煤灰硅酸盐水泥（简称粉煤灰水泥），代号为P·F。

（6）复合硅酸盐水泥。凡由硅酸盐水泥熟料、20%~50%的两种或两种以上规定的混合材料、适量的石膏磨细制成的水硬性胶凝材料，称为复合硅酸盐水泥（简称复合水泥），代号为P·C。

二、通用硅酸盐水泥的生产

通用硅酸盐水泥的生产原料主要有石灰质原料（如石灰石、白垩等）、黏土质原料（如黏土、黄土等）、少量铁粉及部分混合材料。石灰质原料主要提供氧化钙（CaO），黏土质原料主要提供氧化硅（SiO_2）、氧化铝（Al_2O_3）和少量Fe_2O_3，若比例不合要求，则掺入砂岩洗砂粉等级正原料。将这些水泥原料按一定比例配合、磨细，制成生料粉后，送入水泥窑中，在1 450 ℃左右的高温下煅烧，使之达到部分熔融，冷却后得到以硅酸钙为主要成分的水泥熟料，再与适量石膏、混合材料共同磨细，即得到硅酸盐系水泥成品。为了改善水泥的煅烧条件，常加入少量的矿化剂，如萤石。

由于通用硅酸盐水泥的生产过程主要包括生料的制备、煅烧、熟料与适量石膏和混合材料共同磨细三个阶段，故水泥的生产过程可简称为"两磨一烧"。通用硅酸盐水泥的生产工艺流程，如图3.1所示。

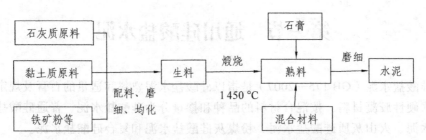

图3.1 通用硅酸盐水泥生产工艺流程示意图

三、通用硅酸盐水泥的成分

1. 硅酸盐水泥熟料

水泥原料在煅烧过程中各种氧化物之间发生一系列化学反应，形成以硅酸钙为主要成分的硅酸盐水泥熟料。硅酸盐水泥熟料的主要矿物成分有硅酸二钙（$2CaO·SiO_2$，简写为C_2S）、硅酸三钙（$3CaO·SiO_2$，简写为C_3S）、铝酸三钙（$3CaO·Al_2O_3$，简写为C_3A）、铁铝酸四钙（$4CaO·Al_2O_3·Fe_2O_3$，简写为C_4AF）以及少量有害的游离氧化钙（f-CaO）、游离氧化镁（f-MgO）、氧化钾（K_2O）、氧化钠（Na_2O）与三氧化硫（SO_3）等。对于硅酸盐类水泥而言，硅酸二钙和硅酸三钙的总含量达75%以上，铝酸三钙和铁铝酸四钙的总含量在25%左右。

试验研究表明，每一种矿物成分单独与水作用时具有不同的水化特性，对水泥的强度、水化速度、水化热、耐腐蚀性、收缩量的影响也不尽相同。每一种矿物成分单独与水作用时所表现的特性见表3.1。

表3.1 硅酸盐水泥熟料矿物组成及其特性

矿物名称	硅酸二钙	硅酸三钙	铝酸三钙	铁铝酸四钙
化学式	$2CaO \cdot SiO_2(C_2S)$	$3CaO \cdot SiO_2(C_3S)$	$3CaO \cdot Al_2O_3(C_3A)$	$4CaO \cdot Al_2O_3 \cdot Fe_2O_3(C_4AF)$
含 量	15%~37%	37%~60%	7%~15%	10%~18%
水化速度	慢	快	最快	快
水化热	低	高	最高	中等
强 度	早期低，后期高	高	低	中等
收缩量	小	中	大	小
耐腐蚀性	好	差	最差	中等

水泥是由具有不同特性的多种熟料矿物组成的混合物，通过改变水泥熟料中各种矿物成分之间的相对含量，水泥的性质也会发生相应的变化，从而可以生产出具有不同性质的水泥。如：提高硅酸三钙的含量，可制成高强度水泥；提高硅酸三钙和铝酸三钙的含量，可制得快硬早强水泥；降低硅酸三钙和铝酸三钙的含量，可制得低水化热水泥。

2. 石 膏

磨细的水泥熟料与水相遇后会很快凝结硬化，产生速凝现象，给工程施工造成较大困难。因此在水泥的生产过程中常加入适量的石膏作为缓凝剂，以延长水泥的凝结硬化时间。掺入的石膏主要有天然石膏、建筑石膏、无水硬石膏，石膏的掺入量一般为水泥质量的3%~5%。

3. 混合材料

为了改善水泥的某些性能，调节水泥的强度等级，提高水泥产量，降低水泥的生产成本，在生产水泥时加入人工或天然的矿物质材料，统称为混合材料。

根据矿物材料的性质不同，混合材料分为活性混合材料和非活性混合材料。

（1）活性混合材料。

这类混合材料掺入水泥中，在常温下能与水泥的水化产物——氢氧化钙——或在硫酸钙的作用下生成具有胶凝性质的稳定化合物。常用的活性混合材料有粒化高炉矿渣、火山灰质混合材料和粉煤灰等。

① 粒化高炉矿渣。粒化高炉矿渣是将炼铁高炉中的熔融矿渣经水淬急速冷却而形成的粒状颗粒，颗粒直径一般为0.5~5 mm。其主要成分是氧化铝、氧化硅。急速冷却的粒化高炉矿渣为不稳定的玻璃体，具有较高的潜在活性。

② 火山灰质混合材料。凡是用天然的或人工的以氧化硅、氧化铝为主要成分，具有火山灰活性的矿物质材料，统称为火山灰质混合材料。火山灰质混合材料在结构上的特点是疏松多孔，内比表面积大，易吸水，易反应。

火山灰质混合材料按其成因不同,可以分为天然和人工两类。天然的火山灰质混合材料有火山灰、凝灰岩、浮石、沸石岩、硅藻土等。人工的火山灰质混合材料有烧黏土、烧页岩、煤渣、煤矸石等。

③ 粉煤灰。粉煤灰是火力发电厂或煤粉锅炉烟道中吸尘器所吸收的微细粉尘,为富含玻璃体的实心或空心球状颗粒,颗粒直径一般为 0.001～0.05 mm,表面结构致密,其主要成分是氧化硅、氧化铝和少量的氧化钙,具有较高的活性。

(2)非活性混合材料。

这类混合材料与水泥的矿物成分、水化产物不起化学反应或化学反应很微弱,掺入水泥中主要起调节水泥强度等级、提高水泥产量、降低水化热等作用。常用的非活性混合材料有磨细的石灰石、石英岩、黏土、慢冷高炉矿渣等。

四、通用硅酸盐水泥的凝结硬化

1. 水泥熟料的水化

水泥熟料中各种矿物成分与水所发生的水解或水化作用,统称为水泥的水化。在水泥的水化过程中生成一系列新的水化产物,并放出一定热量。

硅酸三钙、硅酸二钙分别与水反应,生成水化硅酸钙($3CaO \cdot 2SiO_2 \cdot 3H_2O$)和氢氧化钙。其水化反应式为

$$2(3CaO \cdot SiO_2) + 6H_2O = 3CaO \cdot 2SiO_2 \cdot 3H_2O + 3Ca(OH)_2$$
$$2(2CaO \cdot SiO_2) + 4H_2O = 3CaO \cdot 2SiO_2 \cdot 3H_2O + Ca(OH)_2$$

铝酸三钙与水反应,生成水化铝酸钙($3CaO \cdot Al_2O_3 \cdot 6H_2O$)。其水化反应式为

$$3CaO \cdot Al_2O_3 + 6H_2O = 3CaO \cdot Al_2O_3 \cdot 6H_2O$$

铁铝酸四钙与水反应,生成水化铝酸钙和水化铁酸钙($CaO \cdot Fe_2O_3 \cdot H_2O$)。其水化反应式为

$$4CaO \cdot Al_2O_3 \cdot Fe_2O_3 + 7H_2O = 3CaO \cdot Al_2O_3 \cdot 6H_2O + CaO \cdot Fe_2O_3 \cdot H_2O$$

水化产物水化硅酸钙和水化铁酸钙几乎不溶于水,以胶体微粒析出,并逐渐凝聚成为凝胶;氢氧化钙在溶液中的浓度达到过饱和后,以六方晶体析出;水化铝酸钙为立方晶体。当有石膏存在时,水化铝酸钙还会继续与石膏发生反应,生成难溶于水的高硫型水化硫铝酸钙($3CaO \cdot Al_2O_3 \cdot 3CaSO_4 \cdot 31H_2O$)针状晶体。水化硫铝酸钙沉积在未水化的水泥颗粒表面,形成保护膜,可以阻止水泥颗粒的水化,延缓水泥的凝结硬化时间。其水化反应式为

$$3CaO \cdot Al_2O_3 \cdot 6H_2O + 3(CaSO_4 \cdot 2H_2O) + 19H_2O = 3CaO \cdot Al_2O_3 \cdot 3CaSO_4 \cdot 31H_2O$$

综上所述,如果忽略一些次要成分,硅酸盐水泥熟料与水作用后,生成的主要水化产物是水化硅酸钙和水化铁酸钙凝胶体及氢氧化钙、水化铝酸钙和水化硫铝酸钙结晶体。

2. 活性混合材料的水化

粒化高炉矿渣、火山灰质混合材料和粉煤灰均属于活性混合材料,其矿物成分主要是活性氧化硅和活性氧化铝。它们与水接触后,本身不会硬化或硬化极为缓慢。但在氢氧化钙溶液中,活性成分会与水泥熟料的水化产物——氢氧化钙——发生反应,生成水化硅酸钙和水化铝酸钙。该反应又称为二次水化反应,反应式为

$$xCa(OH)_2 + SiO_2 + mH_2O \longrightarrow xCaO \cdot SiO_2 \cdot nH_2O$$
$$yCa(OH)_2 + Al_2O_3 + mH_2O \longrightarrow yCaO \cdot Al_2O_3 \cdot nH_2O$$

式中,x、y 值取决于混合材料的种类、石灰与活性氧化硅及活性氧化铝的比例、环境温度和作用所持续的时间等。

3. 水泥的凝结与硬化

水泥加水拌和后成为具有可塑性的水泥浆,随着时间的推移,水泥浆体逐渐变稠,可塑性下降,但此时还没有强度,这个过程称为水泥的"凝结"。随后水泥浆体失去可塑性,强度不断提高,并形成坚硬的固体,这个过程称为水泥的"硬化",这种坚硬的固体被称为水泥石。水泥的凝结与硬化没有严格的界限,是为了便于研究而人为划分的两个时期,实际上它是水泥与水所发生的一系列连续而又复杂的、交错进行的物理化学变化过程。

根据水泥水化产物的形成以及水泥石组织结构的变化,水泥的凝结硬化大致可以分为溶解、凝结和硬化三个阶段。

(1)第一阶段——溶解期。水泥加水拌和后,水泥颗粒分散在水中,形成水泥浆体,如图 3.2(a)所示。

水泥颗粒的水化从水泥颗粒表面开始。位于水泥颗粒表面的矿物成分首先与水作用,生成相应的水化产物,并溶解于水中。在水化反应初期,由于水化反应速度快,各种水化产物在水中的溶解度比较小,水化产物的生成速度大于水化产物向溶液中扩散的速度,因此,水泥颗粒周围的溶液很快成为水化产物饱和或过饱和溶液,在水泥颗粒周围先后析出水化硅酸钙、水化铁酸钙胶体和氢氧化钙、水化铝酸钙、水化硫铝酸钙结晶体,并逐渐在水泥颗粒周围形成一层以水化硅酸钙凝胶为主体且具有半渗透性的水化物膜层。由于此时的水化产物数量较少,包有水化物膜层的水泥颗粒尚未相互搭结,是被水隔开且相互独立的,分子间作用力比较小,因此水泥浆体具有一定的可塑性,如图 3.2(b)所示。

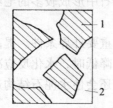  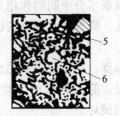

(a)分散在水中未水化　(b)在水泥颗粒表面形　(c)膜层长大并互相连　(d)水化物进一步发展,
　　的水泥颗粒　　　　　　成水化物膜层　　　　　接(凝结)　　　　　　填充毛细孔(硬化)

图 3.2 水泥凝结硬化过程示意图

1—水泥颗粒;2—水分;3—凝胶;4—晶体;5—未水化水泥颗粒内核;6—毛细孔

（2）第二阶段——凝结期。随着时间的推移，水泥颗粒的水化反应不断进行，水化产物数量不断增多，包裹在水泥颗粒表面的水化物膜层渐渐增厚，导致水泥颗粒之间原来被水所占的空隙逐渐减少，包有水化物膜层的水泥颗粒之间距离不断减小，在分子间力作用下，形成比较疏松的空间网状结构（又称凝聚结构）。空间网状结构的形成和发展，使水泥浆体明显变稠，流动性降低，开始失去可塑性，如图 3.2（c）所示。

（3）第三阶段——硬化期。随着水泥水化反应的不断深入，新生成的水化产物不断填充于水泥石的毛细孔中，凝胶体之间的空隙越来越小，空间网状结构的密实度逐渐提高，水泥浆体完全失去可塑性并渐渐产生强度，如图 3.2（d）所示。

水泥的凝结硬化过程进入硬化期后，水化速度会逐渐减慢，水化产物数量会随着水泥水化时间的延长而逐渐增多，并填充于毛细孔内，使得水泥石内部孔隙率变得越来越小，水泥石结构更加致密，强度不断得到提高。

由此可见，水泥的水化、凝结硬化是由表及里、由外向内逐步进行的。在水泥的水化初期，水化速度较快，强度增长迅速，随着堆积在水泥颗粒周围的水化产物数量不断增多，阻碍了水泥颗粒与水之间的进一步反应，使得水泥水化速度变慢，强度增长也逐渐减慢。大量实践与研究表明，无论水泥的水化时间多久，水泥颗粒的内核都很难完全水化。硬化后的水泥石结构是由胶体粒子、晶体粒子、孔隙（凝胶孔和毛细孔）及未水化的水泥颗粒组成的。它们在不同时期相对数量会变化，使水泥石的结构和性质也随之改变。当未水化的水泥颗粒含量高时，说明水泥水化程度低；当水化产物含量多，毛细孔含量少时，说明水泥水化充分，水泥石结构致密，硬化后强度高。

4．影响水泥凝结硬化的因素

影响水泥凝结硬化的因素主要有水泥熟料矿物成分、水泥细度、拌和用水量、混合材料的掺量、养护条件等。

（1）水泥熟料的矿物成分。水泥熟料中矿物成分的相对含量的不同，使水泥的凝结硬化速度有所不同。铝酸三钙相对含量高的水泥，凝结硬化快；反之，则凝结硬化慢。

（2）水泥细度。水泥颗粒的粗细直接影响到水泥的水化和凝结硬化的快慢。水泥颗粒越细，总表面积越大，与水反应时接触面积增加，水泥的水化反应速度加快，凝结硬化加快。

（3）拌和用水量。拌和水泥浆时，为使水泥浆体具有一定的塑性和流动性，所加入的水一般要远远超过水泥水化的理论需水量。如果拌和用水量过多，加大了水化产物之间的距离，减弱了分子间的作用力，将延缓水泥的凝结硬化；同时多余的水在水泥石中形成较多的毛细孔，降低了水泥石的密实度，致使水泥石的强度和耐久性下降。

（4）养护条件。养护时的温度和湿度是保障水泥水化和凝结硬化的重要外界条件。提高温度，可以促进水泥水化，加速凝结硬化，有利于水泥强度增长。温度降低时，水化反应减慢，低于 0℃时，水化反应基本停止。当水结成冰时，由于体积膨胀，还会使水泥石结构遭到破坏。

潮湿环境下的水泥石，能够保持足够的水分进行水化和凝结硬化，水化产物不断填充在毛细孔中，使水泥石结构密实度增大，水泥强度不断提高。

（5）混合材料掺量。掺入混合材料后，使水泥熟料中矿物成分含量相对减少，水泥凝结硬化变慢。

（6）石膏掺量。为了调节水泥的凝结硬化时间，水泥中常掺入适量的石膏。石膏掺量不能太少，否则达不到延长水泥凝结硬化时间的作用。但是石膏掺量也不能太多，否则，在水泥的硬化后期，过多的石膏还会继续与水泥石中水化铝酸钙发生反应，生成水化硫铝酸钙，引起水泥石的体积膨胀，导致水泥石开裂，造成水泥体积安定性不良。

五、通用硅酸盐水泥的技术性质

依照国家标准《通用硅酸盐水泥》（GB 175—2007）的规定，通用硅酸盐水泥的技术性质主要有：

1. 化学指标

（1）氧化镁含量。在水泥熟料中，如存在较多的游离氧化镁，可能引起水泥体积安定性不良。因此，水泥熟料中游离氧化镁的含量应加以限制。国家标准规定：硅酸盐水泥、普通硅酸盐水泥的氧化镁含量不得超过 5.0%；矿渣硅酸盐水泥 A 型、火山灰质硅酸盐水泥、粉煤灰硅酸盐水泥和复合硅酸盐水泥熟料中氧化镁含量不得超过 6.0%；矿渣硅酸盐水泥 B 型无要求。

（2）三氧化硫含量。三氧化硫主要是在水泥的生产过程中因掺入过量石膏而产生的。如果三氧化硫含量超出一定限度，在水泥石硬化后，其还会继续与水化产物反应，产生体积膨胀性物质，引起水泥体积安定性不良，导致结构物破坏。国家标准规定：硅酸盐水泥、普通硅酸盐水泥、火山灰质硅酸盐水泥、粉煤灰硅酸盐水泥和复合硅酸盐水泥熟料中三氧化硫含量不得超过 3.5%；矿渣硅酸盐水泥熟料中三氧化硫含量不得超过 4.0%。

（3）不溶物。不溶物是指水泥经酸和碱处理后，不能被溶解的残余物。它主要由水泥原料、混合材料和石膏中的杂质产生。不溶物的存在会影响水泥的黏结质量。国家标准规定：Ⅰ型硅酸盐水泥中不溶物不得超过 0.75%，Ⅱ型硅酸盐水泥不得超过 1.50%。

（4）烧失量。烧失量是指水泥在一定的灼烧温度和时间内，经高温灼烧后的质量损失率。水泥煅烧不理想或者受潮后，均会导致烧失量增加。国家标准规定：Ⅰ型硅酸盐水泥中烧失量不得大于 3.0%，Ⅱ型硅酸盐水泥不得大于 3.5%；普通硅酸盐水泥中烧失量不得大于 5.0%。

（5）碱含量（选择性指标）。硅酸盐类水泥中除含有主要矿物成分外，还含有少量其他氧化物，如氧化钾（K_2O）、氧化钠（Na_2O）等。水泥的碱含量指水泥中 Na_2O 与 K_2O 的总量，碱含量的大小用 $Na_2O + 0.658K_2O$ 的计算值来表示。当水泥中的碱含量较高，集料又具有一定的活性时，容易产生碱-集料反应，结构的耐久性降低。因此，国家标准规定：若使用活性集料，用户要求提供低碱水泥时，水泥中碱含量不得大于 0.60%，或由供需双方协商确定。

2. 密度与堆积密度

水泥的密度与其熟料矿物组成、储存时间、储存条件以及熟料的煅烧程度有关，一般为 3.05～3.2 g/cm^3。在进行混凝土配合比计算时，通常取 3.10 g/cm^3。

水泥的堆积密度除与熟料矿物组成、水泥细度有关外，还与水泥存放时的紧密程度有很大关系。松散状态下的堆积密度为 1 000～1 400 kg/m³，紧密状态下的堆积密度可达 1 600 kg/m³。

3. 细度（选择性指标）

细度是指水泥颗粒的粗细程度。水泥颗粒的粗细对水泥质量有很大影响。水泥颗粒越细，与水反应时的接触面积增大，水化速度越快，水化反应越完全、充分，早期强度增长越快；但水泥颗粒过细，硬化时的收缩量就较大，在储运过程中易受潮而降低其活性，同时水泥的成本也越高。因此，应合理控制水泥细度。

水泥细度按国家标准《水泥细度检测方法（筛析法）》（GB/T 1345—2005）、《水泥比表面积测定方法（勃氏法）》（GB/T 8074—2008）测定。筛析法是用边长为 80 μm 和 45 μm 的方孔筛对水泥进行筛析试验，用筛余百分比来表示水泥的细度。比表面积是指单位质量的水泥粉末所具有的总表面积，以 m²/kg 表示。比表面积数值的高低与水泥颗粒的粗细大小紧密相关。通常水泥颗粒越细，则比表面积越大。

国家标准规定：硅酸盐水泥和普通硅酸盐水泥以比表面积表示，不小于 300 m²/kg；矿渣硅酸盐水泥、火山灰质硅酸盐水泥、粉煤灰硅酸盐水泥和复合硅酸盐水泥以筛余表示，80 μm 方孔筛筛余不大于 10% 或 45 μm 方孔筛筛余不大于 30%。

4. 标准稠度用水量

水泥的许多性质都与新拌制的水泥浆的稀稠程度有关，如凝结时间、收缩量、体积安定性测定等。为了使测试结果具有可比性，在测定水泥的凝结时间和体积安定性等性能时，应在一个标准的水泥稠度下进行。

水泥标准稠度用水量是指水泥净浆达到标准稠度时所需要的用水量，通常以占水泥质量的百分比来表示。

水泥标准稠度用水量应按国家标准《水泥标准稠度用水量、凝结时间、安定性检验方法》（GB/T 1346—2011）所规定的方法进行测定。将按标准规定的方法所拌制的水泥净浆，在水泥标准稠度维卡仪上，以试杆沉入净浆并距底板 (6±1) mm 时水泥净浆的稠度为标准稠度，其拌和用水量即该水泥的标准稠度用水量。水泥标准稠度用水量的大小主要与水泥的细度、矿物成分有关。不同品种的水泥，其标准稠度用水量也有所不同，一般为 24%～33%，如硅酸盐水泥的标准稠度用水量为 23%～28%。

5. 凝结时间

凝结时间是指水泥从加水开始，到水泥浆失去可塑性所需要的时间。水泥的凝结时间分初凝和终凝。初凝时间是指从水泥加水拌和起到水泥浆开始失去可塑性所需要的时间；终凝时间是指从水泥加水拌和时起到水泥浆完全失去可塑性，并开始产生强度所需要的时间。水泥的凝结时间按国家标准《水泥标准稠度用水量、凝结时间、安定性检验方法》（GB/T 1346—2011）规定的方法进行测定。水泥的凝结时间与水泥熟料的矿物组成、拌和用水量、水泥细度、周围环境的温度与湿度等因素有关。水泥熟料中铝酸三钙含量增加，水泥凝结硬化越快；水泥颗粒越细，水化作用越快，凝结时间越短；拌和用水量少、养护时外界温度和湿度高，都可以加快水泥的凝结硬化。

水泥的凝结时间对工程施工有着非常重要的意义。为使混凝土和砂浆有足够的时间进行搅拌、运输、浇注、振捣或砌筑，水泥的初凝时间不能太短；为加快混凝土的凝结硬化，缩短施工工期，水泥的终凝时间又不能太长。因此，国家标准规定：硅酸盐水泥的初凝时间不小于 45 min，终凝时间不大于 390 min；普通硅酸盐水泥、矿渣硅酸盐水泥、火山灰质硅酸盐水泥、粉煤灰硅酸盐水泥和复合硅酸盐水泥的初凝时间不小于 45 min，终凝时间不得大于 600 min。

6. 体积安定性

水泥体积安定性是指水泥浆体在凝结硬化过程中体积变化是否均匀的性质。硅酸盐类水泥在凝结硬化过程中体积略有收缩，一般情况下水泥石的体积变化比较均匀，即体积安定性良好。如果水泥中某些成分的含量超出某一限度，水泥浆在凝结硬化过程中体积变化不均匀，会导致水泥石出现翘曲变形、开裂等现象，即体积安定性不良。体积安定性不良的水泥，会使结构物产生开裂，降低建筑工程的质量，影响结构物的正常使用。

水泥体积安定性不良，一般是由于水泥熟料中游离氧化钙、游离氧化镁含量过多或石膏掺量过大等原因所造成的。

水泥熟料中所含的游离氧化钙和氧化镁均属过烧状态，水化速度很慢，在水泥凝结硬化后才慢慢开始与水反应，生成体积膨胀性物质——氢氧化钙和氢氧化镁，在水泥石中产生膨胀压力，引起水泥石翘曲、开裂和崩溃。如果水泥中石膏掺量过大，在水泥硬化以后，多余的石膏还会继续与水泥石中的水化产物——水化铝酸钙——反应，生成水化硫铝酸钙，体积增大 1.5 倍，从而导致水泥石开裂。

国家标准规定，采用沸煮法检验水泥的体积安定性。测试时可采用试饼法（代用法）或雷氏法（标准法），测试结果有争议时以雷氏法为准。

试饼法是用标准稠度的水泥净浆做成试饼，经恒沸 3 h 以后，用眼睛观察试饼表面有无裂纹，用直尺检查试饼底部有无弯曲翘曲现象。若试饼表面无裂纹且试饼底部也没有弯曲翘曲现象，则水泥体积安定性合格；反之为不合格。雷氏法是测定水泥浆在雷氏夹中经沸煮 3 h 后的膨胀值。当两个试件沸煮后的膨胀值的平均值不大于 5.0 mm 时，则该水泥体积安定性合格，反之为不合格。

需要指出的是，沸煮法会起到加速游离氧化钙熟化的作用，所以，沸煮法只能检验出游离氧化钙过量所引起的体积安定性不良。游离氧化镁的水化作用比游离氧化钙更加缓慢，因此，游离氧化镁所造成的体积安定性不良，必须用压蒸的方法才能检验出来；石膏的危害则需要长时间浸泡在常温水中才能发现。由于游离氧化镁和石膏的危害作用不便于快速检验，所以，国家标准对水泥熟料中氧化镁、三氧化硫的含量作了严格规定，以保证水泥质量。

7. 强 度

水泥强度一般是指水泥胶砂试件单位面积上所能承受的最大外力，是表示水泥力学性质的重要指标，也是划分水泥强度等级的依据。根据外力作用方式的不同，水泥的强度可分为抗压强度、抗折强度、抗拉强度等。

水泥的强度除了与水泥的矿物组成、细度有关外，还与用水量、试件制作方法、养护条件和养护时间等条件有关。水泥熟料中硅酸三钙、硅酸二钙含量越高,水泥强度越高;水泥颗粒越细,水化反应越完全充分,水泥强度越高;拌和用水量小,硬化后水泥石密实度增大,可提高水泥强度;保证一定的温度和湿度,有利于水泥的水化与凝结硬化,也可以提高水泥强度。

根据国家标准《水泥胶砂强度检验方法(ISO法)》(GB/T 17671—1999)规定,水泥和标准砂比为1:3、水灰比为0.5,按规定的方法制成标准试件,在标准条件下进行养护,测其3 d、28 d的抗压强度和抗折强度。

根据 3 d、28 d 的抗压强度和抗折强度大小,将硅酸盐水泥、普通硅酸盐水泥、矿渣硅酸盐水泥、火山灰质硅酸盐水泥、粉煤灰硅酸盐水泥和复合硅酸盐水泥划分为若干个强度等级,其中带R的为早强型水泥。各强度等级水泥在各龄期的强度值不得低于表3.2中的数值。

表3.2 通用水泥各龄期的强度要求

水泥品种	强度等级	抗压强度/MPa		抗折强度/MPa	
		3 d	28 d	3 d	28 d
硅酸盐水泥	42.5	≥17.0	≥42.5	≥3.5	≥6.5
	42.5R	≥22.0		≥4.0	
	52.5	≥23.0	≥52.5	≥4.0	≥7.0
	52.5R	≥27.0		≥5.0	
	62.5	≥28.0	≥62.5	≥5.0	≥8.0
	62.5R	≥32.0		≥5.5	
普通硅酸盐水泥	42.5	≥17.0	≥42.5	≥3.5	≥6.5
	42.5R	≥22.0		≥4.0	
	52.5	≥23.0	≥52.5	≥4.0	≥7.0
	52.5R	≥27.0		≥5.0	
矿渣硅酸盐水泥 火山灰质硅酸盐水泥 粉煤灰硅酸盐水泥 复合硅酸盐水泥	32.5	≥10.0	≥32.5	≥2.5	≥5.5
	32.5R	≥15.0		≥3.5	
	42.5	≥15.0	≥42.5	≥3.5	≥6.5
	42.5R	≥19.0		≥4.0	
	52.5	≥21.0	≥52.5	≥4.0	≥7.0
	52.5R	≥23.0		≥4.5	

8. 水化热

水泥在水化过程中所放出的热量称为水化热。

水泥水化热的大小和放热速度的快慢与水泥熟料的矿物成分、水泥细度、混合材料掺入量有关。研究表明,水泥熟料中硅酸三钙和铝酸三钙含量越高,水化热越大,放热速度也越快;水泥颗粒越细,水化反应越快,水化热越大;混合材料掺入量越多,水泥的水化热越小,放热速度越慢。

水泥水化热能加速水泥的凝结硬化,对于混凝土的冬季施工非常有利,但对大型基础、桥梁墩台、大坝等大体积混凝土构筑物极其不利。这是由于水化热易积蓄在混凝土内部不易散失,使混凝土内部温度急剧上升,内外温差过大而使混凝土产生开裂,影响结构的安全性、完整性和耐久性。

六、水泥石的腐蚀与防止

1. 水泥石的腐蚀类型

水泥制品在正常的使用条件下，水泥石的强度会不断增长，使工程结构具有较高的耐久性。但在某些腐蚀性介质的作用下，水泥石结构逐渐遭到破坏，强度降低，甚至引起整个工程结构的破坏，这种现象称为水泥石的腐蚀。常见的腐蚀类型有以下几种：

（1）软水侵蚀（溶出性侵蚀）。软水是指重碳酸盐含量较小的水。如雨水、雪水、蒸馏水、工厂冷凝水以及含重碳酸盐很少的河水与湖水等均属于软水。水泥石长期处于软水环境中，水化产物氢氧化钙会不断溶解，引起水泥石中其他水化产物发生分解，导致水泥石结构孔隙增大，强度降低，甚至破坏，故软水侵蚀又称为溶出性侵蚀。

（2）酸类腐蚀。当水中含有盐酸、氢氟酸、硫酸、硝酸等无机酸或醋酸、蚁酸和乳酸等有机酸时，这些酸性物质会与水泥石中的氢氧化钙发生中和反应，生成的化合物或者易溶于水，或者在水泥石孔隙内结晶膨胀，产生较大的膨胀压力，导致水泥石结构破坏。

例如，盐酸与水泥石中的氢氧化钙反应，生成的氯化钙易溶于水中。其反应式为

$$2HCl + Ca(OH)_2 = CaCl_2 + 2H_2O$$

硫酸与水泥石中的氢氧化钙发生反应，生成体积膨胀性物质二水石膏，二水石膏再与水泥石中的水化铝酸钙作用，生成高硫型的水化硫铝酸钙，在水泥石内产生较大的膨胀压力。其反应式为

$$H_2SO_4 + Ca(OH)_2 = CaSO_4 \cdot 2H_2O$$

$$3CaO \cdot Al_2O_3 \cdot 6H_2O + 3(CaSO_4 \cdot 2H_2O) + 19H_2O = 3CaO \cdot Al_2O_3 \cdot 3CaSO_4 \cdot 31H_2O$$

在工业污水、地下水中，常溶解有较多的二氧化碳，它对水泥石的腐蚀作用是二氧化碳与水泥石中的氢氧化钙反应生成碳酸钙，碳酸钙再与含碳酸的水进一步作用，生成更易溶于水中的碳酸氢钙，从而导致水泥石中其他水化产物的分解，引起水泥石结构破坏。其反应式为

$$Ca(OH)_2 + CO_2 + H_2O = CaCO_3 + 2H_2O$$

$$CaCO_3 + CO_2 + H_2O = Ca(HCO_3)_2$$

（3）盐类腐蚀。在一些海水、沼泽水以及工业污水中，常含有钠、钾、铵等的硫酸盐。它们能与水泥石中的氢氧化钙发生化学反应，生成硫酸钙。硫酸钙进一步与水泥石中的水化产物——水化铝酸钙——作用，生成具有针状晶体的高硫型水化硫铝酸钙。高硫型水化硫铝酸钙晶体中含有大量的结晶水，体积膨胀可达 1.5 倍，致使水泥石产生开裂甚至毁坏。以硫酸钠为例，其反应式为

$$Ca(OH)_2 + Na_2SO_4 \cdot 10H_2O = CaSO_4 \cdot 2H_2O + 2NaOH + 8H_2O$$

$$3CaO \cdot Al_2O_3 \cdot 6H_2O + 3(CaSO_4 \cdot 2H_2O) + 19H_2O = 3CaO \cdot Al_2O_3 \cdot 3CaSO_4 \cdot 31H_2O$$

在海水及地下水中，还常常含有大量的镁盐，主要是硫酸镁和氯化镁。它们与水泥石中的氢氧化钙作用，生成的氢氧化镁松软而无胶凝能力，氯化钙易溶于水，硫酸钙则会引起硫酸盐的破坏作用。其反应式为

$$MgSO_4 + Ca(OH)_2 + 2H_2O = CaSO_4 \cdot 2H_2O + Mg(OH)_2$$
$$MgCl_2 + Ca(OH)_2 = CaCl_2 + Mg(OH)_2$$

（4）强碱腐蚀。一般情况下水泥石能够抵抗碱的腐蚀。如果水泥石结构长期处于较高浓度的碱溶液（如氢氧化钠溶液）中，也会产生腐蚀破坏。

综上所述，引起水泥石腐蚀的根本原因有：① 水泥石中存在易被腐蚀的化学物质——氢氧化钙和水化铝酸钙；② 水泥石本身不密实，有很多毛细孔通道，腐蚀性介质易于通过毛细孔深入到水泥石内部，加速腐蚀的进程。大量实践也可以证明，水泥石的腐蚀是一个极为复杂的物理化学变化过程，水泥石受到腐蚀介质作用时，很少仅有单一的侵蚀作用，往往是几种类型的腐蚀同时存在，相互影响。

2．水泥石腐蚀的防止措施

为减轻或防止水泥石的腐蚀，可以采取下列措施：

（1）根据工程所处的环境特点，合理地选用水泥品种。在有腐蚀性介质存在的工程环境中，应选用水化产物氢氧化钙含量比较低的水泥，以提高水泥石的耐腐蚀性能。

（2）降低水灰比，提高水泥石的密实度。通用水泥的水化理论需水量约为水泥质量的23%，而实际用水量往往是水泥质量的 40%～70%，多余的水在水泥石结构内部容易形成毛细孔或水囊，降低水泥石结构的密实度，腐蚀性介质容易渗入水泥石内部，加速水泥石的腐蚀。采用降低水灰比、掺入外加剂、改进施工工艺等技术手段，可以提高水泥石的密实度，降低腐蚀性介质的渗入，以提高水泥石的抗腐蚀能力。

（3）敷设保护层。当腐蚀性介质作用较强时，可以在结构表面覆盖耐腐蚀性能好且不渗水的保护层，如防腐涂料、耐酸陶瓷、塑料、沥青等，以减少腐蚀性介质与水泥石的直接接触，提高水泥石的抗腐蚀性能。

七、通用硅酸盐水泥的特性与应用

1．硅酸盐水泥

由于硅酸盐水泥熟料中硅酸三钙和铝酸三钙的含量较高，因此硅酸盐水泥具有以下特点：

（1）凝结硬化快、强度高，适用于早期强度要求高、重要结构的高强度混凝土和预应力混凝土工程。

（2）抗冻性、耐磨性好，适用于冬季施工以及严寒地区遭受反复冻融作用的混凝土工程。

（3）水化热大，不适用于大体积混凝土工程。

（4）耐腐蚀性能较差，不适用于受软水、海水及其他腐蚀性介质作用的混凝土工程。

（5）耐热性差。硅酸盐水泥受热到 250 ℃～300 ℃时，水化物开始脱水，体积收缩，强度开始下降。当温度达 400 ℃～600 ℃时，强度明显下降，700 ℃～1 000 ℃时，强度降低更多，甚至完全破坏。因此，硅酸盐水泥不适用于有耐热要求的混凝土工程。

2. 普通硅酸盐水泥

由于普通硅酸盐水泥中掺入的混合材料数量不多，因此，它的特性与硅酸盐水泥相近。与硅酸盐水泥相比，其早期强度稍低，硬化速度稍慢，抗冻性与耐磨性略差。普通硅酸盐水泥的运用范围与硅酸盐水泥基本相同，广泛用于各种混凝土和钢筋混凝土工程。

3. 矿渣硅酸盐水泥、火山灰质硅酸盐水泥、粉煤灰硅酸盐水泥

矿渣硅酸盐水泥、火山灰质硅酸盐水泥、粉煤灰硅酸盐水泥都是在硅酸盐水泥熟料的基础上掺入较多的活性混合材料共同磨细制成的。由于活性混合材料的掺量较多，并且活性混合材料的活性成分基本相同，因此它们的特性大同小异。但与硅酸盐水泥、普通硅酸盐水泥相比，确有明显的不同。因不同混合材料结构上的不同，导致它们相互之间又具有一些不同的特性。

（1）矿渣硅酸盐水泥、火山灰质硅酸盐水泥、粉煤灰硅酸盐水泥的共性。

① 凝结硬化慢，早期强度低，后期强度发展较快。3种水泥中掺加了大量的活性混合材料，相对减少了水泥熟料中矿物成分的含量。另外，3种水泥的水化反应是分两步进行的，首先是水泥熟料矿物成分的水化，随后是水泥的水化产物氢氧化钙与活性混合材料的活性成分发生二次水化反应，并且在常温下二次水化反应速度较慢。所以，这些水泥的凝结硬化慢，早期强度较低。但在硬化后期，随着水化产物的不断增多，水泥的后期强度发展较快。它们不适用于早期强度要求较高的混凝土工程。

② 水化热低。由于3种水泥中掺加了混合材料，水泥熟料含量相对减少，使水泥的水化反应速度放慢，水化热较低，适用于大体积混凝土工程。

③ 耐腐蚀性能好。由于水泥熟料含量少，水泥水化之后生成的水化产物——氢氧化钙——含量较少，而且二次水化反应还要进一步消耗氢氧化钙，使水泥石结构中氢氧化钙的含量更低。因此，3种水泥抵抗海水、软水及硫酸盐腐蚀的能力都较强，适用于有抗软水侵蚀和抗硫酸盐侵蚀要求的混凝土工程。如果火山灰质硅酸盐水泥中掺入的火山灰质混合材料中氧化铝的含量较高，水泥水化后生成的水化铝酸钙数量较大，则抵抗硫酸盐腐蚀的能力明显降低，故应用时要合理选择水泥品种。

④ 抗冻性差，不适用于有抗冻要求的混凝土工程。

⑤ 抗碳化能力较差。这3种水泥的水化产物——氢氧化钙——含量较低，很容易与空气中的二氧化碳发生碳化反应。当碳化深度达到钢筋表面时，容易引起钢筋锈蚀现象，降低结构的耐久性。所以，它们不适用于二氧化碳浓度较高的环境。

⑥ 温度敏感性强，适合蒸气养护。水泥的水化温度降低时，水化速度明显减弱，强度发展慢。提高养护温度，不仅可以加快水泥熟料的水化，而且还能促进二次水化反应的进行，可提高水泥的早期强度。

（2）矿渣硅酸盐水泥、火山灰质硅酸盐水泥、粉煤灰硅酸盐水泥各自的特点。

① 矿渣硅酸盐水泥。由于矿渣经过高温，矿渣硅酸盐水泥硬化后氢氧化钙的含量又比较少，所以，矿渣硅酸盐水泥的耐热性较好，适用于有耐热要求的混凝土结构工程。

粒化高炉矿渣棱角较多，拌和用水量较大，但矿渣保持水分的能力差，泌水性较大，在混凝土施工中由于泌水而形成毛细管通道或粗大的孔隙，水分的蒸发又容易引起干缩，致使

矿渣硅酸盐水泥的抗渗性、抗冻性较差，收缩量较大。

② 火山灰质硅酸盐水泥。火山灰质混合材料的结构特点是疏松并且多孔，在潮湿的条件下养护，可以形成较多的水化产物，水泥石结构比较致密，因而具有较高的抗渗性和耐水性。如处于干燥环境中，所吸收的水分会蒸发，引起体积收缩且收缩量较大，在干热条件下表面容易产生起粉现象，耐磨性能差。

火山灰质硅酸盐水泥不适用于长期处于干燥环境和水位变化范围内的混凝土工程以及有耐磨性要求的混凝土工程。

③ 粉煤灰硅酸盐水泥。粉煤灰为球形颗粒，结构比较致密，内比表面积小，对水的吸附能力较弱，拌和时需水量较少，所以粉煤灰硅酸盐水泥干缩性比较小，抗裂性能好。粉煤灰硅酸盐水泥非常适用于有抗裂性能要求的混凝土工程，不适用于有耐磨要求的、长期处于干燥环境和水位变化范围内的混凝土工程。

4. 复合硅酸盐水泥

在复合硅酸盐水泥中掺入了两种以上的混合材料，可以相互补充、取长补短，克服掺入单一混合材料水泥的一些弊病。如矿渣硅酸盐水泥中掺石灰石不仅能够改善矿渣硅酸盐水泥的泌水性，提高早期强度，而且还能保证水泥后期强度的增长。在需水性大的火山灰质硅酸盐水泥中掺入矿渣等，能有效减少水泥需水量。复合硅酸盐水泥的特性取决于所掺入的两种混合材料的种类、掺量及其相对比例。

使用复合硅酸盐水泥时，应根据掺入的混合材料种类，参照掺有混合材料的硅酸盐水泥的适用范围和工程经验合理选用。

硅酸盐水泥、普通硅酸盐水泥、矿渣硅酸盐水泥、火山灰质硅酸盐水泥、粉煤灰硅酸盐水泥和复合硅酸盐水泥是建设工程中使用量最大、应用范围最广的通用硅酸盐类水泥。应根据工程所处环境条件、对工程的具体要求等因素，合理地选用水泥品种。通用水泥的使用可以参照表3.3选择。

表3.3 通用水泥的选用表

混凝土工程特点及所处环境条件		优先使用	可以使用	不宜使用
普通混凝土	在一般气候环境中的混凝土	普通水泥	矿渣水泥、火山灰水泥、粉煤灰水泥、复合水泥	—
	在干燥环境中的混凝土	普通水泥	矿渣水泥	火山灰水泥、粉煤灰水泥
	在高温高湿环境中或长期处于水中的混凝土	矿渣水泥、火山灰水泥、粉煤灰水泥、复合水泥	普通水泥	—
	厚大体积的混凝土	矿渣水泥、火山灰水泥、粉煤灰水泥、复合水泥	普通水泥	硅酸盐水泥

续表

混凝土工程特点及所处环境条件		优先使用	可以使用	不宜使用
有特殊要求的混凝土	要求快硬、高强（大于C40）的混凝土	硅酸盐水泥	普通水泥	矿渣水泥、火山灰水泥、粉煤灰水泥、复合水泥
	严寒地区的露天混凝土，寒冷地区处于水位升降范围内的混凝土	普通水泥	矿渣水泥	火山灰水泥、粉煤灰水泥
	严寒地区处于水位升降范围内的混凝土	普通水泥	—	矿渣水泥、火山灰水泥、粉煤灰水泥、复合水泥
	有抗渗要求的混凝土	火山灰水泥、普通水泥	—	矿渣水泥
	有腐蚀介质存在的混凝土	矿渣水泥、火山灰水泥、粉煤灰水泥、复合水泥		硅酸盐水泥
	有耐磨要求的混凝土	硅酸盐水泥、普通水泥	—	火山灰水泥、粉煤灰水泥

八、水泥的质量评定、验收与保管

1. 水泥的质量评定

（1）检验样品的确定。水泥进入施工现场的质量检验，应根据相应产品的技术标准和试验方法进行。试样的采集应按如下规定进行：对于散装水泥，应随机地从不少于3个车罐中，各取等量水泥；对于袋装水泥，应随机地从不少于20袋中，各取等量水泥。将所取的水泥混拌均匀后，再从中称取不少于12 kg的水泥作为检验试样。

（2）检验项目。对于通用硅酸盐水泥，检验的项目主要有：水泥细度、标准稠度用水量、凝结时间、体积安定性、胶砂强度等。

（3）检验结果评定。国家标准规定：凡化学指标、凝结时间、安定性和强度等符合规定的为合格品，否则为不合格品。

2. 水泥的验收

水泥验收的主要内容包括：

（1）检查、核对水泥出厂的质量检验报告。水泥出厂的质量检验报告，不仅是验收水泥的技术保证依据，也是施工单位长期保存的技术资料，还可以作为工程质量验收时工程用料的技术凭证。要核对试验报告的编号与实收水泥的编号是否一致，试验项目是否齐全，试验检测值是否达到国家标准的要求。

（2）核对包装及标志是否相符。水泥的包装及标志必须符合标准。水泥的包装可以采用袋装，也可以散装。袋装水泥每袋净含量 50 kg，且不得少于标志质量的 99%，随机抽取 20 袋的总质量（含包装袋）不得少于 1 000 kg。

水泥包装袋上应清楚标明：执行标准、水泥品种、代号、强度等级、生产者名称、生产许可证标志（QS）及编号、出厂编号、包装日期和净含量。包装袋两侧应根据水泥品种的不同采用不同的颜色印刷水泥名称和强度等级。硅酸盐水泥和普通硅酸盐水泥采用红色，矿渣硅酸盐水泥的印刷采用绿色，火山灰质硅酸盐水泥、粉煤灰硅酸盐水泥和复合水泥采用黑色或蓝色。散装水泥发运时应提交与袋装标志相同内容的卡片。

通过对水泥包装及标志的核对，不仅可以发现包装的完好程度，盘点和检验数量是否给足，还能核对所购水泥与到货的产品是否完全一致，及时发现和纠正可能出现的产品混杂的现象。

3. 水泥的保管

水泥在储存、保管时，应注意以下几个问题：

（1）防水防潮。水泥在存放过程中很容易吸收空气中的水分而产生水化作用，凝结成块，降低水泥强度，影响水泥的正常使用。所以，水泥应在干燥环境条件下存放。袋装水泥在存放时，应用木料垫高，高出地面约 30 cm，四周离墙约 30 cm，堆置高度一般不超过 10 袋。存放散装水泥时，应将水泥储存于专用的水泥罐中。对于受潮水泥可以根据受潮程度，按表 3.4 方法做适当处理。

（2）分类储存。不同品种、强度等级、生产厂家、出厂日期的水泥应分别储存，并加以标志，不得混杂。

（3）储存期不宜过长。储存时间过长，水泥会吸收空气中的水分导致其缓慢水化而降低强度。袋装水泥储存 3 个月后，强度降低 10%～20%；6 个月后，降低 15%～30%；1 年后降低 25%～40%。因此，水泥储存期不宜超过 3 个月，使用时应做到先存先用，不可储存过久。

表 3.4 受潮水泥的处理与使用

受潮情况	处理方法	适用场合
有粉块，用手可以捏成粉末，无硬块	压碎粉块	通过试验后，根据实际强度等级使用
部分结成硬块	筛除硬块压碎粉块	通过试验后，根据实际强度等级使用。用于受力较小的部位，也可配副砂浆
大部分结成硬块	将硬块粉碎磨细	不能作为水泥使用，可作为混合材料掺加到混凝土中

第二节 特性水泥与专用水泥

一、特性水泥

特性水泥是指其某种性能比较突出的水泥，如快凝快硬硅酸盐水泥、抗硫酸盐硅酸盐水泥、膨胀水泥、低水化热水泥等。

1. 快凝快硬硅酸盐水泥

以硅酸三钙、氟铝酸钙为主的水泥熟料，加入适量的硬石膏、粒化高炉矿渣、无水硫酸钠，经磨细制成的一种凝结快、强度增长快的水硬性胶凝材料，称为快凝快硬硅酸盐水泥（简称双快水泥）。

快凝快硬硅酸盐水泥与硅酸盐水泥的主要区别，在于提高了水泥熟料中硅酸三钙和铝酸三钙的含量，并适当增加了石膏的掺量，同时还提高了水泥的细度。

国家标准《快凝快硬硅酸盐水泥》[JC 314—82（1996）]规定：快凝快硬硅酸盐水泥熟料中氧化镁含量不得超过 5.0%，三氧化硫含量不得超过 9.5%，水泥比表面积不得低于 450 m²/kg，初凝时间不得早于 10 min，终凝时间不得迟于 60 min；体积安定性用沸煮法检验时必须合格。根据 4 h 的抗压强度和抗折强度大小，快凝快硬硅酸盐水泥分为双快-150 和双快-200 两个强度等级。各强度等级水泥在各龄期的强度值不得低于表 3.5 中的数值。

表 3.5 快凝快硬硅酸盐水泥各龄期的强度要求[JC 314—82（1996）]

强度等级	抗压强度/MPa			抗折强度/MPa		
	4 h	1 d	28 d	4 h	1 d	28 d
双快-150	14.7	18.6	31.9	2.75	3.43	5.39
双快-200	19.6	24.5	41.7	3.33	4.51	6.27

快凝快硬硅酸盐水泥具有凝结硬化快、早期强度增长快的特点，其 1 h 后抗压强度可达到相应的强度等级，后期强度仍有一定增长，适用于早期强度要求高的混凝土工程、军事工程、低温条件下施工和桥梁、隧道、涵洞等紧急抢修工程。由于快凝快硬硅酸盐水泥水化热大、放热集中迅速、耐腐蚀性能较差，因此，不宜用于大体积混凝土工程和有耐腐蚀性要求的混凝土工程。快凝快硬硅酸盐水泥在存放时易受潮变质，所以在运输和储存时，必须注意防潮，并应及时使用，不宜久存。出厂时间超过 3 个月后，应重新检验，合格后方可使用。快凝快硬硅酸盐水泥也不得与其他品种的水泥混合使用。

2. 低水化热水泥

低水化热水泥包括低热硅酸盐水泥、中热硅酸盐水泥和低热矿渣硅酸盐水泥。

以适当成分的硅酸盐水泥熟料，加入适量石膏，磨细制成的具有低水化热的水硬性胶凝材料，称为低热硅酸盐水泥（简称低热水泥），代号为 P·LH。

以适当成分的硅酸盐水泥熟料，加入适量石膏，磨细制成的具有中等水化热的水硬性胶凝材料，称为中热硅酸盐水泥（简称中热水泥），代号为 P·MH。

以适当成分的硅酸盐水泥熟料，加入粒化高炉矿渣、适量石膏，磨细制成的具有低水化热的水硬性胶凝材料，称为低热矿渣硅酸盐水泥（简称低热矿渣水泥），代号为 P·SLH。水泥中矿渣掺量按质量百分比计为 20%~60%，允许用不超过混合材料总量 50% 的磷渣或粉煤灰代替部分矿渣。

从熟料的矿物成分来看，铝酸三钙和硅酸三钙水化热较大，同时游离的氧化钙也会增加水泥的水化热，降低水泥的抗拉强度，所以对其含量应加以限制。水泥熟料中铝酸三钙含量对于低热硅酸盐水泥和中热硅酸盐水泥不得超过 6%，对于低热矿渣硅酸盐水泥不得超过8%；水泥熟料中硅酸三钙含量对于中热硅酸盐水泥不得超过55%；水泥熟料中游离氧化钙含量对于低热硅酸盐水泥和中热硅酸盐水泥不得超过1.0%；对于低热矿渣硅酸盐水泥不得超过1.2%。

国家标准《低热硅酸盐水泥、中热硅酸盐水泥和低热矿渣硅酸盐水泥》（GB 200—2003）规定：低热硅酸盐水泥、中热硅酸盐水泥和低热矿渣硅酸盐水泥熟料中氧化镁含量不得超过5.0%；三氧化硫含量不得超过3.5%；细度用比表面积法测定时，不得低于250 m^2/kg；初凝时间不得早于60 min，终凝时间不得迟于12 h；体积安定性用沸煮法检验必须合格。

按照规定龄期的抗压强度和抗折强度大小，低热硅酸盐水泥和中热硅酸盐水泥的强度等级为42.5，低热矿渣硅酸盐水泥的强度等级为32.5。各强度等级水泥在各龄期的强度值不得低于表3.6中的数值。

表3.6 低热硅酸盐水泥、中热硅酸盐水泥和低热矿渣硅酸盐水泥各龄期的强度要求（GB 200—2003）

水泥品种	强度等级	抗压强度/MPa			抗折强度/MPa		
		3 d	7 d	28 d	3 d	7 d	28 d
低热水泥	42.5	—	13.0	42.5	—	3.5	6.5
中热水泥	42.5	12.0	22.0	42.5	3.0	4.5	6.5
低热矿渣水泥	32.5	—	12.0	32.5	—	3.0	5.5

低热硅酸盐水泥和中热硅酸盐水泥水化热较低，抗冻性与耐磨性较高，抗硫酸盐侵蚀性能好，适用于水利大坝、大体积水工建筑物，以及其他要求低水化热、高抗冻性、高耐磨、有抗硫酸盐侵蚀要求的混凝土工程。低热矿渣硅酸盐水泥水化热更低，且抗硫酸盐侵蚀性能好，适用于大体积构筑物、厚大基础等大体积混凝土工程，还可用于有抗硫酸盐侵蚀要求的混凝土工程。

3. 硫酸盐硅酸盐水泥

根据抵抗硫酸盐侵蚀的程度不同，抗硫酸盐硅酸盐水泥分中抗硫酸盐硅酸盐水泥和高抗硫酸盐硅酸盐水泥两种。

凡以特定矿物组成的硅酸盐水泥熟料，加入适量石膏，磨细制成的具有抵抗中等浓度硫酸根离子侵蚀的水硬性胶凝材料，称为中抗硫酸盐硅酸盐水泥（简称中抗硫酸盐水泥），代号为P·MSR。

凡以特定矿物组成的硅酸盐水泥熟料，加入适量石膏，磨细制成的具有抵抗较高浓度硫酸根离子侵蚀的水硬性胶凝材料，称为高抗硫酸盐硅酸盐水泥（简称高抗硫酸盐水泥），代号为P·HSR。

硅酸盐水泥熟料中最容易被硫酸盐腐蚀的成分是铝酸三钙。因此，抗硫酸盐硅酸盐水泥熟料中铝酸三钙的含量比较低。由于在水泥熟料的烧制过程中，铝酸三钙数量与硅酸三钙数量之间存在一定的相关性，如果水泥熟料中铝酸三钙含量较低，则硅酸三钙的含量相应的也较低。但是在抗硫酸盐硅酸盐水泥熟料中硅酸三钙的含量不宜太低，否则不利于水泥强度的增长。硅酸三钙和铝酸三钙含量的限制见表3.7。

表 3.7　抗硫酸盐硅酸盐水泥熟料中硅酸三钙和铝酸三钙含量限制

品　　种	中抗硫酸盐硅酸盐水泥	高抗硫酸盐硅酸盐水泥
硅酸三钙含量/%	≤55.0	≤50.0
铝酸三钙含量/%	≤5.0	≤3.0

抗硫酸盐硅酸盐水泥的抗侵蚀能力以抗硫酸盐腐蚀系数 F 来评定。它是指水泥试件在人工配制的硫酸根离子浓度分别为 2 500 mg/L（对中抗硫酸盐水泥）和 8 000 mg/L（对高抗硫酸盐水泥）的硫酸钠溶液中，浸泡 6 个月后的强度与同时浸泡在饮用水中试件的强度之比。抗硫酸盐硅酸盐水泥的抗硫酸盐腐蚀系数不得小于 0.8。

国家标准《抗硫酸盐硅酸盐水泥》（GB 748—2005）规定：抗硫酸盐硅酸盐水泥熟料中氧化镁含量不得超过 5.0%，三氧化硫含量不得超过 2.5%，水泥中不溶物不得超过 1.5%，烧失量不得超过 3.0%；水泥的比表面积不小于 280 m²/kg；初凝时间不得早于 45 min，终凝时间不得迟于 10 h；体积安定性用沸煮法检验必须合格。

根据 3 d、28 d 的抗压强度和抗折强度大小，抗硫酸盐硅酸盐水泥分 32.5 和 42.5 两个强度等级，各强度等级水泥在各龄期的强度值不得低于表 3.8 中的数值。

表 3.8　抗硫酸盐硅酸盐水泥各龄期的强度要求（GB 748—2005）

强度等级	抗压强度/MPa		抗折强度/MPa	
	3 d	28 d	3 d	28 d
32.5	10.0	32.5	2.5	6.0
42.5	15.0	42.5	3.0	6.5

抗硫酸盐硅酸盐水泥具有较高的抗硫酸盐侵蚀能力，水化热较低，主要用于受硫酸盐侵蚀的海港、水利、地下隧道、引水、道路与桥梁基础等工程。

4．铝酸盐水泥

凡以铝酸钙为主的铝酸盐水泥熟料，磨细制成的水硬性胶凝材料，称为铝酸盐水泥，代号为CA。

（1）铝酸盐水泥的矿物组成。铝酸盐水泥的矿物成分主要为铝酸一钙（$CaO \cdot Al_2O_3$，简写为 CA），其含量约占铝酸盐水泥质量的 70%，此外还有少量的硅酸二钙（$2CaO \cdot SiO_2$）与其他铝酸盐，如七铝酸十二钙（$12CaO \cdot 7Al_2O_3$，简写为 $C_{12}A_7$）、二铝酸一钙（$CaO \cdot 2Al_2O_3$，简写为 CA_2）和硅铝酸二钙（$2CaO \cdot Al_2O_3 \cdot SiO_2$，简写为 C_2AS）等。

（2）铝酸盐水泥的水化和硬化。铝酸盐水泥的水化和硬化主要是铝酸一钙的水化及其水化产物的结晶。其水化产物会随外界温度的不同而异。当温度低于 20 ℃ 时，水化产物为水化铝酸一钙（$CaO \cdot Al_2O_3 \cdot 10H_2O$，简写为 CAH_{10}），其水化反应式为

$$CaO \cdot Al_2O_3 + 10H_2O = CaO \cdot Al_2O_3 \cdot 10H_2O$$

当温度为 20 ℃ ~ 30 ℃ 时，水化产物为水化铝酸二钙（$2CaO \cdot Al_2O_3 \cdot 8H_2O$，简写为

C_2AH_8)和氢氧化铝($Al_2O_3 \cdot 3H_2O$,简写为 AH_3),其水化反应式为

$$2(CaO \cdot Al_2O_3) + 11H_2O = 2CaO \cdot Al_2O_3 \cdot 8H_2O + Al_2O_3 \cdot 3H_2O$$

当温度高于 30 ℃ 时,水化产物为水化铝酸钙($3CaO \cdot Al_2O_3 \cdot 6H_2O$,简写为 C_3AH_6)和氢氧化铝,其水化反应式为

$$3(CaO \cdot Al_2O_3) + 12H_2O = 3CaO \cdot Al_2O_3 \cdot 6H_2O + 2(Al_2O_3 \cdot 3H_2O)$$

水化产物水化铝酸一钙和水化铝酸二钙为针状或板状晶体,能相互交织成坚固的结晶共生体,析出的氢氧化铝难溶于水,填充于晶体骨架的空隙中,形成比较致密的结构,使水泥石具有很高的强度。水化反应集中在早期,5~7 d 后水化产物的数量很少增加。所以,铝酸盐水泥早期强度增长很快。

随硬化时间的延长,不稳定的水化铝酸一钙和水化铝酸二钙会逐渐转化为比较稳定的水化铝酸钙,转化过程会随着外界温度的升高而加快。转化结果使水泥石内部析出游离水,增大了孔隙体积,同时水化铝酸钙晶体本身缺陷较多,强度较低,因而水泥石后期强度明显降低。

(3)铝酸盐水泥的技术要求。铝酸盐水泥呈黄、褐或灰色,其密度和堆积密度与硅酸盐水泥接近,密度为 3.0~3.2 g/cm³,堆积密度为 1 000~1 300 kg/m³。

国家标准《铝酸盐水泥》(GB 201—2000)规定:铝酸盐水泥按 Al_2O_3 含量百分数分为 CA-50、CA-60、CA-70、CA-80 四种类型;水泥细度用比表面积法测定时不得低于 300 m²/kg,或者 45 μm 筛余不得超过 20%;对于 CA-50、CA-70、CA-80 水泥初凝时间不得早于 30 min,终凝时间不得迟于 6 h;对于 CA-60 水泥初凝时间不得早于 60 min,终凝时间不得迟于 18 h;体积安定性检验必须合格。

各类型水泥在各龄期的强度值不得低于表 3.9 中的数值。

表 3.9 铝酸盐水泥的 Al_2O_3 含量和各龄期的强度要求(GB 201—2000)

水泥类型	Al_2O_3 含量/%	抗压强度/MPa				抗折强度/MPa			
		6 h	1 d	3 d	28 d	6 h	1 d	3 d	28 d
CA-50	$50 \leq Al_2O_3 < 60$	20	40	50	—	3.0	5.5	6.5	—
CA-60	$60 \leq Al_2O_3 < 68$	—	20	45	85	—	2.5	5.0	10.0
CA-70	$68 \leq Al_2O_3 < 77$	—	30	40	—	—	5.0	6.0	—
CA-80	$77 \leq Al_2O_3$	—	25	30	—	—	4.0	5.0	—

(4)铝酸盐水泥的特点与应用。

① 凝结硬化快,早期强度增长快,适用于紧急抢修工程和早期强度要求高的混凝土工程。

② 硬化后的水泥石在高温下(900 ℃ 以上)仍能保持较高的强度,具有较高的耐热性能。如采用耐火的粗、细集料(如铬铁矿等),可制成使用温度达 1 300 ℃~1 400 ℃ 的耐热混凝土,也可作为高炉炉衬材料。

③ 具有较好的抗渗性和抗硫酸盐侵蚀能力。这是因为铝酸盐水泥的水化产物主要为低钙铝酸盐,游离的氧化钙含量极少,硬化后的水泥石中没有氢氧化钙,并且水泥石结构比较致密。因此,铝酸盐水泥具有较高的抗渗性、抗冻性和抗硫酸盐侵蚀能力,适用于有抗渗、抗

硫酸盐侵蚀要求的混凝土工程，但铝酸盐水泥不耐碱，不能用于与碱溶液接触的工程。

④ 水化热大而且集中在早期释放。铝酸盐水泥的 1 d 放热量大约相当于硅酸盐水泥的 7 d 放热量。因此，适用于混凝土的冬季施工，但不宜用于大体积混凝土工程中。

铝酸盐水泥在使用时应注意以下几点：

① 由于铝酸盐水泥水化产物晶体易发生转换，导致铝酸盐水泥的后期强度会有所降低，尤其是在高于 30 ℃ 的湿热环境下，强度下降会更加明显，甚至会引起结构的破坏。因此，铝酸盐水泥不宜用于长期承受荷载作用的结构工程。

② 铝酸盐水泥最适宜的硬化温度为 15 ℃ 左右。一般施工时环境温度不宜超过 30 ℃，否则，会产生晶体转换，使水泥石强度降低。所以，用铝酸盐水泥拌制的混凝土构件不能进行蒸汽养护。

③ 使用铝酸盐水泥时，严禁与硅酸盐水泥或石灰相混，也不得与尚未硬化的硅酸盐水泥接触，否则将产生瞬凝现象，以致无法施工，且强度很低。

5. 膨胀水泥和自应力水泥

一般硅酸盐水泥在空气中硬化时，体积会发生收缩。收缩会使水泥石的结构产生微裂缝或裂缝，降低水泥石结构的密实性，影响结构的抗渗、抗冻、耐腐蚀性和耐久性。膨胀水泥在硬化过程中体积不但不发生收缩，而且还略有不同程度的膨胀。当这种膨胀受到水泥混凝土中钢筋的约束而膨胀率又较大时，钢筋和混凝土会一起发生变形，钢筋受到拉力，混凝土受到压力，这种压力是由水泥水化产生的体积变化所引起的，所以叫自应力。自应力值大于 2 MPa 的水泥称为自应力水泥。由于这一过程发生在水泥浆体完全硬化之前，所以，能够使水泥石的结构更加密实而不致引起破坏。

（1）膨胀作用机理。在水泥生产过程中加入石膏、膨胀剂（如明矾石、铝酸盐水泥等），使水泥浆体中产生大量的水化硫铝酸钙晶体，进而使水泥石体积产生膨胀。

（2）膨胀水泥的种类。按水泥的主要矿物成分，膨胀水泥可分为硅酸盐型膨胀水泥、铝酸盐型膨胀水泥和硫铝酸盐型膨胀水泥三类。根据水泥的膨胀值及其用途又可分为收缩补偿水泥和自应力水泥两类。硅酸盐膨胀水泥是以硅酸盐水泥为主要组分，外加铝酸盐水泥和石膏配制而成的一种水硬性胶凝材料。这种水泥膨胀值的大小可通过改变铝酸盐水泥和石膏的含量来调节。例如，用 85%～88% 的硅酸盐水泥熟料、6%～7.5% 的铝酸盐水泥、6%～7.5% 的石膏可配制成收缩补偿水泥，用这种水泥配制的混凝土可做屋面刚性防水层、锚固地脚螺栓或修补等用。如适当提高其膨胀组分即可增加膨胀量，可配制成自应力水泥。自应力硅酸盐水泥常用于制造自应力钢筋混凝土压力管及其配件。

铝酸盐膨胀水泥是以一定量的铝酸盐水泥熟料和二水石膏为组成材料，经磨细而成的大膨胀率水硬性胶凝材料。该水泥具有自应力值高，抗渗性、气密性好，质量比较稳定等优点，但水泥生产成本较高，膨胀稳定期较长。可用于制作大口径或较高压力的压力管。

硫铝酸盐膨胀水泥是以无水硫铝酸钙熟料为主要组成材料，加入较多的石膏，经磨细制成的强膨胀性水硬性胶凝材料。可制作大口径或较高压力的压力管，石膏掺量较少时，可用做收缩补偿混凝土。

（3）膨胀水泥的特点与应用。膨胀水泥在约束变形条件下所形成的水泥石结构致密，具有良好的抗渗性和抗冻性，可用于配制防水砂浆与防水混凝土、浇灌构件的接缝及管道的接头、结构的加固与修补、浇注机器底座与固结地脚螺丝等。自应力水泥主要用于自应力钢筋混凝土结构工程和制造自应力压力管道等。

二、专用水泥

专用水泥是指有专门用途的水泥,如砌筑水泥、道路硅酸盐水泥、白色硅酸盐水泥等。

1. 砌筑水泥

凡由一种或一种以上的水泥混合材料,加入适量的硅酸盐水泥熟料和石膏,经磨细制成的工作性能较好的水硬性胶凝材料,称为砌筑水泥,代号为 M。砌筑水泥中混合材料掺量按质量百分比计应不少于 50%。

国家标准《砌筑水泥》(GB/T 3183—2003)规定:砌筑水泥熟料中三氧化硫含量不得超过 4.0%;细度用 80 μm 方孔筛,筛余量不得超过 10.0%;初凝时间不得早于 45 min,终凝时间不得迟于 12 h;保水率不低于 80%;体积安定性用沸煮法检验必须合格。

根据 7 d、28 d 的抗压强度和抗折强度大小,砌筑水泥分为 12.5 和 22.5 两个强度等级。各强度等级的水泥在各龄期的强度值不得低于表 3.10 中的数值。

表 3.10　砌筑水泥各龄期的强度要求(GB/T 3183—2003)

强度等级	抗压强度/MPa		抗折强度/MPa	
	7 d	28 d	7 d	28 d
12.5	7.0	12.5	1.5	3.0
22.5	10.0	22.5	2.0	4.0

砌筑水泥凝结硬化慢,强度较低,在生产过程中以大量的工业废渣作为原材料,水泥的生产成本低,工作性能较好,适用于配制砌筑砂浆、抹面砂浆、基础垫层混凝土。

2. 道路硅酸盐水泥

由道路硅酸盐水泥熟料(以硅酸钙和铁铝酸盐为主要成分)、0~10%活性混合材料和适量石膏磨细制成的水硬性胶凝材料,称为道路硅酸盐水泥(简称道路水泥),代号为 P·R。

道路硅酸盐水泥是为适应我国水泥混凝土路面的需要而发展起来的。为提高道路混凝土的抗折强度、耐磨性和耐久性,道路硅酸盐水泥熟料中的铝酸三钙含量不得大于 5.0%;铁铝酸四钙含量不得小于 16.0%。

国家标准《道路硅酸盐水泥》(GB 13693—2005)规定:道路硅酸盐水泥熟料中三氧化硫含量不得超过 3.5%,氧化镁含量不得超过 5.0%,游离氧化钙含量不得超过 1.0%,烧失量不得大于 3.0%,细度用比表面积法测定时为 300~450 m²/kg,初凝时间不得早于 1.5 h,终凝时间不得迟于 10 h,体积安定性用沸煮法检验必须合格,28 d 干缩率不得大于 0.10%,28 d 磨耗量不得大于 3.0 kg/m²。

根据 3 d、28 d 的抗压强度和抗折强度大小,道路硅酸盐水泥分为 32.5、42.5、52.5 三个强度等级。各强度等级水泥在各龄期的强度值不得低于表 3.11 中的数值。

表 3.11 道路硅酸盐水泥各龄期的强度要求（GB 13693—2005）

强度等级	抗压强度/MPa		抗折强度/MPa	
	3 d	28 d	3 d	28 d
32.5	16.0	32.5	3.5	6.5
42.5	21.0	42.5	4.0	7.0
52.5	26.0	52.5	5.0	7.5

道路硅酸盐水泥具有早强与抗折强度高、干缩性小、耐磨性好、抗冲击性好、抗冻性和耐久性比较好、裂缝和磨耗病害少的特点，主要用于公路路面、机场跑道、城市广场、停车场等工程。

3. 白色硅酸盐水泥

由氧化铁含量少的硅酸盐水泥熟料、适量石膏及规定的混合材料，经磨细制成的水硬性胶凝材料称为白色硅酸盐水泥（简称白水泥），代号为 P·W。

一般硅酸盐水泥呈灰色或灰褐色，这主要是由于水泥熟料中的氧化铁所引起的。普通硅酸盐水泥的氧化铁含量为 3%～4%，当氧化铁的含量在 0.5% 以下时，水泥接近白色。生产白色硅酸盐水泥的原料应采用着色物质（氧化铁、氧化锰、氧化钛、氧化铬等）含量极少的矿物质，如纯净的石灰石、纯石英砂、高岭土。由于水泥原料中氧化铁的含量少，煅烧的温度要提高到 1 550 ℃ 左右。为了保证白度，煅烧时应采用天然气、煤气或重油作为燃料。粉磨时不能直接用铸钢板和钢球，而应采用白色花岗岩或高强陶瓷衬板，用烧结瓷球等作为研磨体。由于这些特殊的生产措施，使得白色硅酸盐水泥的生产成本较高，因此白色硅酸盐水泥的价格较高。国家标准《白色硅酸盐水泥》（GB/T 2015—2005）规定：白色硅酸盐水泥熟料中氧化镁含量不得超过 5.0%；初凝时间不得早于 45 min，终凝时间不得迟于 10 h；细度用 80 μm 方孔筛，筛余量不得超过 10.0%；体积安定性用沸煮法检验必须合格。

根据 3 d、28 d 的抗压强度和抗折强度大小，白色硅酸盐水泥分为 32.5、42.5、52.5 三个强度等级。各强度等级水泥在各龄期的强度值不得低于表 3.12 中的数值。

表 3.12 白色硅酸盐水泥各龄期的强度要求（GB/T 2015—2005）

强度等级	抗压强度/MPa		抗折强度/MPa	
	3 d	28 d	3 d	28 d
32.5	12.0	32.5	3.0	6.0
42.5	17.0	42.5	3.5	6.5
52.5	22.0	52.5	4.0	7.0

白度是白色硅酸盐水泥的一个重要指标。白色硅酸盐水泥的白度值不得低于 87。

将白色硅酸盐水泥熟料、颜料和石膏共同磨细，可制成彩色硅酸盐水泥。所用的颜料要能耐碱，对水泥不能产生有害作用。常用的颜料有氧化铁（红、黄、褐、黑色）、二氧化锰（黑、褐色）、氧化铬（绿色）、赭石（赭色）和炭黑（黑色）等。也可将颜料直接与白水泥粉末混合拌匀，配制成彩色水泥砂浆和彩色混凝土。后者方法简便易行，色彩可以调节，但拌制不均匀则会存在一定的色差。

白色硅酸盐水泥具有强度高，色泽洁白的特点，可用来配制彩色砂浆与涂料、彩色混凝土等，用于建筑物的内外装修，也是生产彩色硅酸盐水泥的主要原料。

复习思考题

1. 生产通用硅酸盐水泥的主要原料有哪些？
2. 生产通用硅酸盐水泥时为什么要掺入适量石膏？
3. 试述通用硅酸盐水泥的主要矿物成分及其对水泥性能的影响。
4. 通用硅酸盐水泥的主要水化产物有哪几种？
5. 水泥细度对水泥性能有何影响？怎样检测水泥细度？
6. 导致水泥体积安定性不良的原因有哪些？如何检验？
7. 影响水泥强度大小的主要因素有哪些？
8. 水泥石腐蚀的类型有哪几种？产生腐蚀的主要原因是什么？如何防止水泥石的腐蚀？
9. 水泥检验中，哪些性能不符合要求时，该水泥属于不合格品？
10. 何谓混合材料？在水泥生产中起什么作用？
11. 为什么说掺入活性混合材料的硅酸盐水泥早期强度比较低，后期强度发展比较高？
12. 与硅酸盐水泥相比，普通水泥、矿渣水泥、火山灰水泥和粉煤灰水泥在性能上有哪些不同？
13. 某工程使用一批普通硅酸盐水泥，强度检验结果如下，试评定该批水泥的强度等级。

龄　期	抗折强度/MPa	抗压破坏荷载/kN
3d	4.05、4.20、4.10	41.5、42.2、46.1、45.5、44.2、43.1
28d	7.05、7.50、8.40	111.9、125.0、114.1、113.5、108.0、115.0

14. 不同品种且同一强度等级以及同品种但不同强度等级的水泥能否掺混使用？
15. 快凝快硬硅酸盐水泥的矿物组成有哪些特点？
16. 铝酸盐水泥有何特点？使用时应注意哪些问题？
17. 膨胀水泥的膨胀过程与水泥体积安定性不良所形成的体积膨胀有何不同？
18. 白色硅酸盐水泥对原料和工艺有什么要求？
19. 根据下列工程条件，选择适宜的水泥品种：
（1）现浇混凝土梁、板、柱，冬季施工。
（2）高层建筑基础底板（具有大体积混凝土特性和抗渗要求）。
（3）受海水侵蚀的钢筋混凝土工程。
（4）高炉炼铁炉基础。
（5）高强度预应力混凝土梁。
（6）紧急抢修工程。
（7）东北某大桥的沉井基础及桥梁墩台。
（8）采用蒸气养护的预制构件。
（9）大口径压力管及输油管道工程。

第四章 混凝土

混凝土是由胶凝材料、集料和水按适当比例配合，拌和制成具有一定可塑性的浆体，经一段时间硬化而成的具有一定形状和强度的人造石材。

混凝土广泛应用于铁道工程、道路工程、桥梁隧道、工业与民用建筑、水工结构及海港、军事等土木工程中，是一种不可或缺的工程材料。它具有许多优良的性能，主要体现在：

（1）易塑性。凝结前混凝土拌和物具有良好的可塑性，可浇筑成任意形状和不同尺寸且整体性很强的构件。

（2）适应性。适用于多种结构形式，满足多种施工要求，可根据工程要求配制不同性能的混凝土。

（3）安全性。具有较高的抗压强度，目前工程构件最高强度可达130 MPa，与钢筋有牢固的黏结力，组成钢筋混凝土。

（4）耐久性。一般不需要维护保养，维修费用低。

（5）经济性。原材料可就地取材，价格低廉，经济实用。

混凝土也有一定的缺点，主要体现在自重大、抗拉强度低、变形能力小、性脆易裂、硬化养护时间长、破损后不易修复、施工质量波动性较大等方面，这对混凝土的使用有一定的影响。

混凝土按其表观密度可分为重混凝土（$\rho_0 > 2\,500\ \text{kg/m}^3$）、普通混凝土（$\rho_0 = 1\,950 \sim 2\,500\ \text{kg/m}^3$）和轻混凝土（$\rho_0 < 1\,950\ \text{kg/m}^3$）。

混凝土按其用途可分为结构混凝土、道路混凝土、水工混凝土、装饰混凝土及特种混凝土（耐热、耐酸、耐碱、防辐射混凝土等）。

混凝土按其所用胶凝材料可分为水泥混凝土、石膏混凝土、水玻璃混凝土、沥青混凝土、聚合物水泥混凝土及树脂混凝土等。

混凝土按其施工方法可分为泵送混凝土、喷射混凝土、压力灌浆混凝土、挤压混凝土、离心混凝土及碾压混凝土等。

混凝土的品种虽然繁多，但在实际工程中还是以水泥混凝土，即普通混凝土应用最为广泛。

第一节 普通混凝土的组成材料

普通混凝土是由水泥、砂、石子和水按适当比例配合搅拌，浇筑成型，经一定时间凝结硬化而成的人造石材，工程上常用一个"砼"字代表。随着混凝土技术的发展，现常在混凝土中加入外加剂和矿物掺和料，以改善混凝土的性能。

混凝土的结构如图 4.1 所示，一般砂子和石子的总含量占混凝土总体积的 70%～80%，主要起骨架作用，称为"集料"；石子为"粗集料"，砂为"细集料"；其余为水泥与水组成的水泥浆和少量残留的空气。水泥浆填充砂子空隙并包裹砂粒形成砂浆，砂浆又填充石子空隙并包裹石子颗粒。水泥浆起润滑作用，使尚未凝固的混凝土拌和物具有一定的流动性，并通过水泥浆的凝结硬化将砂石集料胶结成整体。

混凝土的质量在很大程度上取决于组成材料的性质、配合比、施工工艺（如搅拌、成型和养护）等。为了保证混凝土的质量，对所用材料应进行选择，各组成材料必须满足一定的技术质量要求。

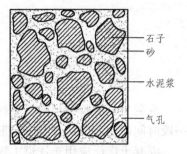

图 4.1 混凝土结构示意图

一、水泥

水泥是混凝土的胶凝材料，混凝土的性能在很大程度上取决于水泥的质量。同时，水泥也是混凝土组成材料中价格最贵的材料。因此，合理地选择水泥的品种和强度，会直接关系到混凝土的耐久性和经济性。

（1）水泥品种的选择。应根据工程特点、所处的环境条件、施工条件等因素进行合理选择，常用的有硅酸盐水泥、普通硅酸盐水泥、矿渣硅酸盐水泥、粉煤灰硅酸盐水泥、火山灰质硅酸盐水泥和复合硅酸盐水泥。所用水泥的性能必须符合国家现行有关标准的规定，在满足工程要求的前提下，应选用价格较低的水泥品种，以降低工程造价。

（2）水泥强度等级的选择。水泥强度等级的选择，应与所配制的混凝土强度等级相适应。原则上配制高强度等级的混凝土，应选用高强度等级的水泥；配制低强度等级的混凝土，选用低强度等级的水泥。如用高强度等级的水泥配制低强度等级混凝土，会使水泥用量偏少，影响混凝土和易性与耐久性。如用低强度等级的水泥配制高强度等级混凝土，会使水泥用量过多，不经济，同时还会影响混凝土的其他技术性质，如干缩变形等。一般情况下，水泥强度等级约为所配混凝土强度的 1.5 倍。通常混凝土强度等级为 C30 以下时，可采用强度等级为 32.5 的水泥；混凝土强度等级大于 C30 时，可采用强度等级为 42.5 以上的水泥。

二、细集料

粒径小于 4.75 mm 的集料称为细集料。混凝土的细集料主要采用天然砂，有时也采用人工砂。天然砂根据产源不同，可分为河砂、湖砂、山砂和淡化海砂。山砂富有棱角，表面粗糙，与水泥浆黏结力好，但含泥量和有机杂质含量较多。海砂颗粒表面圆滑，比较洁净，但常混有贝壳碎片，而且含盐分较多，对混凝土中的钢筋有锈蚀作用。河砂介于山砂和海砂之间，比较洁净，而且分布较广，一般工程上大都采用河砂。人工砂是用岩石轧碎筛选而成，富有棱角，比较洁净，但石粉和片状颗粒较多且成本较高。在铁路混凝土中，若就近没有河砂和山砂，则常用由白云岩、石灰岩、花岗岩和玄武岩爆破、机械轧碎而成的机制砂。

砂按技术要求分为Ⅰ类、Ⅱ类、Ⅲ类。Ⅰ类砂宜用于强度等级大于C60的混凝土，Ⅱ类砂宜用于强度等级C30～C60及有抗冻、抗渗或其他要求的混凝土，Ⅲ类砂宜用于强度等级小于C30的混凝土和建筑砂浆。

根据国家标准《建筑用砂》（GB/T 14684—2011）的规定，混凝土用砂应尽量选用洁净、坚硬、表面粗糙有棱角、有害杂质少的砂。具体质量要求如下：

1. 有害杂质含量

天然砂中常含有淤泥、黏土块、云母、轻物质、硫化物、硫酸盐、有机质、氯化物及草根、树叶、煤块、炉渣等有害杂质，这些杂质过多会影响混凝土的质量。

（1）含泥量、泥块含量和石粉含量。砂的含泥量是指天然砂中粒径小于75 μm的颗粒含量，泥块含量是指砂中原粒径大于1.18 mm，经水浸洗、手捏后小于600 μm的颗粒含量。

这些细微颗粒有的可在集料表面形成包裹层，阻碍集料与水泥凝胶体的黏结；有的则以松散的颗粒存在，极大地增加了集料的表面积，从而增加了用水量。特别是体积不稳定的黏土颗粒，干燥时收缩，潮湿时膨胀，对混凝土有很大的破坏作用。

石粉含量是指人工砂中粒径小于75 μm的颗粒含量，其矿物组成和化学成分与母岩相同。过多的石粉会妨碍水泥与集料的黏结，从而导致混凝土的强度、耐久性降低。但研究和实践表明：在混凝土中掺入适量的石粉，对改善混凝土细集料颗粒级配、提高混凝土密实性有很大的益处，进而提高混凝土的综合性能。

天然砂的含泥量和泥块含量应符合表4.1的规定。

表4.1　天然砂的含泥量和泥块含量（GB/T 14684—2011）

项目	Ⅰ类	Ⅱ类	Ⅲ类
含泥量（按质量计）/%	≤1.0	≤3.0	≤5.0
泥块含量（按质量计）/%	0	≤1.0	≤2.0

人工砂的石粉含量和泥块含量应符合表4.2的规定。亚甲蓝试验是用于检测人工砂中粒径小于75 μm的颗粒主要是泥土还是石粉的一种试验方法。

表4.2　人工砂的石粉含量和泥块含量表（GB/T 14684—2011）

项目		Ⅰ类	Ⅱ类	Ⅲ类
亚甲蓝试验	MB值≤1.40或合格 石粉含量（按质量计，%，小于）	10.0	10.0	10.0
	MB值≤1.40或合格 泥块含量（按质量计，%，小于）	0	1.0	2.0
	MB值>1.40或不合格 石粉含量（按质量计，%，小于）	1.0	3.0	5.0
	MB值>1.40或不合格 泥块含量（按质量计，%，小于）	0	1.0	2.0

注：根据使用地区和用途，在试验验证的基础上，可由供需双方协商确定。

（2）有害物质含量。云母呈薄片状，表面光滑，与水泥黏结不牢，且易风化，会降低混凝土强度；硫酸盐、硫化物将对硬化的水泥凝胶体产生腐蚀；有机物通常是植物腐烂的产物，妨碍、延缓水泥的正常水化，降低混凝土强度；氯盐引起混凝土中钢筋锈蚀，破坏钢筋与混凝土的黏结，使混凝土保护层开裂。密度小于 2 g/cm³ 的轻物质（如煤屑、炉渣），会降低混凝土的强度和耐久性。为了保证混凝土的质量，上述有害物质的含量应符合表 4.3 的规定。

表 4.3 砂中有害物质的限量（GB/T 14684—2011）

项　目	Ⅰ类	Ⅱ类	Ⅲ类
云母含量（按质量计）/%	≤1.0		≤2.0
硫化物及硫酸盐含量（按 SO₃ 质量计）/%		≤0.5	
有机物含量（用比色法试验）		合格	
氯化物含量（按氯离子质量计）/%	≤0.01	≤0.02	≤0.06
轻物质含量（按质量计）/%		≤1.0	

2. 坚固性

坚固性是指砂在自然风化和其他外界物理化学因素作用下抵抗破裂的能力。根据国家标准《建筑用砂》(GB/T 14684—2011) 的规定，天然砂的坚固性用硫酸钠溶液法检验，砂样经 5 次干湿循环后的质量损失应符合表 5.4 的规定。

表 4.4 砂的坚固性指标（GB/T 14684—2011）

项　目	Ⅰ类	Ⅱ类	Ⅲ类
天然砂的质量损失/%	≤8		≤10

3. 颗粒级配和粗细程度

砂的颗粒级配是指砂中大小颗粒互相搭配的情况。如果大小颗粒搭配适当，小颗粒的砂恰好填满中等颗粒砂的空隙，而中等颗粒的砂又恰好填满大颗粒砂的空隙，这样彼此之间互相填满，使得砂的总空隙率降到最小，因此砂的级配良好也就意味着砂的空隙率较小。

砂的粗细程度是指不同粒径的砂混合在一起后的总体粗细程度。通常有粗砂、中砂和细砂之分。

在相同质量条件下，若粗粒砂较多，砂就显得粗些，砂的总表面积就越小，相应的包裹砂子的水泥浆数量也越少。但若砂中的粗粒砂过多，而中小颗粒的砂又搭配的不好，那么砂的空隙率就会很大。因此，混凝土用砂，应同时考虑颗粒级配和粗细程度两个因素，宜采用级配良好的中砂或粗砂。

砂的颗粒级配和粗细程度常用筛分析的方法来测定。筛分析法是用一套标准筛，将砂子试样依次进行筛分，标准筛由孔径为 9.50 mm、4.75 mm、2.36 mm、1.18 mm、600 μm、300 μm 和 150 μm 的 7 只筛子组成，将 500 g 干砂由粗到细依次过筛，然后称得余留在各个筛子上的砂子质量为分计筛余量；各分计筛余量占砂子试样总质量的百分比称为分计筛余百分比，分别用 a_1、a_2、a_3、a_4、a_5、a_6 表示；各筛上及所有孔径大于该筛的分计筛余百分比之和称为累计筛余百分比，分别用 A_1、A_2、A_3、A_4、A_5 和 A_6 表示，它们的关系见表 4.5。

表 4.5　分计筛余和累计筛余的关系

筛孔尺寸	分计筛余量/g	分计筛余率/%	累计筛余率/%
4.75 mm	m_1	$a_1 = m_1/m$	$A_1 = a_1$
2.36 mm	m_2	$a_2 = m_2/m$	$A_2 = a_1 + a_2$
1.18 mm	m_3	$a_3 = m_3/m$	$A_3 = a_1 + a_2 + a_3$
600 μm	m_4	$a_4 = m_4/m$	$A_4 = a_1 + a_2 + a_3 + a_4$
300 μm	m_5	$a_5 = m_5/m$	$A_5 = a_1 + a_2 + a_3 + a_4 + a_5$
150 μm	m_6	$a_6 = m_6/m$	$A_6 = a_1 + a_2 + a_3 + a_4 + a_5 + a_6$
筛　底	m_7		

注：m 为砂子试样的总质量，$m = m_1 + m_2 + m_3 + m_4 + m_5 + m_6 + m_7$。

根据国家标准《建筑用砂》（GB/T 14684—2011）的规定，砂按 600 μm 筛孔的累计筛余率（A_4）可分为 3 个级配区，A_4 = 71% ~ 85%为Ⅰ区，A_4 = 41% ~ 70%为Ⅱ区，A_4 = 16% ~ 40%为Ⅲ区，建筑用砂的实际颗粒级配（各 A 值）应处于表 4.6 中的任何一个级配区内，说明砂子的级配良好。但表中所列的累计筛余率，除 4.75 mm 和 600 μm 筛外，允许有超出分区界线，但其总量不应大于 5%，否则为级配不合格。

表 4.6　砂的颗粒级配（GB/T 14684—2011）

筛孔尺寸	级配区		
	Ⅰ区	Ⅱ区	Ⅲ区
	累计筛余率/%		
9.50 mm	0	0	0
4.75 mm	10 ~ 0	10 ~ 0	10 ~ 0
2.36 mm	35 ~ 5	25 ~ 0	15 ~ 0
1.18 mm	65 ~ 35	50 ~ 10	25 ~ 0
600 μm	85 ~ 71	70 ~ 41	40 ~ 16
300 μm	95 ~ 80	92 ~ 70	85 ~ 55
150 μm	100 ~ 90	100 ~ 90	100 ~ 90

注：砂的级配除 4.75 mm 和 600 μm 筛档外，可以略有超出，但各级累计筛余超出值总和应不大于5%。

Ⅰ区砂粗粒较多，保水性较差，宜于配制水泥用量较多或流动性较小的普通混凝土。Ⅱ区砂颗粒粗细程度适中，级配最佳。Ⅲ区砂颗粒偏细，用它配制的普通混凝土拌和物黏聚性稍大，保水性较好，容易插捣，但干缩性较大，表面容易产生微裂纹。

以累计筛余百分比为纵坐标，以筛孔尺寸为横坐标，根据表 4.6 的规定，可画出 3 个级配区的筛分曲线，如图 4.2 所示。当试验砂的筛分曲线落在 3 个级配区之一的上、下线界限之间时，可认为砂的级配合格。

用筛分方法来分析细集料的颗粒级配,只能对砂的粗细程度做出大致的区分,而对于同一个级配区内粗细程度不同的砂,则需要用细度模数来进一步评定砂的粗细程度。

砂的粗细程度用细度模数 M_x 来表示,即

$$M_x = \frac{A_2 + A_3 + A_4 + A_5 + A_6 - 5A_1}{100 - A_1}$$

式中 M_x——砂的细度模数;
$A_1, A_2, A_3, A_4, A_5, A_6$——各筛的累计筛余百分比(%)。

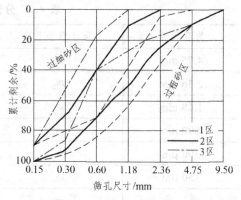

图 4.2 砂的级配曲线

细度模数越大,表示砂越粗。按细度模数将砂分为粗砂 $M_x = 3.7 \sim 3.1$,中砂 $M_x = 3.0 \sim 2.3$,细砂 $M_x = 2.2 \sim 1.6$。

【例 4.1】 某工地用 500 g 烘干砂样做筛分析试验,筛分结果如表 4.7 所示,试判断该砂的粗细程度和级配情况。

表 4.7 砂样筛分结果

筛孔尺寸	分计筛余量/g	分计筛余率/%	累计筛余率/%
4.75 mm	30	6.0	6.0
2.36 mm	45	9.0	15.0
1.18 mm	151	30.2	45.2
600 μm	90	18.0	63.2
300 μm	76	15.2	78.4
150 μm	88	17.6	96.0
筛 底	20	4.0	100.0

解 (1)计算细度模数。

$$M_x = \frac{A_2 + A_3 + A_4 + A_5 + A_6 - 5A_1}{100 - A_1} = \frac{15.0 + 45.2 + 63.2 + 78.4 + 96.0 - 5 \times 6.0}{100 - 6.0} = 2.8$$

(2)判断粗细程度和级配情况。

因为 $M_x = 2.8$,在 $2.3 \sim 3.0$ 之间,所以该砂为中砂。

由于该砂在 600 μm 筛上的累计筛余 $A_4 = 63.2\%$,在 41% ~ 70%,属Ⅱ区;又将计算的各累计筛余 A 值与Ⅱ区标准逐一对照,各 A 值均落入Ⅱ区内,因此该砂的级配良好。

三、粗集料

粒径大于 4.75 mm 的集料称为粗集料。常用的粗集料有天然卵石和人工碎石两种。天然卵石是岩石由自然条件作用而形成的,可分为河卵石、海卵石和山卵石。河卵石表面光滑,

少棱角，比较洁净，大都具有天然级配；而山卵石含黏土等杂质较多，使用前须冲洗干净；因此河卵石最为常用。人工碎石是由天然岩石或卵石经机械破碎、筛分而成，颗粒富有棱角，表面粗糙，较天然卵石干净，与水泥浆的黏结力较强，但流动性较差。

粗集料的选用应根据就地取材的原则和工程的具体要求而定，一般情况下，配制高强度等级的混凝土宜采用碎石，但其品质必须符合国家标准《建筑用碎石、卵石》（GB/T 14685—2011）的规定。按技术性能将粗集料分为三类，Ⅰ类宜用于强度等级大于C60的混凝土，Ⅱ类宜用于强度等级为C30～C60及有抗冻、抗渗或其他要求的混凝土；Ⅲ类宜用于强度等级小于C30的混凝土。粗集料的质量要求，主要包括以下几个方面：

1. 有害杂质含量

粗集料中常含有一些有害杂质，如黏土、淤泥、细屑、硫酸盐、硫化物、有机物质、蛋白石等含有活性二氧化硅的矿物质。它们的危害作用与在细集料中相同。它们的含量应符合表4.8的规定。

表4.8 石子中有害物质的限量（GB/T 14685—2011）

项　目	Ⅰ类	Ⅱ类	Ⅲ类
含泥量（按质量计）/%	≤0.5	≤1.0	≤1.5
泥块含量（按质量计）/%	0	0.2	0.5
硫化物及硫酸盐含量（按SO_3质量计）/%	0.5	1.0	1.0
有机物含量（用比色法试验）	合　格	合　格	合　格
针、片状颗粒含量（按质量计）/%	5	10	15

2. 颗粒形状

粗集料的颗粒形状以接近立方体或球体为佳，不宜含有过多的针、片状颗粒，否则将影响混凝土拌和物的流动性，同时又影响混凝土的抗折强度。针状颗粒是指颗粒长度大于该颗粒平均粒径2.4倍的颗粒，片状颗粒是指颗粒厚度小于该颗粒平均粒径0.4倍的颗粒。平均粒径是指一个粒级的集料其上、下限粒径的平均值。混凝土用石子的针、片状颗粒含量应符合表4.8的规定。

3. 最大粒径和颗粒级配

（1）最大粒径。石子公称粒级的上限称为该粒级的最大粒径，如5～25 mm粒级的石子，其最大粒径为25 mm。随着石子最大粒径的增大，其总表面积随之减小，从而使包裹集料表面的水泥浆的数量也相应减少，因此在条件许可的情况下，石子的最大粒径应尽可能选用得大些，这样不但能节约水泥，而且还能提高混凝土的和易性与强度。但是在施工过程中，石子的最大粒径通常要受到结构物的截面尺寸、钢筋疏密及施工条件的限制。根据《混凝土结构工程施工质量验收规范》（GB 50204—2002）的规定，混凝土用粗集料，其最大粒径不得超过构件截面最小尺寸的1/4，同时不得超过钢筋最小净距的3/4；对于混凝土实心板，粗集料的最大粒径不宜超过板厚的1/3且不得超过40 mm。

（2）颗粒级配。石子级配和砂子级配的原理基本相同，各级比例要适当，使集料空隙率及总表面积都要尽量小，以便用最少的水泥填充并包裹在集料的周围，达到所要求的和易性。

石子的级配按粒径尺寸可分为连续粒级和单粒粒级两种。连续粒级是石子颗粒由大到小连续分级，每一级集料都占有适当的比例。例如天然卵石就属于连续粒级。由于连续粒级含有各种大小颗粒，互相搭配比例比较合适，配制的混凝土拌和物和易性较好，不易发生分层离析现象，易于保证混凝土的质量，便于大型混凝土搅拌站使用，适合泵送混凝土，故目前应用得比较广泛。

单粒粒级是人为地剔除石子中的某些粒级，造成颗粒粒级的间断，大颗粒间的空隙由比它小得多的小颗粒来填充，从而降低空隙率，增加密实度，达到节约水泥的目的，但是拌和物容易产生分层离析现象，增加了施工难度，一般在工程中较少使用。对于低流动性或干硬性混凝土，如果采用机械强力振捣施工，则采用单粒粒级是适宜的。

石子的颗粒级配也是采用筛分析法测定。测定用标准方孔筛一套共12个，筛孔尺寸为2.36 mm、4.75 mm、9.50 mm、16.0 mm、19.0 mm、26.5 mm、31.5 mm、37.5 mm、53.0 mm、63.0 mm、75.0 mm 和 90.0 mm。将石子筛分后，计算出各筛上的分计筛余百分比和累计筛余百分比。普通混凝土用碎石或卵石的颗粒级配应符合表 4.9 的规定，试样筛分析所需筛号，也应按表 4.9 中规定的级配要求选用。

表 4.9 碎石和卵石的颗粒级配范围（GB/T 14685—2011）

级配	公称粒级/mm	累计筛余（按质量计，%）										
		筛孔尺寸（方孔筛，mm）										
		2.36	4.75	9.50	16.0	19.0	26.5	31.5	37.5	53.0	63.0	75.0	90.0
连续粒级	5~10	95~100	80~100	0~15	0								
	5~16	95~100	85~100	30~60	0~10	0							
	5~20	95~100	90~100	40~60		0~10	0						
	5~25	95~100	90~100		30~70		0~5	0					
	5~31.5	95~100	90~100	70~90		15~45		0~5	0				
	5~40		95~100	70~90		30~65			0~5	0			
单粒粒级	10~20		95~100	85~100		0~15	0						
	16~31.5		95~100		85~100		0~10	0					
	20~40			95~100		80~100			0~10	0			
	31.5~63				95~100			75~100	45~75		0~10	0	
	40~80					95~100			70~100		30~60	0~10	0

4. 强　度

石子在混凝土中起骨架作用,它的强度直接影响混凝土的强度,因此混凝土中的石子必须致密且具有足够的强度。石子的强度一般用岩石的抗压强度或压碎指标来表示。

测定岩石的抗压强度是将岩石制成 50 mm × 50 mm × 50 mm 的立方体试件或 ϕ50 mm × 50 mm 的圆柱体试件,在水中浸泡 48 h 使其达到吸水饱和状态,取压力机上测得的 6 个试块的抗压强度平均值。通常其抗压强度与所采用的混凝土强度等级之比不应小于 1.5,且火成岩的强度不应小于 80 MPa,变质岩的强度不应小于 60 MPa,水成岩的强度不应小于 30 MPa。石子强度以岩石的抗压强度来表示比较直观,但试件加工较困难,且不能反映石子在混凝土中的真实强度,因此常采用压碎指标来衡量石子的强度。压碎指标是将一定质量在气干状态下 9.5~13.2 mm 的石子(去除针、片状颗粒的石子)按规定方法装入压碎值测定仪的圆筒内,在 3~5 min 内均匀加压到 400 kN 并稳定 5 s,然后用孔径为 2.36 mm 的筛子进行筛分,筛除被压碎的细粒,称取留在筛上的试样质量。压碎指标为

$$Q_e = \frac{m_1 - m_2}{m_1} \times 100\%$$

式中　Q_e——石子的压碎指标(%);
　　　m_1——试样质量(g);
　　　m_2——经压碎、筛分后筛余的试样质量(g)。

压碎指标值越小,表示石子抵抗压碎的能力越强,石子的强度越高。对不同强度等级的混凝土,所用石子的压碎指标应符合表 4.10 的规定。

表 4.10　压碎指标(GB/T 14685—2011)

项　目	指　标		
	Ⅰ类	Ⅱ类	Ⅲ类
碎石压碎指标/%	≤10	≤20	≤30
卵石压碎指标/%	≤12	≤14	≤16

5. 坚固性

为保证混凝土的耐久性,作为混凝土骨架的石子应具有足够的坚固性。坚固性是指碎石及卵石在气候、外力、环境变化或其他物理化学因素作用下抵抗破裂的能力。用硫酸钠溶液进行试验,经 5 次干湿循环后其质量损失应符合表 4.11 的规定。

表 4.11　坚固性指标(GB/T 14685—2011)

项　目	指　标		
	Ⅰ类	Ⅱ类	Ⅲ类
质量损失/%	≤5	≤8	≤12

四、水

混凝土用水包括拌和用水与养护用水。

混凝土用水的水质必须符合国家标准《混凝土用水标准》（JGJ 63—2006）的规定，不能含有影响水泥正常凝结与硬化的有害杂质，不得影响混凝土强度发展，不得降低混凝土的耐久性，不得加快钢筋腐蚀及导致预应力钢筋脆断，不得污染混凝土表面，各物质含量限值应符合表4.12的要求。

表4.12　混凝土拌和用水水质要求（JGJ 63—2006）

项　目	预应力混凝土	钢筋混凝土	素混凝土
pH（不小于）	5.0	4.5	4.5
不溶物（mg/L，不大于）	2 000	2 000	5 000
可溶物（mg/L，不大于）	2 000	5 000	10 000
氯化物（以 Cl^-，mg/L，不大于）	500	1 200	3 500
硫酸盐（以 SO_4^{2-} 计，mg/L，不大于）	600	2 000	2 700
碱含量（mg/L，不大于）	1 500	1 500	1 500

注：碱含量按 $Na_2O + 0.658K_2O$ 计算值来表示。

凡可供饮用的自来水或清洁的天然水，一般均可用来拌制和养护混凝土。

饮用水、地表水、地下水、海水及经过处理达到要求的工业废水，均可以用作混凝土拌和用水。地表水（江河、淡水湖的水）和地下水（含井水），首次使用前应进行检验；处理后的工业废水经检验合格后方能使用；海水中含有硫酸盐、镁盐和氯化物，会锈蚀钢筋，且会引起混凝土表面潮湿和盐霜，因此不得用于拌制和养护钢筋混凝土、预应力混凝土和有饰面要求的混凝土。

第二节　混凝土的技术性能

要配制质量优良的混凝土，不仅要选用质量合格的组成材料，还要求混凝土拌和物具有适于施工的和易性，以及硬化后能够得到均匀密实的混凝土；要求具有足够的强度，以保证建筑物能够安全地承受各种设计荷载；要求具有一定的耐久性，以保证结构物在所处环境中能够经久耐用。

一、混凝土拌和物的和易性

混凝土各组成材料拌和后，在未凝结硬化之前称为混凝土拌和物。它必须具有良好的和易性，以便于施工并获得均匀密实的浇注质量，因此，和易性是关系到混凝土质量好坏的一个重要性质。

1. 和易性的概念

和易性是指混凝土拌和物在保证质地均匀、各组分不离析的条件下，便于施工操作（如拌和、运输、浇注、捣实）的一种综合性能。它包括流动性、黏聚性和保水性三个方面的含义。

（1）流动性。流动性是指混凝土拌和物在本身自重或施工机械振捣作用下，能够产生流动，并均匀密实地填满模板的性能。流动性的大小反映拌和物的稀稠情况，所以也称稠度。流动性大小与用水量、砂率等因素有关，流动性直接影响着浇捣施工的难易程度和混凝土的施工质量。

（2）黏聚性。黏聚性是指混凝土拌和物在施工过程中，各组成材料之间具有一定的黏聚力，不致出现分层离析，使混凝土保持整体均匀性的性能。黏聚性的大小与水泥浆用量及混凝土配合比有关。拌和物是由不同的材料组成的，各自的大小、密度、形状等差异很大，在运输、浇注、凝固过程中很容易出现大石子下沉、砂浆上浮的现象，以致出现蜂窝、麻面、薄弱夹层等缺陷，影响混凝土的强度和耐久性。

（3）保水性。保水性指混凝土拌和物保持水分不易析出的能力。混凝土拌和物在浇注捣实过程中，随着较重的集料颗粒下沉，较轻的如水分将逐渐上升直到混凝土表面，这种现象叫泌水。由于水分上浮泌出，在混凝土内形成容易渗水的孔隙和通道，在混凝土表面形成疏松的表层；上浮的水分还会聚集在石子或钢筋的下方形成较大孔隙（水囊），削弱水泥浆与石子、钢筋间的黏结力，影响混凝土的质量。在水泥用量少，用水量又多的情况下，易出现此现象，这对混凝土的抗渗性、抗冻性都有很大危害。

因此，为了保证混凝土的均匀性，除必须要求混凝土拌和物具有足够的流动性外，还要求具有良好的黏聚性和保水性。

2. 和易性的测定方法

由于和易性是一项综合性的技术性能，到目前为止，还没有一个科学的测试方法和定量指标能够比较全面地反映和易性。通常采用测定混凝土拌和物的流动性，辅以对黏聚性和保水性的目测观察，再根据测定和观察的结果，综合评判混凝土拌和物的和易性是否符合要求。

根据《普通混凝土拌和物性能试验方法标准》（GB/T 50080—2002）的规定，混凝土拌和物的流动性是以坍落度和坍落扩展度或维勃稠度表示的，坍落度适用于流动性和塑性混凝土拌和物，维勃稠度适用于干硬性混凝土拌和物。

（1）坍落度测定。坍落度法适用于集料最大粒径不大40mm、坍落度不小于10 mm 的混凝土拌和物的流动性测定。

试验时，将标准截圆锥坍落度筒放在水平的、不吸水的刚性底板上，将新拌制的混凝土拌和物分3层装入标准截圆锥坍落度筒内，每层用捣棒均匀插捣25次，装满刮平后，垂直向上将筒提起放至近旁，筒内拌和物在自重作用下将会产生坍落现象。然后用尺子量出筒顶与坍落后拌和物锥体最高点之间的高差，即为坍落度（mm），如图4.3所示。坍落度越大，表明混凝土拌和物的流动性越大。

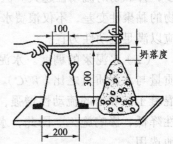

图 4.3 坍落度测定示意图

根据坍落度的大小，可将混凝土拌和物分为低塑性混凝土(坍落度为10~40 mm)、塑性混凝土(坍落度为50~90 mm)、流动性混凝土(坍落度为100~150 mm)和大流动性混凝土(坍落度大于或等于160 mm)。

测出坍落度后,即可观察混凝土锥体的黏聚性和保水性。用捣棒轻轻敲击拌和物锥体的侧面,若锥体逐渐下沉,则黏聚性良好;若锥体倒塌、部分崩裂或出现离析现象,则黏聚性不好。在坍落度筒提起后无稀浆或仅有少量稀浆自底部析出,则保水性良好;如有较多的稀浆自底部析出,锥体上部的拌和物也因失浆而集料外露,则保水性不好。最后,依据这两方面的观察和坍落度实测数据来综合评定和易性是否合格。

工程中混凝土拌和物坍落度的选择,应根据结构物的截面尺寸、钢筋疏密和施工方法等,并参考有关经验资料确定。原则上,在便于施工操作和捣固密实的条件下,应尽可能选择较小的坍落度,以节约水泥并能够得到质量合格的混凝土。

(2)维勃稠度测定。凡坍落度小于10 mm的干硬性混凝土,应用维勃稠度来表示其流动性。此方法适用于集料最大粒径不大于40 mm,维勃稠度为5~30 s的混凝土拌和物的稠度测定。

试验时,将坍落度筒置于容器内,加上喂料斗并扣紧,再拧紧螺丝,使之固定在振动台上。然后将混凝土拌和物按坍落度试验方法分层装入坍落度筒内,顶面抹平并提起坍落筒后,把透明圆盘转到混凝土顶面,开动振动台并记录时间。测量从开始振动到透明圆盘底面与混凝土完全接触时的时间即为维勃稠度(s),如图4.4所示。维勃稠度越小,表明混凝土拌和物的流动性越大。

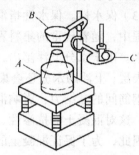

图 4.4 维勃稠度测定示意图

A—坍落度筒;B—喂料斗;C—圆盘

根据维勃稠度的大小,可将混凝土拌和物分为半干硬性混凝土(维勃稠度为5~10 s)、干硬性混凝土(维勃稠度为11~20 s)、特干硬性混凝土(维勃稠度为21~30 s)、超干硬性混凝土(维勃稠度大于或等于31 s)。

3. 影响和易性的主要因素

(1)水泥浆的数量。在混凝土拌和物中,集料本身是干涩而无流动性的,拌和物的流动性来自水泥浆。水泥浆填充集料颗粒之间的空隙,并包裹集料,在集料颗粒表面形成浆层。这种浆层的厚度越大,集料颗粒产生相对移动的阻力就越小,所以混凝土中水泥浆的含量越多,拌和物的流动性越大。但如果水泥浆过多,集料则相对减少,将出现流浆现象,使拌和物的黏聚性变差,不仅浪费水泥,而且会使拌和物的强度和耐久性降低,因此水泥浆的数量应以满足流动性为宜。

(2)水泥浆的稠度。水泥浆的稠度取决于水灰比。水灰比是指在混凝土拌和物中水的质量与水泥质量之比(W/C)。在水泥、集料用量不变的情况下,水灰比增大,水泥浆较稀,混凝土拌和物的流动性增强,但黏聚性和保水性降低;若水灰比减小,则会使拌和物流动性降低,影响施工。因此,水灰比不能过大或过小,应根据混凝土强度和耐久性要求合理地选用。

(3)单位用水量。试验证明,无论是水泥浆数量的影响还是水灰比大小的影响,实际上都是用水量的影响。因此，影响混凝土拌和物和易性的决定性因素是单位用水量（每 1 m³ 混凝土中的用水量）。在集料用量一定的情况下，如果单位用水量一定，单位水泥用量增减不超过 50~100 kg，坍落度大体上保持不变，这一规律通常称为固定用水量法则。这一法则给混凝土配合比设计带来了方便，即通过固定单位用水量，变化水灰比，可配制出强度不同而坍落度相近的混凝土。

（4）砂率。砂率是指混凝土拌和物中砂的质量占砂石总质量的百分比。试验证明：砂率对混凝土拌和物的和易性影响很大，一方面，砂形成的砂浆在粗集料间起润滑作用，在一定砂率范围内随砂率的增大，润滑作用越明显，流动性将提高；另一方面，在砂率增大的同时，集料的总表面积随之增大，需要润滑的水分增多，在用水量一定的条件下，拌和物流动性降低，所以当砂率超过一定范围后，流动性反而随砂率的增大而降低。另外，如果砂率过小，砂浆数量不足，会使混凝土拌和物的黏聚性和保水性降低，产生离析和流浆现象。所以，砂率不能过大，也不能过小，最佳的砂率应该是使砂浆的数量能填满石子的空隙并稍有多余，以便将石子拨开，这样在水泥浆一定的情况下，混凝土拌和物能获得最大的流动性，这样的砂率为合理砂率。

（5）水泥品种及细度。不同品种的水泥需水量不同，所拌混凝土拌和物的流动性也不同。使用硅酸盐水泥和普通水泥拌制的混凝土，流动性较大，保水性较好；使用矿渣水泥及火山灰质水泥拌制的混凝土，流动性较小，保水性较差；使用粉煤灰水泥拌制的混凝土比普通水泥流动性更好，且保水性及黏聚性也很好。

此外，水泥的细度对拌和物的和易性也有影响，水泥细度越大，则流动性越小，黏聚性和保水性越好。

（6）集料的级配、粒形及粒径。使用级配良好的集料，由于填补集料空隙所需的水泥浆数量较少，包裹集料表面的水泥浆厚，所以流动性较大，黏聚性与保水性较好；表面光滑的集料如河砂、卵石等，由于流动阻力小，因此流动性较大；集料的粒径增大，则总表面积减小，流动性增大。

（7）外加剂。在拌制混凝土时，加入少量的外加剂，如减水剂、引气剂等，能改善混凝土拌和物的和易性，提高混凝土的耐久性。

（8）施工方法、温度和时间。用机械搅拌和捣实时，水泥浆在振动中变稀，可使混凝土拌和物流动性增强；同时搅拌时间的长短也会影响混凝土拌和物的和易性。

温度升高时，由于水泥水化加快，且水分蒸发较多，将使混凝土拌和物的流动性降低。搅拌后的混凝土拌和物，随着时间的延长将逐渐变得干稠，坍落度降低，流动性下降。

4. 改善混凝土拌和物和易性的措施

为保证混凝土拌和物具有良好的和易性，在实际施工中，可以采取如下措施加以改善：

（1）采用合理砂率，有利于和易性的改善，同时可以节省水泥，提高混凝土的强度。

（2）采用级配良好的集料，特别是粗集料的级配，并尽量采用较粗的砂、石。

（3）当混凝土拌和物坍落度太小时，保持水胶比不变，适当增加水泥浆用量；坍落度太大时，保持砂率不变，适当增加砂、石集料的用量。

（4）掺入外加剂如减水剂，可提高混凝土拌和物的流动性。

二、混凝土的强度

混凝土经过一段时间后,便开始硬化,并具备一定的强度;混凝土强度是工程施工中控制和评定混凝土质量的主要指标。按照国家标准《普通混凝土力学性能试验方法标准》(GB/T 50081—2002)的规定,混凝土的强度有立方体抗压强度、棱柱体抗压强度、劈裂抗拉强度、抗折强度等。

1. 混凝土立方体抗压强度与强度等级

按照标准方法将混凝土制成边长为 150 mm 的立方体试件(每组 3 个),在标准条件(温度为 20 ℃ ± 2 ℃,相对湿度 95%以上)下养护 28 d,测得的抗压强度值称为混凝土立方体抗压强度,简称为混凝土的抗压强度,用 f_{cu} 表示,单位为 MPa。

混凝土立方体抗压强度标准值是指按标准方法制作和养护的边长为 150 mm 的立方体试件,在 28 d 龄期,用标准试验方法测得的强度总体分布中具有不低于 95% 保证率的立方体抗压强度值,用 $f_{cu,k}$ 表示,单位为 MPa。

混凝土强度等级应按立方体抗压强度标准值(MPa)确定。混凝土强度等级由符号 C 和混凝土强度标准值表示,强度分为 C10、C15、C20、C25、C30、C35、C40、C45、C50、C55、C60、C65、C70、C75、C80、C85、C90、C95 和 C100 十九个等级。例如 C30 表示混凝土立方体抗压强度标准值 $f_{cu,k} = 30$ MPa。

不同工程或用于不同部位的混凝土,其强度等级要求也不相同,一般是:

C15 的混凝土,用于垫层、基础、地坪及受力不大的结构。

C20 ~ C25 的混凝土,用于普通钢筋混凝土结构的梁、板、柱、楼梯、屋架、墩台、涵洞、挡土墙等。

C25 ~ C30 的混凝土,用于一般的预应力混凝土结构、隧道的边墙和拱圈等。

C30 ~ C40 的混凝土,用于屋架等较大跨度的预应力混凝土结构,轨枕、电杆、公路路面等。

C40 ~ C50 的混凝土用于预应力钢筋混凝土构件、吊车梁、特种结构及 25 ~ 30 层的建筑等。

C55 ~ C100 的混凝土,为高强度、高性能混凝土,主要用于 30 层以上的高层建筑、大跨度结构。

2. 混凝土轴心抗压强度(棱柱体抗压强度)

在结构设计中,考虑到受压构件常为棱柱体(或圆柱体),所以采用棱柱体试件比用立方体试件更能反映混凝土的实际受压情况。由棱柱体试件测得的抗压强度称为轴心抗压强度。现行国家标准《普通混凝土力学性能试验方法标准》(GB/T 50081—2002)规定,采用 150 mm × 150 mm × 300 mm 的棱柱体试件,在标准条件下养护 28 d,测得的抗压强度值称为混凝土轴心抗压强度,又称棱柱体抗压强度,用 f_{cp} 表示,单位为 MPa。

混凝土轴心抗压强度标准值是指按标准方法制作和养护的 150 mm × 150 mm × 300 mm 的棱柱体试件,在 28 d 龄期,用标准试验方法测得的强度总体分布中具有不低于 95% 保证率的棱柱体抗压强度值,用 $f_{cp,k}$ 表示,单位为 MPa。

混凝土轴心抗压强度标准值和立方体抗压强度标准值之间的关系可按下式确定：

$$f_{cp,k} = 0.88\alpha_1\alpha_2 f_{cu,k}$$

式中 $f_{cp,k}$——混凝土轴心抗压强度标准值（MPa）；

$f_{cu,k}$——混凝土立方体抗压强度标准值（MPa）；

α_1——棱柱体强度和立方体强度之比（当混凝土强度等级为C50及以下时，$\alpha_1=0.76$；当混凝土强度等级为C80时，$\alpha_1=0.82$；在此之间按直线规律变化）；

α_2——高强度混凝土的脆性折减系数（当混凝土强度等级为C40时，$\alpha_2=1.00$；当混凝土强度等级为C80时，$\alpha_2=0.87$；在此之间按直线规律变化）。

通过许多棱柱体和立方体试件的强度试验表明：在立方体抗压强度 10～55 MPa 的范围内，轴心抗压强度（f_{cp}）和立方体抗压强度（f_{cu}）之比为 0.7～0.8。

3. 混凝土劈裂抗拉强度

混凝土的抗拉强度很低，一般只有抗压强度的 1/20～1/8，所以在结构设计中，一般不考虑混凝土承受拉力。但混凝土的抗拉强度对于混凝土抵抗产生裂缝有着密切的关系，在进行构件的抗裂度验算时，抗拉强度是一项主要指标。

确定混凝土抗拉强度常用的方法是劈裂法。现行国家标准《普通混凝土力学性能试验方法标准》（GB/T 50081—2002）规定，采用 150 mm×150 mm×150 mm 的立方体作为标准试件，在立方体试件上、下表面的中心平面内垫以圆弧形垫块及垫条，然后施加方向相反、均匀分布的压力，当压力增大至一定程度时，试件沿此平面劈裂破坏，此时测得的强度称为劈裂抗拉强度，用 f_{ts} 表示，单位为 MPa。

混凝土劈裂抗拉强度应按下式计算：

$$f_{ts} = \frac{2F}{\pi A} = 0.637\frac{F}{A}$$

式中 f_{ts}——混凝土劈裂抗拉强度（MPa）；

F——试件破坏荷载（N）；

A——试件劈裂面面积（mm²）。

混凝土劈裂抗拉强度与立方体抗压强度之间的关系，可用经验公式表达为

$$f_{ts} = 0.35(f_{cu})^{3/4}$$

4. 影响混凝土强度的因素

在荷载作用下，混凝土的破坏形式通常有三种。最常见的是集料与水泥石的界面破坏，其次是水泥石本身的破坏，第三种是集料的破坏。在普通混凝土中，集料破坏的可能性较小，因为集料的强度通常大于水泥石的强度及其与集料表面的黏结强度。水泥石的强度及其与集料的黏结强度与水泥的强度等级、水胶比及集料的质量有很大关系。另外，混凝土强度还受硬化龄期、养护条件及施工质量的影响。

（1）水泥强度等级和水胶比。水泥强度等级及水胶比是影响混凝土强度最主要的因素。

水泥是混凝土中的活性组分,在混凝土配合比相同的条件下,水泥强度等级越高,则配制的混凝土强度越高。当采用同一品种、同一强度等级的胶凝材料时,混凝土强度主要取决于水胶比。因为水泥水化时所需的结合水,一般只占水泥质量的 23% 左右,但混凝土拌和物为了获得必要的流动性,常需要较多的水(占水泥质量的 40%~70%),即采用较大的水胶比。当混凝土硬化后,多余的水分就残留在混凝土中形成水泡或蒸发后形成气孔,大大减小了混凝土抵抗荷载的有效截面,在孔隙周围产生应力集中现象。因此,在水泥强度等级相同的情况下,水胶比越小,水泥石的强度越高,与集料黏结力越大,混凝土的强度越高。但是,如果水胶比太小,拌和物过于干稠,很难保证浇注、振实的质量,混凝土拌和物将出现较多的孔洞,导致混凝土的强度下降,如图 4.5 所示。

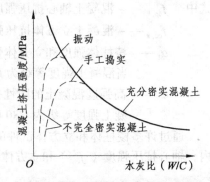

图 4.5 混凝土强度与水灰比的关系

大量试验表明,在原材料一定的情况下,混凝土 28 d 的立方体抗压强度和胶凝材料强度、水胶比三者之间的关系,可用保罗米公式表述为

$$f_{cu,0} = \alpha_a f_b \left(\frac{B}{W} - \alpha_b \right)$$

式中　$f_{cu,0}$——混凝土 28 d 抗压强度值(MPa);

　　　f_b——胶凝材料 28 d 胶砂抗压强度实测值(MPa);

　　　$\frac{B}{W}$——胶水比;

　　　α_a,α_b——回归系数,其值与集料品种和水泥品种有关(α_a、α_b 可按下列经验系数采用:对于碎石混凝土,$\alpha_a = 0.53$,$\alpha_b = 0.20$;对于卵石混凝土,$\alpha_a = 0.49$,$\alpha_b = 0.13$)。

当胶凝材料 28 d 抗压强度实测值(f_b)无法得到时,可采用下列公式计算:

$$f_b = \lambda_f \lambda_s f_{ce}$$

式中　f_b——胶凝材料 28 d 抗压强度实测值(MPa);

　　　f_{ce}——水泥 28d 胶砂抗压强度实测值(MPa);

　　　λ_f,λ_s——粉煤灰影响系数和粒化高炉矿渣粉影响系数。

(2)集料。一般集料本身的强度都比水泥石的强度高,因此集料的强度对混凝土的强度几乎没有影响。但是,如果含有大量软弱颗粒、针状与片状颗粒、风化的岩石,则会降低混凝土的强度。另外,集料的表面特征也会影响混凝土强度。表面粗糙、多棱角的碎石与水泥石的黏结力要比表面光滑的卵石与水泥石的黏结力高。所以,在水泥强度等级和水胶比相同的情况下,碎石混凝土强度高于卵石混凝土强度。

(3)龄期。在正常养护条件下,混凝土强度随着硬化龄期的增长而逐渐提高,如图 4.6 所示,最初的 3~7 d

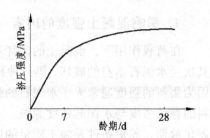

图 4.6 混凝土强度增长曲线

发展较快，28 d 即可达到设计强度规定的数值，之后强度的增长速度逐渐缓慢，甚至可持续百年不衰。

在标准养护条件下，混凝土强度的发展大致与龄期的对数成正比关系（龄期不小于 3 d），可按下式推算：

$$\frac{f_n}{f_{28}} = \frac{\lg n}{\lg 28}$$

式中　　f_n——n 天龄期的混凝土抗压强度（MPa）；

　　　　f_{28}——28 d 龄期的混凝土抗压强度（MPa）；

　　　　n——养护龄期（d）。

该公式仅适用于普通水泥拌制的混凝土。由于影响混凝土强度的因素很多，强度发展不可能完全一样，所以仅作一般估算参考。

（4）养护条件。新拌混凝土浇筑完毕后，必须保持适当的温度和足够的湿度，才能为水泥的充分水化提供必要的有利条件，以保证混凝土强度的不断增长。

养护时的温度可影响水泥水化反应的速度。温度较高时，水化速度较快，混凝土强度增长也较快；当温度低于 0 ℃时，混凝土中的水大量结冰，水泥颗粒不再发生水化反应，混凝土强度不但会停止增长，而且还会因混凝土孔隙中的冰胀而使混凝土强度遭到破坏。因此，当室外昼夜平均温度低于 + 5 ℃或最低温度低于 – 3 ℃时，混凝土的施工必须采取保暖措施。

水泥是水硬性胶凝材料，在强度形成过程中要吸收大量的水分，因此在养护中提供充足的水分是混凝土强度增长的必要条件。如果不及时供水或混凝土处于干燥环境中，则混凝土的硬化会随着水分的逐渐蒸发而停止，并会因毛细孔中水分枯竭而引起干缩裂缝，影响混凝土的强度和耐久性。为此，施工规范规定，混凝土浇筑完毕，应在 12 h 内进行覆盖并开始浇水；在夏季施工中对混凝土进行自然养护时，更要特别注意浇水保湿养护。混凝土的浇水养护时间，对于硅酸盐水泥、普通硅酸盐水泥或矿渣硅酸盐水泥配制的混凝土，不得少于 7 d；对于火山灰质硅酸盐水泥、粉煤灰硅酸盐水泥、掺有缓凝剂或有抗渗要求的混凝土，不得少于 14 d。

养护时常采用覆盖养护，通常在其表面用草袋、麻袋、塑料布等物覆盖严密，草袋、麻袋应保持潮湿，塑料布内应具有凝结水，使混凝土在潮湿状态下，以保证其强度均匀稳定地增长。

（5）施工质量。在浇注混凝土时应充分捣实，只有充分捣实才能得到密实坚固的混凝土。捣实质量直接影响混凝土的强度，捣实方法有人工捣实与机械振捣两种。对于相同条件下的混凝土，采取机械振捣比人工振捣的施工质量好。

在使用机械振捣时，振捣时间长、频率大，混凝土的密实度高。但对于流动性大的混凝土，往往会因长时间振捣而使大集料颗粒下沉，产生离析、泌水现象，导致混凝土质量不均匀，强度下降。所以，在浇注时，应根据具体情况选择适当的振捣时间和频率。

5. 提高混凝土强度的措施

（1）选用高强度等级水泥和特种水泥。在混凝土配合比不变的情况下，采用高强度等级水泥可提高混凝土强度。对于抢修工程、桥梁拼装接头、严寒地区的冬季施工，以及有其他要求早强的结构物，可采用特种水泥配制混凝土。

（2）降低水胶比。降低混凝土拌和物的水胶比，可以大大减少混凝土拌和物中的游离水，从而提高混凝土的密实度和强度。但水胶比过小，将影响混凝土拌和物的流动性，造成施工困难，可采取掺入减水剂的办法，使混凝土在低水胶比的情况下，仍然具有良好的流动性。

（3）掺加外加剂。在混凝土中掺入外加剂，可改善混凝土的性能。如掺早强剂，可提高混凝土的早期强度；掺加减水剂，在不改变流动性的条件下，可减小水胶比，提高混凝土的强度。

（4）采用湿热处理。

① 蒸气养护。将混凝土放在低于 100 °C 的常压蒸气中养护，经养护 16～20 h 后，其强度可达正常养护条件下 28 d 强度的 70%～80%。蒸气养护最适合掺活性混合材料的有矿渣硅酸盐水泥、火山灰质硅酸盐水泥、粉煤灰硅酸盐水泥，它不仅提高材料的早期强度，而且使其后期强度也得到提高，28 d 强度可提高 10%～40%。

② 蒸压养护。将混凝土在 100 °C 以上温度和一定大气压的蒸压釜中进行养护。主要适用于硅酸盐混凝土拌和物及其制品，如灰砂砖、石灰粉煤灰砌块、石灰粉煤灰加气混凝土等。

（5）采用机械搅拌和振捣。混凝土拌和物在强力搅拌和振捣作用下，暂时破坏水泥浆的凝聚结构，降低水泥浆的黏度和集料间的摩阻力，使混凝土拌和物能更好地充满模型并均匀密实，使其强度得到提高。

三、混凝土的变形

混凝土在硬化和使用过程中，由于受物理、化学及外力等因素的作用，会产生各种变形。当混凝土发生变形时，会因约束而引起拉应力。由于混凝土的抗拉强度较低，变形过大会引起混凝土开裂，导致混凝土构件承载力降低，影响其抗渗性和耐久性。

混凝土的变形有非荷载作用下的变形，如温度变形、湿胀干缩变形及荷载作用下的变形。

1. 温度变形

随着温度变化而发生的膨胀或收缩变形称为温度变形。

混凝土具有热胀冷缩的性质。热膨胀对于大体积混凝土，易使其产生裂缝。这是因为混凝土在硬化初期，水泥水化会释放较多的热量，混凝土又是热的不良导体，因而其内部的热量很难消散，有时内部温度可达 50 °C～70 °C，这将使混凝土内部产生较大的体积膨胀，而外部混凝土却因气温降低而产生收缩。这样，内部的膨胀与外部的收缩相互制约，使混凝土外表产生很大的拉应力，严重时使混凝土产生裂缝。

为了减少大体积混凝土因体积变化引起的开裂，目前常用的方法有：尽量减少用水量和水泥用量；采用低热水泥；选用热膨胀系数低的集料，减小热变形；预冷原材料，在混凝土中埋冷却水管，表面绝热，减小内外温差；对混凝土进行合理分缝、分块，减轻约束等。

2. 干湿变形

混凝土因周围环境湿度的变化而发生的变形称为干湿变形，表现为湿胀干缩，这是由于混凝土中水分的变化所引起的。当混凝土在水中硬化时，会产生微小的膨胀；当混凝土在空气中硬化时,随着水分的蒸发会产生收缩。

混凝土湿胀变形量很小,一般没多大影响。但干缩变形对混凝土的危害较大,往往会引起混凝土开裂。为了减少混凝土的干缩,应尽量减小水胶比和胶凝材料的用量;调节集料的级配,增大粗集料的粒径;选择合适的水泥品种;加强混凝土的早期养护。

3. 徐 变

混凝土在长期不变荷载作用下,沿着作用力方向,随荷载作用时间的延长而增大的变形称为徐变。

混凝土的徐变在加荷初期增长较快,以后逐渐减慢,延续2~3年才会逐渐稳定。当混凝土卸载后,一部分变形瞬间恢复;一部分变形在一段时间内逐渐恢复,称为徐变恢复;剩下的不可恢复的永久变形,称为残余变形。一般认为,混凝土的徐变是水泥凝胶体发生缓慢的黏性流动并沿毛细孔迁移的结果。

混凝土徐变可以抵消钢筋混凝土内部的应力集中,使应力较均匀地重分布,但在预应力钢筋混凝土结构中,徐变会使钢筋的预加应力受到损失,使结构的承载能力受到影响。

混凝土的徐变与许多因素有关,在集料级配不良、水泥用量过多、水胶比过大、硬化龄期短、荷载持续作用时间长的情况下,徐变会随之增大。而最根本的影响因素是水胶比与水泥用量,即水泥用量越大,水胶比越大,徐变越大。

四、混凝土的耐久性

暴露在自然环境中的混凝土结构物,经常受到各种物理和化学因素的破坏作用,如温度湿度变化、冻融循环、压力水或其他液体的渗透、环境水和土壤中有害介质以及有害气体的侵蚀等。混凝土在使用过程中抵抗由外部或内部原因而造成破坏的能力称为混凝土的耐久性。

1. 抗渗性

混凝土抵抗压力水渗透的能力称为抗渗性。抗渗性的大小直接影响混凝土的耐久性。

混凝土的抗渗性主要取决于混凝土的孔隙率和孔隙特征,混凝土孔隙率越低,连通孔隙越少,抗渗性能越好。所以,提高混凝土抗渗性的主要措施,是通过采用降低水灰比、改善集料级配、加强振捣和养护、掺用引气剂和优质粉煤灰掺和料等方法来实现。

混凝土的抗渗性用抗渗等级表示,根据《普通混凝土长期性能和耐久性能试验方法标准》GB/T 50082—2009)的规定,抗渗等级可分为P6、P8、P10、P12及>P12等,相应地表示混凝土抵抗0.6、0.8、1.0、1.2及>1.2 MPa的水压力作用而不发生渗透。

2. 抗冻性

我国寒冷地区和严寒地区,公路、铁路桥涵中的混凝土遭受冻害的现象是相当严重的。混凝土的抗冻性是指混凝土在吸水达饱和状态下经受多次冻融循环作用而不破坏,同时强度也不显著降低的性能。冻融破坏的原因是混凝土中的水结成冰后,体积发生膨胀,当冰胀应力超过混凝土的抗拉强度时,使混凝土产生微细裂缝,反复冻融使裂缝不断扩大,导致混凝土强度降低直至破坏。

混凝土的抗冻性用抗冻等级表示。混凝土抗冻等级的测定,是以标准养护28 d龄期的立方体试件,吸水饱和后,在 +18 ℃~ -18 ℃情况下进行反复冻融,最后以强度损失不超过25%、质量损失不超过5%时,混凝土所能承受的最大冻融循环次数来表示。混凝土的抗冻等级分为D25、D50、D100、D150、D200、D250、D300及D300以上,其中数字表示混凝土能经受的最大冻融循环的次数。

影响混凝土抗冻性的主要因素有水泥品种、水胶比及集料的坚固性等。提高抗冻性的措施是提高混凝土的密实度、减小水胶比和掺加引气剂或引气型减水剂等。

3. 抗化学侵蚀性

当混凝土所处的使用环境中有侵蚀性介质时,混凝土很可能遭受侵蚀,通常有硫酸盐侵蚀、镁盐侵蚀、一般酸侵蚀和强碱腐蚀等。

混凝土被侵蚀的原因是由于混凝土不密实,外界侵蚀性介质可以通过开口连通的孔隙或毛细管通路,侵入到水泥石内部进行化学反应,从而引起混凝土的腐蚀破坏。所以,提高耐侵蚀性的关键在于选用耐蚀性好的水泥,以提高混凝土内部的密实性和改善孔结构。

4. 抗碳化

混凝土的碳化是指空气中的二氧化碳渗透到混凝土中,与混凝土内水泥石中的氢氧化钙发生化学反应,生成碳酸钙和水,使混凝土碱度降低的过程。碳化发生在潮湿的环境中,而水下和干燥环境中一般不发生。

混凝土碳化会引起钢筋锈蚀,也可使混凝土表层产生碳化收缩,从而导致微细裂缝的产生,降低混凝土的抗拉、抗折强度;混凝土的碳化也存在有利的一面,即表层混凝土碳化时生成的碳酸钙,可填充水泥石的孔隙,提高密实度,防止有害物质的侵入。

影响混凝土碳化的因素主要有水泥品种、水胶比、空气中的二氧化碳浓度及湿度。提高混凝土抗碳化的措施是降低水胶比、掺入减水剂或引气剂等。

5. 碱-集料反应

碱-集料反应是指集料中的活性二氧化硅与混凝土内水泥中的碱(Na_2O及K_2O)发生化学反应,生成碱-硅酸凝胶,其吸水后会产生体积膨胀,从而导致混凝土受到膨胀压力而开裂的现象。

多年来,碱-集料反应已经使许多处于潮湿环境中的结构物受到破坏,包括桥梁、大坝和堤岸。发生碱-集料反应必须具备3个条件:① 水泥中含有较高的碱量;② 集料中存在活性二氧化硅且超过一定数量;③ 有水存在。

为防止碱-集料反应所产生的危害,可采取以下措施:使用的水泥含碱量小于0.6%;采用火山灰质硅酸盐水泥,或在硅酸盐水泥中掺入沸石岩或凝灰岩等火山灰质材料,以便于吸收钠离子和钾离子;适当掺入引气剂,以降低由于碱-集料反应时膨胀带来的破坏作用。

6. 提高混凝土耐久性的措施

影响混凝土耐久性的因素很多，主要取决于组成材料的品质与混凝土本身的密实度及孔隙特征。

为提高混凝土耐久性，所采取的技术措施主要有：

（1）根据工程所处环境及要求，选用适当品种的水泥。
（2）严格控制水胶比并保证足够的水泥用量。
（3）选用质量较好的砂石，并采用级配较好的集料，提高混凝土的密实度。
（4）掺入减水剂和引气剂。
（5）在混凝土施工中，应搅拌透彻、浇筑均匀、振捣密实、加强养护，以提高混凝土质量。

第三节　混凝土外加剂

为改善混凝土的性能以适应不同的需要，或为了节约水泥用量，可在混凝土中加入除胶凝材料、集料和水之外的其他外加材料。外加剂有化学外加剂与矿物外加剂两种。外加剂用量虽小，但效果显著，已成为改善混凝土性能、提高混凝土施工质量、节约原材料、缩短施工周期及满足工程各种特殊要求的一个重要途径。但严禁使用对人体产生危害、对环境产生污染的外加剂。

外加剂掺量应以胶凝材料总量的百分比表示，或以 mL/kg 胶凝材料表示。处于与水相接触或潮湿环境中的混凝土，当使用碱活性集料时，由外加剂带入的碱含量（以当量氧化钠）不宜超过 1 kg/m³ 混凝土。粉状外加剂应防止受潮结块，如有结块，经性能检验合格后应粉碎至全部通过 0.63 mm 筛后方可用于混凝土中。液体外加剂应放置于阴凉干燥处，防止日晒、受冻、污染、进水或蒸发，如有沉淀等现象，经性能检验合格后方可使用。外加剂计量误差不应大于外加剂用量的 0.5%。

一、化学外加剂

在混凝土拌制过程中掺入的用以改善混凝土性能，且掺量不超过水泥质量 5%（特殊情况除外）的物质，称为化学外加剂（又称混凝土外加剂）。

1. 混凝土外加剂的分类

混凝土外加剂种类繁多，通常每种外加剂具有一种或多种功能。按其主要使用功能，可分为 5 类：

（1）改善混凝土拌和物流动性能的外加剂：减水剂、引气剂、泵送剂等。
（2）调节混凝土凝结时间、硬化速度的外加剂：缓凝剂、早强剂、速凝剂等。
（3）改善混凝土耐久性的外加剂：防冻剂、引气剂、阻锈剂、减水剂、抗渗剂等。
（4）调节混凝土内部含气量的外加剂：引气剂、加气剂、泡沫剂等。
（5）为混凝土提供特殊性能的外加剂：膨胀剂、防冻剂、着色剂、碱-集料反应抑制剂等。

2. 各种混凝土外加剂的定义

（1）普通减水剂：在混凝土坍落度基本相同的条件下，能减少拌和用水量的外加剂。

（2）高效减水剂：在混凝土坍落度基本相同的条件下，能大幅度减少拌和用水量的外加剂。

（3）引气剂：能使混凝土在搅拌过程中引入大量均匀分布、稳定而封闭的微小气泡的外加剂。

（4）引气减水剂：兼有引气作用的减水剂。

（5）早强剂：能加速混凝土早期强度发展的外加剂。

（6）早强减水剂：兼有早强作用的减水剂。

（7）缓凝剂：能延长混凝土拌和物凝结硬化时间的外加剂。

（8）缓凝减水剂：兼有缓凝作用的减水剂。

（9）速凝剂：能使混凝土迅速凝结硬化的外加剂。

（10）膨胀剂：能使混凝土产生一定体积膨胀的外加剂。

（11）防冻剂：能使混凝土在低温下硬化，并在规定时间内达到足够防冻强度的外加剂。

各种混凝土外加剂的主要功能、品种及适用范围见表 4.13。

表 4.13 混凝土外加剂主要功能、品种及适用范围

外加剂类型	主要功能	品种	适用范围
普通减水剂	① 在混凝土和易性及强度不变的条件下，可节约水泥用量； ② 在和易性及水泥用量不变条件下，可减少用水量，提高混凝土强度； ③ 在用水量及水泥用量不变条件下，可增大混凝土流动性	① 木质素磺酸盐类（木钙、木钠等）； ② 腐殖酸盐类	① 用于日最低气温 5 ℃ 以上的混凝土施工； ② 大模板施工、滑模施工、大体积混凝土、泵送混凝土以及流动性混凝土； ③ 各种预制及现浇混凝土、钢筋混凝土及预应力混凝土
高效减水剂	① 在保证混凝土和易性及水泥用量不变的条件下，可大幅减少用水量，提高混凝土强度； ② 在保持混凝土用水量及水泥用量不变的条件下，可增大混凝土拌和物流动性	① 多环芳香族磺酸盐类（萘系磺化物与甲醛缩合的盐类）； ② 水溶性树脂磺酸类（磺化三聚氰胺树脂等）； ③ 脂肪族类	① 用于日最低气温 0 ℃ 以上混凝土的施工； ② 用于钢筋密集、截面复杂、空间窄小混凝土不易振捣的部位； ③ 制备早强、高强混凝土以及大流动性混凝土； ④ 普通减水剂适用的范围
引气剂及引气减水剂	① 提高混凝土拌和物和易性，减少混凝土泌水离析； ② 提高混凝土耐久性和抗渗性	① 松香类（松香热聚物、松香皂）； ② 烷基和烷基芳烃磺酸盐类； ③ 脂肪醇磺酸盐类； ④ 皂式类	① 有抗冻要求的混凝土； ② 轻集料混凝土、泵送混凝土； ③ 泌水严重的混凝土及抗渗混凝土； ④ 高性能混凝土及有饰面要求的混凝土
早强剂及早强减水剂	① 提高混凝土的早期强度； ② 缩短混凝土的热养时间； ③ 早强减水剂还有减水剂功能	① 氯盐类（氯化钙）； ② 硫酸盐类； ③ 有机胺类（三乙醇胺、三异丙醇胺）	① 用于蒸养混凝土、早强混凝土； ② 用于日最低温度 −5 ℃ 以上时，自然气温正负交替的严寒地区的混凝土施工

续表

外加剂类型	主要功能	品 种	适用范围
缓凝剂及缓凝减水剂	① 延缓混凝土的凝结时间; ② 降低水泥初期水化热; ③ 缓凝减水剂还有减水剂的功能	① 糖类（糖蜜）; ② 木质素磺酸盐类; ③ 其他（酒石酸、柠檬酸、磷酸盐、硼砂）	① 大体积混凝土; ② 夏季和炎热地区的混凝土施工; ③ 用于日最低气温 5 ℃ 以上混凝土施工; ④ 泵送混凝土、预拌混凝土及滑模施工
速凝剂	① 加快混凝土的凝结硬化; ② 提高混凝土的早期强度	① 铝氧熟料加碳酸盐类; ② 铝酸盐类; ③ 水玻璃类	① 喷射混凝土、灌浆止水混凝土及抢修补强混凝土; ② 铁路隧道、隧道涵洞、地下工程等需要速凝的混凝土
膨胀剂	① 使混凝土在硬化过程中产生一定膨胀; ② 减少混凝土干缩裂缝; ③ 提高抗裂性和抗渗性	① 硫铝酸盐类; ② 石灰类; ③ 铁粉类; ④ 复合类	① 补偿收缩混凝土; ② 填充用膨胀混凝土; ③ 自应力混凝土; ④ 结构自防水混凝土
防冻剂	混凝土在低温条件下的拌和物中仍有液相自由水,以保证水泥水化,使混凝土达到预期强度	① 强电解质无机盐类; ② 水溶性有机化合物类; ③ 有机化合物与无机盐复合类; ④ 复合型	日气温 0 ℃ 以下的混凝土施工

3. 各种混凝土工程对外加剂的选择

混凝土外加剂品种繁多,功能效果各异,在选择外加剂时,应根据工程需要、现场的材料和施工条件,并参考外加剂产品说明书及有关资料进行全面考虑,如有条件应进行试验检验。各种混凝土工程对外加剂的选用见表 4.14。

表 4.14 各种混凝土工程对外加剂的选用

工程项目	选用目的	选用剂型
自然养护的混凝土工程	① 改善工作性能,提高构件质量; ② 提高早期强度; ③ 节约水泥	① 普通减水剂; ② 早强减水剂; ③ 高效减水剂; ④ 引气减水剂
夏季施工	延长混凝土的凝结硬化时间	① 缓凝剂; ② 缓凝减水剂
冬季施工	① 加快施工进度; ② 防寒抗冻	① 早强剂; ② 早强减水剂; ③ 防冻剂
商品混凝土	① 节约水泥; ② 保证混凝土运输后的和易性	① 普通减水剂; ② 夏季及长距离运输时,采用缓凝减水剂
高强混凝土	① 减少单位体积混凝土用水量,提高混凝土的强度; ② 减少单位体积混凝土的水泥用量、混凝土的徐变和收缩	高效减水剂（如 13-萘磺酸甲醛缩合物、三聚氰胺甲醛树脂磺酸盐等）

续表

工程项目	选用目的	选用剂型
早强混凝土	① 提高混凝土早期强度，在标准养护条件下 3 d 强度达 28 d 的 70%，7 d 强度达混凝土的设计强度等级； ② 加快施工速度，加速模板及台座的周转，提高构件及制品产量； ③ 取消或缩短蒸气养护时间	① 气温 25 ℃ 以上的夏、秋季节采用非引气型（或低引气型）高效减水剂； ② 气温为 -3 ℃~20 ℃ 的春、冬季节，采用早强减水剂或减水剂与早强剂（如硫酸钠）同时使用
大体积混凝土	① 降低水泥初期水化热； ② 延缓混凝土凝结硬化； ③ 减少水泥用量； ④ 避免干缩裂缝	① 缓凝剂； ② 缓凝减水剂； ③ 引气剂； ④ 膨胀剂（大型设备基础）
流态混凝土	① 提高混凝土拌和物流动性； ② 使混凝土泌水离析小； ③ 减小水泥用量和混凝土干缩量，提高耐久性	流化剂（如三聚氰胺甲醛树脂磺酸盐类、改性木质素磺酸盐类、萘磺酸甲醛缩合物）
耐冻融混凝土	① 引入适量的微小气泡，缓冲冰胀应力； ② 减小混凝土水灰比，提高耐久性	① 引气剂； ② 引气减水剂
防水混凝土	① 减少混凝土内部孔隙； ② 堵塞渗水通路，提高抗渗性； ③ 改变孔隙的形状和大小	① 防水剂； ② 膨胀剂； ③ 减水剂及引气减水剂
泵送混凝土	减少坍落度损失，使混凝土具有良好的黏聚性	① 缓凝减水剂； ② 泵送剂
蒸养混凝土	缩短蒸养时间或降低蒸养温度	① 早强减水剂； ② 非引气高效减水剂
灌浆、补强、填缝	① 在混凝土内产生膨胀应力，以抵消由于干缩而产生的拉应力，从而提高混凝土的抗裂性； ② 提高混凝土抗渗性	膨胀剂（如硫铝酸盐类、氧化钙类、金属类）
滑模工程	① 夏季缓凝，便于滑升； ② 冬季早强，保证滑升速度	① 夏季采用普通减水剂； ② 冬季采用高效减水剂或早强减水剂
大模板工程	① 提高和易性； ② 提高混凝土早期强度，以满足快速拆模和一定的扣板强度	① 夏季采用普通减水剂或高效减水剂； ② 冬季采用早强减水剂

部分混凝土外加剂内含有氯、硫和其他杂质，对混凝土的耐久性有影响，使用时应加以限制，具体情况如下：

（1）氯盐、含氯盐的早强剂和含氯盐的早强减水剂。不得使用氯盐、含氯盐的早强剂和含氯盐的早强减水剂的混凝土工程如下：

① 在高湿度空气环境中使用的结构（排出大量蒸汽的）。
② 露天结构或经常受水淋的结构。
③ 处于水位升降部位的结构。
④ 预应力混凝土结构、蒸养混凝土构件。
⑤ 薄壁结构。
⑥ 使用过程中经常处于环境温度在 60 ℃ 以上的结构。

⑦ 与含有酸、碱或硫酸盐等侵蚀性介质相接触的结构。
⑧ 有镀锌钢材的结构或铝铁相接触部位的结构。
⑨ 有外露钢筋预埋件而无防护措施的结构。
⑩ 使用冷拉钢筋、冷轧或冷拔钢丝的结构。

（2）硫酸盐及其复合剂。不得使用硫酸盐及其复合剂的混凝土工程如下：
① 有活性集料的混凝土。
② 有镀锌钢材的结构或铝铁相接触部位的结构。
③ 有外露钢筋预埋件而无防护措施的结构。

4．混凝土外加剂掺量的确定

在使用混凝土外加剂时，应认真确定外加剂的掺量。掺量太小，将达不到所期望的效果；掺量过大，不仅造成材料浪费，还可能影响混凝土质量，造成事故。一般外加剂产品说明书都列出推荐的掺量范围，可参照其选定外加剂掺量。若没有可靠的资料为参考依据时，应尽可能通过试验来确定外加剂掺量。常用外加剂的掺量见表4.15。应用外加剂时必须符合《混凝土结构工程施工质量验收规范》（GB 50204—2002）和《混凝土外加剂应用技术规范》（GB 50119—2003）的要求。

表4.15 常用混凝土外加剂掺量参考

外加剂类型	主要成分	一般掺量/%
普通减水剂	木质素磺酸盐类	0.2~0.3
	腐殖酸盐类	0.2~0.35
高效减水剂	多环芳香族磺酸盐类	0.5~1.0
	水溶性树脂磺酸盐类	0.5~2.0
引气剂	松香类（松香热聚物、松香皂）	0.005~0.02
	烷基和烷基芳烃磺酸盐类（烷基磺酸钠）	0.005~0.01
早强剂	氯盐类（氯化钙、氯化钠）	0.5~2.0
	硫酸盐类（硫酸钠、硫代硫酸钠、硫酸钙）	0.5~2.0
缓凝剂	糖类（糖蜜、葡萄糖、蔗糖及其衍生物）	0.1~0.3
	木质素磺酸盐类	0.1~0.3
	羟基羧酸、氨基羧酸及其盐类（柠檬酸、酒石酸）	0.05~0.2
	磷酸盐、硼酸盐、锌盐	0.1~0.25

注：一般掺量指外加剂质量占水泥质量的百分比。

二、矿物外加剂

在混凝土拌制过程中掺入的用以改善混凝土性能，掺量超过水泥质量5%的具有一定细度的矿物粉体材料，称为矿物外加剂（又称矿物掺和料）。常用的矿物掺和料有粉煤灰、硅灰、沸石粉、粒化高炉矿渣粉等，其中粉煤灰应用最普遍。可采用两种或两种以上的矿物掺和料按一定比例混合使用。

矿物掺和料的应用应符合下列规定：

（1）掺用矿物掺和料的混凝土，宜采用硅酸盐水泥和普通硅酸盐水泥。

（2）在混凝土中掺用矿物掺和料时，矿物掺和料的种类和掺量应经试验确定。

（3）矿物掺和料宜与高效减水剂同时使用。

（4）对于高强混凝土或有抗渗、抗冻、抗腐蚀、耐磨等其他特殊要求的混凝土，不宜采用低于Ⅱ级的粉煤灰。

（5）对于高强混凝土和有耐腐蚀要求的混凝土，当需要采用硅灰时，不宜采用二氧化硅小于90%硅灰。

1. 粉煤灰

粉煤灰又称飞灰，是从燃烧煤粉的锅炉烟气中收集到的细粉末，其颗粒多呈球形，表面光滑。

粉煤灰有两种：一种是高钙粉煤灰，它是由褐煤燃烧形成的，呈褐黄色，具有一定的水硬性；另一种是低钙粉煤灰，它是由烟煤和无烟煤燃烧形成的，呈灰色或深灰色，具有火山灰活性，由于来源比较广泛，是当前国内外用量最大、使用范围最广的混凝土掺和料。

根据国家标准的规定，粉煤灰可分为Ⅰ、Ⅱ、Ⅲ三个等级，用于混凝土工程时，可根据下列规定选用：① Ⅰ级粉煤灰适用于钢筋混凝土和跨度小于 6 m 的预应力钢筋混凝土；② Ⅱ级粉煤灰适用于钢筋混凝土和无筋混凝土；③ Ⅲ级粉煤灰主要用于无筋混凝土。对强度等级要求等于或大于 C30 的无筋粉煤灰混凝土，宜采用Ⅰ、Ⅱ级粉煤灰。

粉煤灰由于其本身的化学成分、结构和颗粒形状特征，在混凝土中产生下列 3 种效应：

（1）活性效应（火山灰效应）。粉煤灰中的活性 SiO_2 及 Al_2O_3，与水泥水化生成的 $Ca(OH)_2$ 发生反应，生成具有水硬性的低碱度水化硅酸钙和水化铝酸钙，增加了混凝土的强度；同时由于消耗了水泥石中的氢氧化钙，提高了混凝土的耐久性，降低了抗碳化性能。

（2）形态效应。粉煤灰颗粒大部分为玻璃体微珠，掺入混凝土中，可减小拌和物的内摩阻力，起到减水、分散、匀化作用。

（3）微集料效应。粉煤灰中的微细颗粒均匀分布在水泥浆内，填充空隙和毛细孔，改善了混凝土的孔隙结构，增加密实度。

粉煤灰的掺入，改善了混凝土拌和物的和易性、可泵性，降低了混凝土的水化热，提高了抗硫酸盐腐蚀的能力，抑制了碱-集料反应。但使混凝土的早期强度和抗碳化能力有所降低。掺粉煤灰的混凝土适用于绝大多数结构，尤其适用于泵送混凝土、商品混凝土、大体积混凝土、抗渗混凝土、地下及水工混凝土、道路混凝土及碾压混凝土等。

2. 硅 灰

硅灰又称硅粉或硅烟灰，是从生产硅铁合金或硅钢等所排放的烟气中收集到的颗粒极细的烟尘，其颗粒呈玻璃球体，颜色为浅灰色到深灰色。由于硅灰在掺和料中比表面积大，故具有很高的火山灰活性，且需水量很大，作混凝土掺和料时必须配以减水剂，以保证混凝土拌和物的和易性。

掺硅灰的混凝土能大大加快混凝土的早期强度发展，提高混凝土的耐磨性。

3. 沸石粉

沸石粉由天然的沸石岩磨细制成，具有很大的内表面积，可作为吸附高效减水剂与拌和水的载体，在运输和浇筑过程中缓慢释放出来，可减小混凝土拌和物的坍落度损失。

在同时掺入高效减水剂的条件下，掺入沸石粉可配制高强混凝土、高流态混凝土及泵送混凝土。

4. 粒化高炉矿渣粉

粒化高炉矿渣粉是将粒化高炉矿渣经干燥、磨细达到相当细度，符合相应活性指数的粉状材料。其活性比粉煤灰高，掺入混凝土中可减少泌水性，改善孔隙结构，提高水泥石的密实度。综上所述，混凝土中掺入掺和料后，可以代替部分水泥，降低成本；增大混凝土的后期强度；改善混凝土拌和物的和易性；抑制碱-集料反应；提高混凝土的耐久性。

第四节　混凝土的配合比设计

混凝土的质量不仅取决于组成材料的技术性能，而且还取决于各组成材料的配合比例。混凝土的配合比是指混凝土各组成材料数量之间的比例关系。常用的表示方法如下：

（1）单位用量表示法：每立方混凝土中各材料的用量，如 1 m^3 混凝土中水泥：水：砂：石 = 340 kg：170 kg：765 kg：1 292 kg。

（2）相对用量表示法：以水泥的质量为1，其他材料针对水泥的相对用量，并按"水泥：砂：石，水灰比"的顺序排列表示，如上列单位用水量表示法中所列内容为基础，采用相对用量来表示则可转化为 1：2.25：3.80，W/C = 0.5。

一、混凝土配合比设计的基本要求

混凝土配合比设计的目的，就是根据原材料性能、结构形式、施工条件和对混凝土的技术要求，通过计算和试配调整，确定出满足工程技术经济指标的各组成材料的用量。混凝土配合比设计所采用的细集料含水率应小于 0.5%，粗集料含水率应小于 0.2%。除配制 C15 及其以下强度等级的混凝土外，混凝土的最小胶凝材料用量应符合表规定。

为达到该目的，混凝土的配合比设计应满足下列 4 项基本要求：

（1）满足结构物设计强度的要求，设计强度是混凝土设计过程中必须要达到的指标，针对结构物所发挥的作用、施工单位的施工管理水平，在配合比设计的实际操作过程中，采用一个比设计强度高一些的""配置强度"，以确定最终的结果满足设计强度的要求。

（2）满足施工工作性要求，针对工程实际、构造物的特点，包括断面尺寸、配筋状况以及施工条件等来确定合适的工作性指标，以保证工程施工的需求。

（3）满足耐久性要求，配合比设计中通过考虑允许的"最大水胶比"、"最小胶凝材料用量"，来保证处于不利环境（如严寒地区、受水影响等）条件下混凝土的耐久性的要求。

（4）满足经济要求，在满足设计要求、工作性和耐久性要求的前提下，设计中通过合理减少高价材料（如水泥）的用量，多采用当地材料以及一些替代物（如工业废渣）等措施，降低混凝土费用，提高经济效益。

二、混凝土配合比设计的3个重要参数

普通混凝土4种主要组成材料的相对比例，通常由以下3个参数来控制。

1. 水胶比

混凝土中水与胶凝材料的比例称为水胶比。它决定了混凝土的强度，对混凝土拌和物的和易性、耐久性、经济性都有较大影响。水胶比较小时，可以使强度更高、耐久性更好；在满足强度和耐久性要求时，选用较大水胶比，可以节约水泥，降低生产成本。

2. 砂率

砂的质量占砂石总质量的百分比，称为砂率。它能够影响混凝土拌和物的和易性。砂率的选用应合理，在保证混凝土拌和物和易性要求的前提下，选用较小值可节约水泥。

3. 单位用水量

单位用水量是指 1 m³ 混凝土拌和物中水的用量。在水灰比不变的条件下，单位用水量如果确定，那么水泥用量和集料的总用量也随之确定。因此单位用水量反映了水泥浆与集料之间的比例关系。为节约水泥和改善混凝土耐久性，在满足流动性条件下，应尽可能取较小的单位用水量。

混凝土配合比中3个参数的关系如图4.7所示。

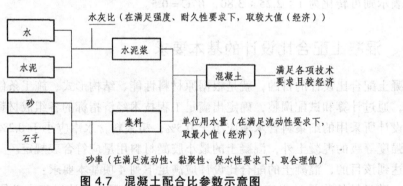

图 4.7 混凝土配合比参数示意图

三、混凝土配合比设计的步骤

混凝土配合比设计包括初步配合比的计算、试验室配合比的设计和施工配合比的确定。

1. 初步配合比的计算

根据混凝土原材料的性能、设计要求的强度、施工要求的坍落度和使用环境所要求的耐

久性，利用经验公式及经验参数，初步计算出混凝土各组成材料的用量，以得出供试配用的初步配合比。混凝土配合比设计应采用工程实际使用的原材料；配合比设计所采用的细集料含水率应小于 0.5%，粗集料含水率应小于 0.2%。

（1）确定配制强度 $f_{cu,0}$。根据《普通混凝土配合比设计规程》（JGJ 55—2011）规定，配制强度应按下式确定：

① 当混凝土的设计强度等级小于 C60 时，配制强度应按下式确定：

$$f_{cu,0} \geqslant f_{cu,k} + 1.645\sigma$$

式中　$f_{cu,0}$——混凝土配制强度（MPa）；
　　　$f_{cu,k}$——混凝土立方体抗压强度标准值，这里取混凝土的设计强度等级值（MPa）；
　　　σ——混凝土强度标准差（MPa）。

② 当设计强度等级不小于 C60 时，配制强度应按下式确定：

$$f_{cu,0} \geqslant 1.15 f_{cu,k}$$

③ 混凝土强度标准差应按下列规定确定：

a. 当具有近 1~3 个月的同一品种、同一强度等级混凝土的强度资料，且试件组数不小于 30 时，其混凝土强度标准差应按下式计算：

$$\sigma = \sqrt{\frac{\sum_{i=1}^{n} f_{cu,i}^2 - n m_{f_{cu}}^2}{n-1}}$$

式中　σ——混凝土强度标准差；
　　　$f_{cu,i}$——第 i 组的试件强度（MPa）；
　　　$m_{f_{cu}}$——n 组试件的强度平均值（MPa）；
　　　n——试件的组数。

对于强度等级不大于 C30 的混凝土，当混凝土强度标准差计算值不小于 3.0 MPa 时，应按式计算结果取值；当混凝土强度标准差计算值小于 3.0 MPa 时，应取 3.0 MPa。

对于强度等级大于 C30 且小于 C60 的混凝土，当混凝土强度标准差计算值不小于 4.0 MPa 时，应按式计算结果取值；当混凝土强度标准差计算值小于 4.0 MPa 时，应取 4.0 MPa。

b. 当没有近期的同一品种、同一强度等级混凝土强度资料时，其强度标准差 σ 可按表取值。

表 4.16　强度标准差 σ 值（MPa）

混凝土强度标准值	≤C20	C25~C45	C50~C55
σ/MPa	4.0	5.0	6.0

（2）混凝土拌和物的工作性。

混凝土的工作性的选择取决于混凝土构件自身的特点，包括构件截面尺寸大小、钢筋疏密程度及施工方式。通常,当构件截面尺寸较小、钢筋较密或采用人工插捣时,坍落度可选择得大一些;反之,则坍落度可选择小一些的,见表4.17。

表4.17 混凝土浇筑时坍落度要求

构件种类	坍落度/mm
基础或地面的垫层,无配筋的大体积结构或配筋稀的结构	10～30
板、梁和大型及中型截面的柱子	30～50
配筋密的结构	50～70
配筋特密的结构	70～90

(3)混凝土的耐久性。

混凝土的耐久性主要取决于混凝土的密实程度,而密实度又取决于混凝土的水胶比和胶凝材料用量。当水胶比偏大或胶凝材料用量偏小时都有可能在硬化后的混凝土构件内部留下过多的孔隙,为日后引起混凝土耐久性不良现象留下隐患。当进行混凝土配合比设计时,为保证混凝土的耐久性,根据混凝土结构的环境类别,对混凝土的最大水胶比和最小胶凝材料用量,应符合下表规定。

① 混凝土结构的环境类别划分应符合表4.18要求。

混凝土结构的环境类别

环境类别	条件
一	室内干燥环境;无侵蚀性静水浸没环境
二	室内潮湿环境;非严寒和非寒冷地区的露天环境;非严寒和非寒冷地区与无侵蚀性的水或土直接接触的环境;严寒和寒冷地区的冰冻线以下与无侵蚀性的水或土直接接触的环境
	干湿交替环境;频繁变动环境;严寒和寒冷地区的露天环境;严寒和寒冷地区的冰冻线以上与无侵蚀性的水或土直接接触的环境
三	严寒和寒冷地区冬季水位变动区环境;受除冰盐影响环境;海风环境
	盐渍土环境;受除冰盐作用环境;海岸环境
四	海水环境
五	受人为或自然的侵蚀性物资影响的环境

注:① 室内潮湿环境是指构件表面经常处于结露或湿润状态的环境。
② 严寒和寒冷地区的划分应符合《民用建筑热工设计规范》(GB50176—1993)的有关规定。
③ 海岸环境和海风环境宜根据当地情况,考虑主导风向及结构所处迎风、背风部位等因素的影响,由调查研究和工程经验确定。
④ 受除冰盐影响环境为受到除冰盐盐雾影响的环境;受除冰盐作用环境指被除冰盐溶液溅射的环境以及使用除冰盐地区的洗车房、停车楼等建筑。

② 设计使用年限为50年的混凝土结构,其混凝土材料宜符合表4.19规定:

表 4.19 结构混凝土材料的耐久性基本要求

环境等级	最大水胶比	最低强度等级	最大氯离子含量/%	最大碱含量/(kg/m³)
一	0.60	C20	0.30	不限制
二	0.55	C25	0.20	3.0
	0.50（0.55）	C30（C25）	0.15	
三	0.45（0.50）	C35（C30）	0.15	
	0.40	C40	0.10	

注：① 氯离子含量是指其占胶凝材料总量的百分比。
② 预应力构件混凝土中的最大氯离子含量为 0.05%；最低混凝土强度等级应按表中的规定提高两个等级。
③ 素混凝土构件的水胶比及最低强度等级的要求可适当放松。
④ 有可靠工程经验时，二类环境中的最低混凝土强度等级可降低一个等级。
⑤ 处于严寒和寒冷地区二b、三a类环境中的混凝土应使用引气剂，并可采用括号中的有关参数。
⑥ 当使用非碱活性集料时，对混凝土中的碱含量可不做限制。

③ 混凝土的最小胶凝材料用量应符合下表规定；配置 C15 及其以下强度等级的混凝土，可不受表 4.20 控制。

表 4.20 混凝土的最小胶凝材料用量

最大水胶比	最小胶凝材料用量/(kg/m³)		
	素混凝土	钢筋混凝土	预应力混凝土
0.60	250	280	300
0.55	280	300	300
0.50		320	
≤0.45		330	

2. 混凝土初步配合比设计阶段

1 当混凝土强度等级小于 C60 时，混凝土水胶比可按下式计算：

$$\frac{W}{B} = \frac{\alpha_a \times f_b}{f_{cu,0} + \alpha_a \times \alpha_b \times f_b}$$

式中 $\frac{W}{B}$——混凝土水胶比；

f_b——胶凝材料 28d 胶砂抗压强度实测值（MPa）；

α_a，α_b——回归系数。

回归系数 α_a 和 α_b 应根据工程所使用原材料，通过试验建立的水胶比与混凝土强度关系式确定。当不具备上述试验统计资料时，回归系数可按表 4.17 采用。

表 4.21 回归系数选用表（JGJ 55—2011）

回归系数	碎石	卵石
α_a	0.53	0.49
α_b	0.20	0.13

（1）当胶凝材料 28 d 胶砂抗压强度值（f_b）无实测值时，可采用下列公式计算：

$$f_b = \gamma_f \gamma_s f_{ce}$$

式中　γ_f，γ_s——粉煤灰影响系数和粒化高炉矿渣粉影响系数（见表 4.22）；
　　　f_{ce}——水泥 28d 胶砂抗压强度(MPa)，可实测。

表 4.22　粉煤灰影响系数（γ_f）和粒化高炉矿渣粉影响系数（γ_s）

种类 掺量/%	粉煤灰影响系数	粒化高炉矿渣粉影响系数
0	1.00	1.00
10	0.85～0.95	1.00
20	0.75～0.85	0.95～1.00
30	0.65～0.75	0.90～1.00
40	0.55～0.65	0.80～0.90
50	—	0.70～0.85

注：① 采用Ⅰ级、Ⅱ级粉煤灰宜取上限值；
　　② 采用 S75 级粒化高炉矿渣粉宜取下限值，采用 S95 级粒化高炉矿渣粉宜取上限值，采用 S105 级粒化高炉矿渣粉可取上限值加 0.05；
　　③ 当超出表中的掺量时，粉煤灰和粒化高炉矿渣粉影响系数应经试验确定。

另外，矿物掺和料在混凝土中的掺量应通过实验确定，采用硅酸盐水泥或普通硅酸盐水泥时，钢筋混凝土中矿物掺和料最大掺量宜符合表 4.23 规定，对基础大体积混凝土，粉煤灰、粒化高炉矿渣粉和复合掺和料的最大掺量可增加 5%。采用掺量大于 30% 的 C 类粉煤灰的混凝土，应以实际使用的水泥和粉煤灰掺量进行安定性检验合格。预应力混凝土中矿物掺和料最大掺量见表 4.24。

表 4.23　钢筋混凝土中矿物掺和料最大掺量

矿物掺和料种类	水胶比	最大掺量/%	
		采用硅酸盐水泥	采用普通硅酸盐水泥
粉煤灰	≤0.40	45	35
	>0.40	40	30
粒化高炉矿渣粉	≤0.40	65	55
	>0.40	55	45
钢渣粉	—	30	20
磷渣粉	—	30	20
硅灰	—	10	10
复合掺和料	≤0.40	65	55
	>0.40	55	45

表 4.24　预应力混凝土中矿物掺和料最大掺量

矿物掺和料种类	水胶比	最大掺量/%	
		采用硅酸盐水泥	采用普通硅酸盐水泥
粉煤灰	≤0.40	35	30
	>0.40	25	20
粒化高炉矿渣粉	≤0.40	55	45
	>0.40	45	35
钢渣粉	—	20	10
磷渣粉	—	20	10
硅灰	—	10	10
复合掺和料	≤0.40	55	45
	>0.40	45	35

注：① 采用其他通用硅酸盐水泥时，宜将水泥混合材料掺量20%以上的混合材量计入矿物掺和料；
②符合掺和料各组分的掺量不宜超过单掺时的最大掺量；
③在混合使用两种或两种以上矿物掺和料时，矿物掺和料总掺量应符合以上表中规定。

混凝土拌和物中水溶性氯离子最大含量应符合表4.25规定，其测试方法应符合现行行业标准《水运工程混凝土试验规程》（JTJ20）中混凝土拌和物中氯离子含量的快速测定方法的规定。

表 4.25　混凝土拌和物中水溶性氯离子最大含量

环境条件	水溶性氯离子最大含量（水泥用量的质量百分比）/%		
	钢筋混凝土	预应力混凝土	素混凝土
干燥环境	0.30	0.06	1.00
潮湿但不含氯离子的环境	0.20		
潮湿且含有氯离子的环境、盐渍土环境	0.10		
除冰盐等侵蚀性物质的腐蚀环境	0.06		

对于有预防混凝土碱集料反应设计要求的工程，宜掺用适量粉煤灰或其他矿物掺和料，混凝土中最大碱含量不应大于3.0 kg/m³。对于矿物掺和料碱集料，粉煤灰碱含量可取实测值的1/6，粒化高炉矿渣粉碱含量可取实测值的1/2。

（2）当水泥28 d胶砂抗压强度（f_{ce}）无实测值时，可按下式计算：

$$f_{ce} = \gamma_c f_{ce,g}$$

式中　γ_c——水泥强度等级值的富余系数，可按实际统计资料确定（当缺乏实际统计资料时，也可按表4.26选用）；

$f_{ce,g}$——水泥强度等级值（MPa）。

表 4.26 水泥强度等级值的富余系数 (γ_c)

水泥强度等级值	32.5	42.5	52.5
富裕系数	1.12	1.16	1.10

当计算出水胶比后,还应根据混凝土所处环境和耐久性要求的允许水胶比进行校核,要满足标准所规定的最大水胶比限定。

2. 确定单位用水量和外加剂用量

(1) 干硬性混凝土和塑性混凝土用水量的确定。当水胶比在 0.40~0.80 时,应根据粗集料的品种、粒径及施工要求的混凝土拌和物稠度,按表 4.27、表 4.28 选取单位用水量 m_{w0}。

表 4.27 干硬性混凝土的用水量(kg/m³)(JGJ 55—2011)

拌和物稠度		卵石最大粒径/mm			碎石最大公称粒径/mm		
项 目	指 标	10	20	40	16	20	40
维勃稠度/s	16~20	175	160	145	180	170	155
	11~15	180	165	150	185	175	160
	5~10	185	170	155	190	180	165

表 4.28 塑性混凝土的用水量(kg/m³)(JGJ 55—2011)

拌和物稠度		卵石最大粒径/mm				碎石最大粒径/mm			
项 目	指 标	10	20	31.5	40	16	20	31.5	40
坍落度/mm	10~30	190	170	160	150	200	185	175	165
	35~50	200	180	170	160	210	195	185	175
	55~70	210	190	180	170	220	205	195	185
	75~90	215	195	185	175	230	215	205	195

注:① 本表用水量是采用中砂时的平均值。采用细砂时,1 m³ 混凝土用水量可增加 5~10 kg;采用粗砂时,则可减少 5~10 kg。
② 掺用各种外加剂或矿物掺和料时,用水量应相应调整。

(2) 混凝水胶比小于 0.40 时,可通过试验确定。

掺外加剂时的混凝土用水量,可按下式来计算:

掺外加剂时,每立方米流动性或大流动性混凝土的用水量(m_{w0})可按下式计算:

$$m_{w0} = m'_{w0}(1-\beta)$$

式中 m_{w0}——计算配合比每立方米混凝土的用水量(kg/m³);
m'_{w0}——未掺外加剂时推定的满足实际坍落度要求的每立方米混凝土用水量(kg/m³),

以本规程表 4.19 中 90 mm 坍落度的用水量为基础，按每增大 20 mm 坍落度相应增加 5 kg/m³ 用水量来计算，当坍落度增大到 180mm 以上时，随坍落度相应增加的用水量可减少；

β——外加剂的减水率（%），β 值应根据试验确定。

（3）每立方米混凝土中外加剂用量（m_{a0}）应按下式计算：

$$m_{a0} = m_{b0}\beta_a$$

式中 m_{a0}——计算配合比每立方米混凝土中外加剂用量（kg/m³）；

m_{b0}——计算配合比每立方米混凝土中胶凝材料用量（kg/m³）；

β_a——外加剂掺量（%），应经混凝土试验确定。

（4）每立方米混凝土的胶凝材料用量（m_{b0}）应按式计算，并应进行试拌调整，在拌和物性能满足的情况下，取经济合理的胶凝材料用量。

$$m_{b0} = \frac{m_{w0}}{W/B}$$

式中 m_{b0}——计算配合比每立方米混凝土中胶凝材料用量（kg/m³）；

m_{w0}——计算配合比每立方米混凝土的用水量（kg/m³）；

W/B——混凝土水胶比。

（5）每立方米混凝土的矿物掺和料用量（m_{f0}）应按下式计算：

$$m_{f0} = m_{f0}\beta_f$$

式中 m_{f0}——计算配合比每立方米混凝土中矿物掺和料用量（kg/m³）；

β_f——矿物掺和料掺量（%）。

（6）每立方米混凝土的水泥用量（m_{c0}）应按下式计算：

$$m_{c0} = m_{b0} - m_{f0}$$

式中 m_{c0}——计算配合比每立方米混凝土中水泥用量（kg/m³）。

（7）砂率（β_s）根据集料的技术指标、混凝土拌和物性能和施工要求，参考既有历史资料确定。

当缺乏砂率的历史资料时，混凝土砂率的确定应符合下列规定：

① 坍落度为 10~60 mm 的混凝土，应根据粗集料的种类、最大公称粒径及水胶比按表选取。

② 坍落度大于 60 mm 的混凝土，砂率可由试验确定，也可在表 4.29 的基础上，按坍落度每增大 20 mm，砂率增大 1% 的幅度予以调整。

③ 坍落度小于 10 mm 的混凝土，其砂率应由试验确定。

④ 掺用外加剂或掺和料的混凝土，其砂率应由试验确定。

表 4.29 混凝土的砂率（JGJ 55—2011）

水胶比（W/B）	卵石最大粒径/mm			碎石最大粒径/mm		
	10	20	40	16	20	40
0.40	26~32	25~31	24~30	30~35	29~34	27~32
0.50	30~35	29~34	28~33	33~38	32~37	30~35
0.60	33~38	32~37	31~36	36~41	35~40	33~38
0.70	36~41	35~40	34~39	39~44	38~43	36~41

注：① 本表数值是中砂的选用砂率，对细砂或粗砂，可相应地减小或增大砂率。
② 采用人工砂配制混凝土时，砂率可适当增大；
③ 只用一个单粒级粗集料配制混凝土时，砂率应适当增大。

（8）当采用质量法计算混凝土配合比时，粗、细集料用量应按相应公式计算，砂率应按相应公式计算。

① 质量法。质量法又称假定表观密度法，认为混凝土的质量等于各组成材料质量之和。

$$\begin{cases} m_{c0} + m_{s0} + m_{g0} + m_{w0} + m_{f0} = m_{cp} \\ \beta_s = \dfrac{m_{s0}}{m_{s0} + m_{g0}} \times 100\% \end{cases}$$

式中　β_s——混凝土的砂率（%）；

　　　m_{s0}，m_{g0}——计算配合比每立方米混凝土中的细、粗集料用量（kg/m^3）；

　　　m_{cp}——每立方米混凝土拌和物的假定质量（kg），可取 2 350~2 450 kg/m^3。

② 体积法。当采用体积法计算混凝土配合比时，砂率应按相应公式计算，粗细集料用量应按公式计算：

$$\frac{m_{c0}}{\rho_c} + \frac{m_{s0}}{\rho_s} + \frac{m_{g0}}{\rho_g} + \frac{m_{w0}}{\rho_w} + \frac{m_{f0}}{\rho_f} + 0.01\alpha = 1$$

$$\beta_s = \frac{m_{s0}}{m_{s0} + m_{g0}} \times 100\%$$

式中　ρ_c——水泥密度，可取 2 900~3 100 kg/m^3；

　　　ρ_s——细集料的表观密度（kg/m^3）；

　　　ρ_g——粗集料的表观密度（kg/m^3）；

　　　ρ_w——水的密度，可取 1 000（kg/m^3）；

　　　ρ_f——矿物掺和料密度（kg/m^3）；

　　　α——混凝土的含气量百分数，在不使用引气型或引气型外加剂时，可取 1。

长期处于潮湿或水位变动的寒冷和严寒环境以及盐冻环境的混凝土应掺用引气剂。引气剂掺量应根据含气量要求经试验确定，混凝土最小含气量应符合表 4.30 规定，最大不宜超过 7.0%。

表 4.30 混凝土最小含气量

粗集料最大公称粒径/mm	混凝土最小含气量/%	
	潮湿或水位变动的寒冷和严寒环境	盐冻环境
40.0	4.5	5.0
25.0	5.0	5.5
20.0	5.5	6.0

注：含气量为气体占混凝土体积的百分比。

这样就得到初步配合比为水泥：矿物掺和料：水：砂：石。初步配合比是利用经验公式或经验资料获得的，由此配成的混凝土有可能不符合实际要求，所以应对配合比进行试配、调整与确定。

二、试验室配合比的确定

混凝土试配时，应采用工程中实际使用的材料，粗、细集料的称量均以干燥状态为基准；若集料中含水，则称料时要在用水量中扣除集料中的水，集料用量做相应增加。

混凝土的搅拌方法，应与生产时使用的方法相同。试拌时每盘混凝土的最小搅拌量为：集料最大粒径在 31.5 mm 及以下时，拌和物数量取 20 L；集料最大粒径为 40 mm 时，拌和物数量取 25 L。当采用机械搅拌时，每盘混凝土试配的最小搅拌量不应小于搅拌机公称容量的 1/4 且不应大于搅拌机公称容量。

（1）和易性调整。按初步配合比称取各材料数量进行试拌，混凝土拌和物搅拌均匀后测定其坍落度，同时观察拌和物的黏聚性和保水性。当不符合要求时，应进行调整。调整的基本原则为：若流动性太大，可在砂率不变的条件下，适当增加砂、石的用量；若流动性太小，应在保持水胶比不变的情况下，适当增加水和胶凝材料数量（增加 2%～5% 的水泥浆，可提高混凝土拌和物坍落度 10 mm）；若黏聚性和保水性不良时，实质上是混凝土拌和物中砂浆不足或砂浆过多，可适当增大砂率或适当降低砂率。每次调整后再进行试拌、检测，直至符合要求为止。这种调整和易性满足要求时的配合比，即是供混凝土强度试验用的基准配合比，同时可得到符合和易性要求的实拌用量 $m_{c拌}$、$m_{s拌}$、$m_{g拌}$、$m_{w拌}$、$m_{f拌}$。

当试拌、调整工作完成后，即可测出混凝土拌和物的实测表观密度 $\rho_{c,t}$。

由于理论计算的各材料用量之和与实测表观密度不一定相同，且用料量在试拌过程中有可能发生了改变，因此应对上述实拌用料结合实测表观密度进行调整。

配合比调整后的混凝土拌和物的表观密度计算值（$\rho_{c,c}$）应按下式计算：

$$\rho_{c,c} = m_{c拌} + m_{s拌} + m_{g拌} + m_{w拌} + m_{f拌}$$

则 1 m³ 混凝土各材料用量调整为

$$m_{c1} = \frac{m_{c拌}}{\rho_{c,c}} \times \rho_{c,t}, \quad m_{s1} = \frac{m_{s拌}}{\rho_{c,c}} \times \rho_{c,t}$$

$$m_{g1} = \frac{m_{g拌}}{\rho_{c,c}} \times \rho_{c,t}, \quad m_{f1} = \frac{m_{f拌}}{\rho_{c,c}} \times \rho_{c,t}, \quad m_{w1} = \frac{m_{w拌}}{\rho_{c,c}} \times \rho_{c,t}$$

混凝土基准配合比为 $m_{c1}:m_{s1}:m_{g1}$，水胶比 $=\dfrac{m_{w1}}{m_{c1}+m_{f1}}$。

当混凝土拌和物表观密度实测值与计算值之差的绝对值不超过计算值的2%时，调整后的配合比可维持不变；当两者之差超过2%时，应将配合比中每项材料用量均乘以校正系数（δ）。

配合比调整后，应测定拌和物水溶性氯离子含量，并应对设计要求的混凝土耐久性能进行试验，符合设计规定的氯离子含量和耐久性要求的配合比方可确定为设计配合比。

（2）强度检验。经过和易性调整得出的混凝土基准配合比，所采用的水胶比不一定恰当，混凝土的强度和耐久性不一定符合要求，所以应对混凝土强度进行检验。检验混凝土强度时至少应采用3个不同的配合比。其中一个是试拌配合比；另外两个配合比的水胶比值，应在试拌配合比的基础分别增加或减少0.05，用水量保持不变，砂率也相应增加或减少1%，由此相应调整水泥和砂石用量。

每组配合比制作一组标准试块，在标准条件下养护28 d，测其抗压强度。根据混凝土强度试验结果，用作图法把不同水胶比值的立方体抗压强度标在以强度为纵轴、胶水比为横轴的坐标系上，便可得到混凝土立方体抗压强度-胶水比的线性关系，从而计算出与混凝土配制强度（$f_{cu,0}$）相对应的胶水比值。并按这个胶水比值与原用水量计算出相应的各材料用量，作为最终确定的试验室配合比，即 1 m³ 混凝土中各组成材料的用量 m_c、m_s、m_g、m_w、m_f。

三、施工配合比的确定

混凝土的试验室配合比是以材料处于干燥状态为基准的，但施工现场存放的砂、石材料都会含有一定的水分，所以施工现场各材料的实际称量，应按施工现场砂、石的含水情况进行修正，并调整相应的用水量，修正后的混凝土配合比即施工配合比。施工配合比修正的原则是：胶凝材料不变，补充砂石，扣除水量。

假设施工现场测出砂的含水率为 $a\%$、石子的含水率为 $b\%$，则各材料用量分别为

$$m'_c = m_c$$
$$m'_f = m_f$$
$$m'_s = m_s(1+a\%)$$
$$m'_g = m_g(1+b\%)$$
$$m'_w = m_w - m_s \times a\% - m_g \times b\%$$

式中 m'_c，m'_s，m'_g，m'_w，m'_f——施工配合比中 1 m³ 混凝土水泥、砂、石子和水和矿物掺和料的用量（kg）；

m_c，m_s，m_g，m_w，m_f——试验室配合比中 1 m³ 混凝土水泥、砂、石子和水和矿物掺和料的用量（kg）。

最终得到混凝土的施工现场配合比 水泥:掺和料:水:砂:石。

【例4.2】 某办公楼现浇钢筋混凝土柱，混凝土设计强度等级为C20，无强度历史统计资料。原材料情况：水泥为32.5普通硅酸盐水泥，密度为3.10 g/cm³，水泥强度等级富余系数为1.08；砂为中砂，表观密度为 2 650 kg/m³；粗集料采用碎石，最大粒径为40 mm，表观

密度为 2 700 kg/m³；水为自来水。混凝土施工采用机械搅拌，机械振捣，坍落度要求 35 ~ 50 mm，施工现场砂含水率为 5%，石子含水率为 1%，试设计该混凝土配合比。

解 （1）计算初步配合比。

① 确定配制强度 $f_{cu,0}$。由题意可知，设计要求混凝土强度为 C20，且施工单位没有历史统计资料，查表 4.16 可得 $\sigma = 4.0$ MPa。

$$f_{cu,0} = f_{cu,k} + 1.645\sigma = 20 + 1.645 \times 4.0 = 26.58 \text{ (MPa)}$$

② 计算水胶比 W/B。由于混凝土强度低于 C60，且采用碎石，无其他矿物掺和料，所以

$$\frac{W}{B} = \frac{W}{C} = \frac{0.53 f_b}{f_{cu,0} + 0.53 \times 0.20 f_b} = \frac{0.53 \times 32.5 \times 1.08}{26.6 + 0.53 \times 0.20 \times 32.5 \times 1.08} = 0.61$$

③ 确定单位用水量 m_{w0}。查表 4.20 可知，集料采用碎石，最大粒径为 40 mm，混凝土拌和物坍落度为 35 ~ 50 mm 时，1 m³ 混凝土的用水量 $m_{w0} = 175$ kg。

④ 计算水泥用量 m_{c0}：

$$m_{c0} = \frac{m_{w0}}{W/B} = \frac{175}{0.61} = 287 \text{ (kg)}$$

由表 4.18 可知，干燥环境中钢筋混凝土最小水泥用量为 280 kg/m³，所以混凝土水泥用量 $m_{c0} = 287$ kg。

⑤ 确定砂率 β_s。查表 4.21 可知，对于最大粒径为 40 mm、碎石配制的混凝土，水胶比为 0.61 时，可在 0.60 ~ 0.70 内插，取 $\beta_s = 34\%$。

⑥ 计算砂用量 m_{s0} 和石子用量 m_{g0}。

a. 质量法。由于该混凝土强度等级为 C20，假设 1 m³ 混凝土拌和物的假定质量为 2 400 kg/m³，则由下列公式

$$\begin{cases} m_{c0} + m_{s0} + m_{g0} + m_{w0} = m_{cp} \\ \beta_s = \dfrac{m_{s0}}{m_{s0} + m_{g0}} \times 100\% \end{cases}$$

求得

$$m_{s0} + m_{g0} = m_{cp} - m_{c0} - m_{w0} = 2\ 400 - 287 - 175 = 1\ 938 \text{ (kg)}$$
$$m_{s0} = (\rho_{cp} - m_{c0} - m_{w0}) \times \beta_s = 1938 \times 34\% = 659 \text{ (kg)}$$
$$m_{g0} = m_{cp} - m_{c0} - m_{w0} - m_{s0} = 1938 - 659 = 1\ 279 \text{ (kg)}$$

b. 体积法。由下式

$$\frac{m_{c0}}{\rho_c} + \frac{m_{s0}}{\rho_s} + \frac{m_{g0}}{\rho_g} + \frac{m_{w0}}{\rho_w} + 0.01\alpha = 1$$
$$\beta_s = \frac{m_{s0}}{m_{s0} + m_{g0}} \times 100\%$$

代入数据得

$$\frac{287}{3100}+\frac{m_{s0}}{2650}+\frac{m_{g0}}{2700}+\frac{175}{1000}+0.01\times1=1$$

$$\frac{m_{s0}}{m_{s0}+m_{g0}}=0.34$$

求得：$m_{s0}=657\text{kg}$，$m_{g0}=1275\text{ kg}$

1 m³ 混凝土用料量/kg	水泥	砂	碎石	水
	287	659	1 279	175
质量比	1 : 2.30 : 4.46 : 0.61			

（2）确定试验室配合比。

① 和易性调整。因为集料最大粒径为 40 mm，在试验室试拌取样 25 L，则试拌时各组成材料用量分别为

水泥　　0.025 × 287 = 7.18（kg）
砂　　　0.025 × 659 = 16.48（kg）
碎石　　0.025 × 1279 = 31.98（kg）
水　　　0.025 × 175 = 4.38（kg）

按规定方法拌和，测得坍落度为 20 mm，低于规定坍落度 35~50 mm 的要求，黏聚性、保水性均好，砂率也适宜。为满足坍落度要求，增加 5% 的水泥和水，即加入水泥 7.18 × 5% = 0.36 kg，水 4.38 × 5% = 0.22 kg，再进行拌和检测，测得坍落度为 40 mm，符合要求。并测得混凝土拌和物的实测表观密度 $\rho_{c,t}=2390\text{ kg/m}^3$。

试拌完成后，各组成材料的实际拌和用量为：水泥 $m_{c拌}=7.18+0.36=7.54\text{ kg}$；砂 $m_{s拌}=16.48\text{ kg}$；石子 $m_{g拌}=31.98\text{ kg}$；水 $m_{w拌}=4.38+0.22=4.60\text{ kg}$。试拌时，混凝土拌和物表观密度理论值 $\rho_{c,c}=7.54+16.48+31.98+4.60=60.60\text{ kg}$，则 1 m³ 混凝土各材料用量调整为

$$m_{c1}=\frac{7.54}{60.60}\times 2390=297\text{ (kg)}$$

$$m_{s1}=\frac{16.48}{60.60}\times 2390=650\text{ (kg)}$$

$$m_{g1}=\frac{31.98}{60.60}\times 2390=1261\text{ (kg)}$$

$$m_{w1}=\frac{4.60}{60.60}\times 2390=181\text{ (kg)}$$

混凝土基准配合比为水泥：砂：石子 = 297 : 650 : 1 261 = 1 : 2.19 : 4.25；水灰比 = 0.61。

② 强度检验。以基准配合比为基准（水灰比为 0.61），另增加两个水灰比分别为 0.56 和 0.66 的配合比进行强度检验。用水量不变（均为 181kg），砂率相应增加或减少 1%，并假设三组拌和物的实测表观密度也相同（均为 2 390 kg/m³），由此相应调整水泥和砂石用量。计算过程如下：

第一组：$W/C=0.66$，$\beta_s=35\%$，则每 1 m³ 混凝土用量为

$$水泥 = \frac{181}{0.66} = 274 \text{ (kg)}$$
$$砂 = (2\,390 - 181 - 274) \times 35\% = 677 \text{ (kg)}$$
$$石子 = 2\,390 - 181 - 274 - 677 = 1\,258 \text{ (kg)}$$

配合比 水泥：砂：石子：水 = 274：677：1 258：181

第二组：$W/C = 0.61$，$\beta_s = 34\%$，配合比水泥：砂：石子：水 = 297：650：1 261：181

第三组：$W/C = 0.56$，$\beta_s = 33\%$

1 m^3 混凝土用量为

$$水泥 = \frac{181}{0.56} = 323 \text{ (kg)}$$
$$砂 = (2\,390 - 181 - 323) \times 33\% = 622 \text{ (kg)}$$
$$石子 = 2\,390 - 181 - 323 - 622 = 1\,264 \text{ (kg)}$$
$$水泥：砂：石子：水 = 323：622：1\,264：181$$

用上述三组配合比各制作一组试件，标准养护，测得 28 d 抗压强度为

第一组：$W/C = 0.56$，$C/W = 1.79$，测得 $f_{cu} = 32.3$ MPa

第二组：$W/C = 0.61$，$C/W = 1.64$，测得 $f_{cu} = 28.7$ MPa

第三组：$W/C = 0.66$，$C/W = 1.52$，测得 $f_{cu} = 25.1$ MPa

用作图法求出与混凝土配制强度 $f_{cu,0} = 26.58$ MPa 相对应的灰水比值为 1.72，即当 $W/C = 1/1.72 = 0.58$ 时，$f_{cu,0} = 26.58$ MPa，则 1 m^3 混凝土中各组成材料的用量为（砂率 β_s 取 36%）：

$$m_c = \frac{181}{0.58} = 312 \text{ (kg)}$$
$$m_s = (2\,390 - 181 - 312) \times 36\% = 683 \text{ (kg)}$$
$$m_g = 2\,390 - 181 - 312 - 683 = 1\,214 \text{ (kg)}$$
$$m_w = 181 \text{ (kg)}$$

混凝土的试验室配合比为

1 m^3 混凝土用料量/kg	水泥	砂	碎石	水
	312	683	1 214	181
质量比	1：2.19：3.89：0.58			

（3）确定施工配合比。

因测得施工现场的砂含水率为 5%，石子含水率为 1%，则 1m^3 混凝土的施工配合比为

水泥　　$m_c' = 312$ (kg)

砂　　　$m_s' = 683 \times (1 + 5\%) = 717$ (kg)

石子　　$m_g' = 1\,214 \times (1 + 1\%) = 1\,226$ (kg)

水　　　$m_w' = 181 - 683 \times 5\% - 1\,214 \times 1\% = 135$ (kg)

混凝土的施工配合比及每两包水泥（100 kg）的配料量为

1 m³ 混凝土用料量/kg	水泥	砂	石子	水
	312	717	1226	135
质量比	1∶2.30∶3.93∶0.43			
每两包水泥配料量/kg	100	230	393	43

第五节　混凝土的质量控制

混凝土是由多种材料组合而成的一种复合材料，它的质量不是完全均匀的，在实际工程中，由于受原材料质量、施工工艺和试验条件等许多复杂因素的影响，势必会造成混凝土质量的波动。

为了保证生产的混凝土能够满足设计要求，应加强混凝土的质量控制。混凝土的质量控制包括初步控制、生产控制和合格控制。

一、初步控制

混凝土质量的初步控制包括混凝土生产前对设备的调试、原材料的质量检验与控制、混凝土配合比的确定与调整。

施工过程中不得随意改变配合比，并应根据原材料的一些动态信息，如水泥强度、水胶比、砂子细度模数、石子最大粒径、坍落度等，及时进行调整，以保证试验室配合比的正确实施。

二、生产控制

混凝土质量的生产控制包括混凝土各组成材料的计量，混凝土拌和物的搅拌、运输、浇筑和养护等工序的控制。

（1）计量。在正确计算配合比的前提下，各组成材料的准确称量是保证混凝土质量的首要环节。每盘混凝土原材料计量的允许偏差中胶凝材料为 ±2%，粗、细集料为 ±3%，拌合用水和外加剂为 ±1%，并经常检查称量设备的精确度。

（2）搅拌。混凝土搅拌的最短时间可按表 4.31 采用，当搅拌高强混凝土时，搅拌时间应

表 4.31　混凝土搅拌的最短时间

混凝土坍落度/mm	搅拌机机型	搅拌机出料量/L		
		< 250	250～500	> 500
≤40	强制式	60 s	90 s	120 s
40～100	强制式	60 s	60 s	90 s
≥100	强制式	60		

注：混凝土搅拌的最短时间是指自全部材料装入搅拌机中起到开始卸料的时间。

适当延长；采用自落式搅拌机时，搅拌时间宜延长30 s。对于双卧轴强制式搅拌机，可在保证搅拌均匀的情况下适当缩短搅拌时间。冬期施工搅拌混凝土时，宜优先采用加热水的方法提高拌和物温度，也可同时采用加热集料的方法提高拌和物温度。

（3）运输。在运输过程中，应控制混凝土不离析、不分层，并应控制混凝土拌和物性能满足施工要求。当采用搅拌罐车运送混凝土拌和物时，搅拌罐在冬期应有保温措施。当采用搅拌罐车运送混凝土拌和物时，卸料前应采用快挡旋转搅拌罐不少于20 s。当造成坍落度损失较大而卸料困难时，可采用在混凝土拌和物中掺入适量减水剂并快挡旋转搅拌罐的措施。混凝土拌和物从搅拌机卸出至施工现场接收的时间间隔不宜大于90 min。

（4）浇筑成型。浇筑前应检查模板、钢筋、保护层和预埋件，清理模板内的杂物和钢筋上的油污，现场温度高于35 ℃时，宜对金属模板进行浇水降温，但不得有积水。

浇筑时应均匀灌入，同时注意限制卸料高度（混凝土自高处倾落的自由高度不应超过2 m），以防止离析现象的产生；遭遇雨雪天气时，不应露天浇筑。

混凝土从搅拌机中卸出到浇筑完毕的延续时间，不宜超过表4.32的规定。

表4.32　混凝土从搅拌机中卸出到浇筑完毕的延续时间

混凝土强度等级	气温	
	≤25 ℃	>25 ℃
≤C30	120 min	90 min
>C30	90 min	60 min

注：① 对掺用外加剂或用快硬水泥拌制的混凝土，其延续时间应按试验确定。
② 对轻集料混凝土，其延续时间应适当缩短。

浇筑混凝土应连续进行，当必须有间歇时，其间歇时间应尽可能短，并应在前层混凝土凝结之前将次层混凝土浇筑完毕。

（5）振捣。混凝土振捣宜采用机械振捣，振捣时间易根据拌和物稠度和振捣部位等不同情况控制在10~30 s内。当混凝土拌和物表面出现泛浆，基本无气泡逸出，可视为捣实。同时应控制振捣时间，既要防止振捣过度，以免混凝土产生分层现象；又要防止振捣不足，使混凝土内部产生蜂窝和空洞，一般以拌和物表面出现浮浆和不再沉落为宜。

（6）养护。对已浇筑完毕的混凝土，应及时加以覆盖并在12 h内浇水，保持必要的温度和湿度，以保证水泥能够正常进行水化，并防止干缩裂缝的产生。正常情况下，养护时间不应少于14 d。养护用水采用与拌和用水相同的水；养护时可用稻草或麻袋等物覆盖表面并经常洒水，洒水次数应以保持混凝土处于湿润状态为宜；冬季则应采取保温措施，防止冰冻。

三、合格控制

混凝土质量的合格控制是指对所浇筑的混凝土进行强度或其他技术指标的检验评定，主要有批量划分、确定批量取样数、确定检测方法和验收界限等项内容。

混凝土的质量波动将直接反映到其最终的强度上，而混凝土的抗压强度与其他性能有较好的相关性，因此，在混凝土生产质量管理中，常以混凝土的抗压强度作为评定和控制其质量的主要指标。

第六节　其他混凝土

一、轻混凝土

表观密度小于 1 950 kg/m³ 的混凝土称为轻混凝土，包括轻集料混凝土、多孔混凝土、大孔混凝土等。

1. 轻集料混凝土

用轻粗集料、轻细集料（如轻砂或普通砂）、水泥和水配制而成的混凝土称为轻集料混凝土。它是一种轻质、多功能的新型工程材料，具有较好的抗冻性和抗渗性，有利于结构抗震，并可以减轻结构自重，改善结构的保温隔热和吸声、耐火等性能。

（1）轻集料的分类。轻集料分轻粗集料和轻细集料。凡粒径大于 5 mm、堆积密度小于 1 000 kg/m³ 者，称为轻粗集料；粒径不大于 5 mm、堆积密度小于 1 200 kg/m³ 者，称为轻细集料（或轻砂）。

轻集料按原料来源不同，可分为：

① 工业废料轻集料。是利用工业废料加工制作的轻集料，如粉煤灰陶粒、膨胀矿渣珠、煤渣及其轻砂。

② 天然轻集料。是由天然形成的多孔状岩石经加工而成的轻集料，如浮石、火山渣、多孔凝灰岩及其轻砂。

③ 人造轻集料。是以地方材料为原料加工而成的轻集料，如页岩陶粒、黏土陶粒、膨胀珍珠岩及其轻砂。

轻集料按其粒型不同，可分为：

① 圆球形。原材料经过造粒工艺浇制而成，呈圆球状的轻集料。如粉煤灰陶粒和粉磨成球的页岩陶粒。

② 普通型。原材料经破碎烧制而成，呈非圆球形的轻集料。如页岩陶粒、膨胀珍珠岩等。

③ 碎石型。由天然轻集料或多孔烧结块破碎加工而成，呈碎石状的轻集料。如浮石、自燃煤矸石和煤渣等。

（2）轻集料的技术性能。轻集料的颗粒级配、粒型、堆积密度、筒压强度、吸水率及有害物质含量等技术性能，对轻集料混凝土的和易性、强度、表观密度、收缩、徐变和耐久性都有直接影响，所以，轻集料的各项技术性能指标应符合《轻集料混凝土技术规程》（JGJ 51—2002）的规定。

① 颗粒级配。轻粗集料的颗粒级配是由 5 mm、10 mm、15 mm、20 mm、30 mm 和 40 mm 筛孔的套筛经筛分判定，仅控制最大、最小和中间粒级的含量及其空隙率。轻粗集料的颗粒级配应符合表 4.33 要求，空隙率不应大于 50%。

表 4.33 轻粗集料的级配表（JGJ 51—2002）

筛孔尺寸		d_{min}	$1/2d_{min}$	d_{max}	$2d_{max}$
圆球形及单一颗粒	累计筛余（按质量计，%）	≥90	不做规定	≤10	0
普通型的混合级配			30~70		
碎石型的混合级配			40~60		

② 密度等级。轻集料的堆积密度主要取决于颗粒的表观密度、级配及其类型，因轻集料混凝土在不同使用条件下所要求的表观密度是不同的。按轻集料堆积密度的大小，划分为 8 个密度等级，见表 4.34。

表 4.34 轻粗集料的密度等级、筒压强度及强度等级（JGJ 51—2002）

密度等级	堆积密度范围 /（kg/m³）	筒压强度 f_a（MPa，不小于）			强度等级 f_{ak}（MPa，不小于）	
		天然碎石型	其他碎石型	普通型和圆球形	普通型	圆球形
300	210~300	0.2	0.3	0.3	3.5	3.5
400	310~400	0.4	0.5	0.5	5.0	5.0
500	410~500	0.6	1.0	1.0	7.5	7.5
600	510~600	0.8	1.5	2.0	10	15
700	610~700	1.0	2.0	3.0	15	20
800	710~800	1.2	2.5	4.0	20	25
900	810~900	1.5	3.0	5.0	25	30
1000	910~1 000	1.8	4.0	6.5	30	40

③ 筒压强度和强度等级。轻粗集料的强度有筒压强度和强度等级两种不同的表示方法。

筒压强度是将 10~20 mm 粒级的试样，按规定方法装入特制的承压筒中，当冲压模压入 20 mm 深时的压力除以承压面积（冲压模的底面积），所得强度即为轻集料的筒压强度。

由于轻粗集料在承压筒内的受力状态呈点接触、多向挤压，因此筒压强度不能真实地反映轻粗集料的强度大小，是一项间接反映轻集料强度大小的指标。

强度等级是将轻粗集料按规定方法配制混凝土的合理强度值，以反映混凝土中轻集料的强度大小。它适用于粉煤灰陶粒、黏土和页岩陶粒。各密度等级的轻粗集料的筒压强度或强度等级应不小于表 4.26 的规定值。

④ 其他。有害杂质含量、抗冻性和吸水率均应符合《轻集料混凝土技术规程》（JGJ 51—2002）有关规定的要求。

（3）轻集料混凝土的分类。

① 按轻集料品种分为全轻混凝土和砂轻混凝土。全轻混凝土中的粗、细集料全部为轻集料；砂轻混凝土中的粗集料为轻集料，细集料则为部分轻集料或全部普通砂。

② 按轻集料种类分为浮石混凝土、粉煤灰陶粒混凝土、黏土陶粒混凝土、页岩陶粒混凝土、膨胀矿渣珠混凝土等。

③ 按用途分为保温轻集料混凝土、结构保温轻集料混凝土和结构轻集料混凝土,具体见表 4.35。

表 4.35 轻集料混凝土按用途分类

类别名称	混凝土强度等级的合理范围	混凝土密度等级的合理范围	用 途
保温轻集料混凝土	CL5.0	800	主要用于保温的围护结构或热工构筑物
结构保温轻集料混凝土	CL5.0、CL7.5、CL10、CL15	800~1 400	主要用于既承重又保温的围护结构
结构轻集料混凝土	CL15、CL20、CL25、CL30、CL35、CL40、CL45、CL50	1 400~1 900	主要用于起承重作用的构件或构筑物

(4) 轻集料混凝土的技术性质。

① 和易性。和易性是指轻集料混凝土拌和物的成型性能,它对原材料用量的确定和拌和物浇筑施工方法有很大程度的影响。由于轻集料的吸水率较大,导致拌和物的稠度迅速改变,所以拌制轻集料混凝土时,其用水量应增加轻集料 1 h 的吸水量,或先将轻集料吸水近于饱和,以保证混凝土的流动性(坍落度或维勃稠度)符合施工要求。

② 强度等级。轻集料混凝土按其立方体抗压强度标准值(即按标准方法制作和养护、边长为 150 mm 的立方体试块,28 d 龄期测得的具有 95% 保证率的抗压强度值)划分为 CL5.0、CL7.5、CL10、CL15、CL20、CL25、CL30、CL35、CL40、CL45 和 CL50 十一个强度等级。不同强度等级的轻集料混凝土,其适用范围见表 4.27。

③ 密度等级。根据轻集料混凝土的表观密度大小,分为 12 个密度等级,等级号代表密度范围的中值,如密度为 1 000 kg/m³ 的轻集料混凝土,其表观密度为 960~1 050 kg/m³。

④ 变形性能。轻集料混凝土的弹性模量比较小,与普通混凝土相比降低了 25%~50%,因此受力后变形较大。同时轻集料混凝土的干燥收缩和徐变都比普通混凝土大得多,这对结构会产生不良影响。

⑤ 导热性。轻集料混凝土的导热系数较小,且随密度等级的降低而变小,$\lambda = (0.30 \sim 1.1)$ W/(m·K),故轻集料混凝土具有较好的保温性能。

⑥ 抗冻性。轻集料混凝土的抗冻性,在非采暖地区要求不低于 F15;在采暖地区,干燥的或相对湿度小于 60% 的条件下要求不低于 F25,在潮湿的或相对湿度大于 60% 的条件下要求不低于 F35,在水位变化的部位要求不低于 F50。

(5) 轻集料混凝土的应用。轻集料混凝土适用于高层和多层建筑、大跨度结构、有抗震要求的结构物等。

2. 多孔混凝土

多孔混凝土是指内部均匀分布着大量微小气泡而无集料的混凝土。根据生产工艺(成孔方式)的不同,分为加气混凝土和泡沫混凝土。

(1) 加气混凝土。加气混凝土是以含钙材料(如水泥、石灰)、含硅材料(如石英砂、粉煤灰、粒化高炉矿渣、页岩等)、水和加气剂作为基本原料,经磨细、配料、搅拌、浇筑、发泡、凝结、切割、压蒸养护而成。

发气剂一般采用铝粉，加入混凝土浆料中与氢氧化钙发生反应产生氢气，形成许多分布均匀的微小气泡，使混凝土形成多孔结构。除用铝粉作加气剂外，还可以用双氧水（过氧化氢）、漂白粉等作加气剂。

① 加气混凝土的品种。根据加气混凝土的基本组成材料，主要有水泥矿渣砂加气混凝土、水泥石灰砂加气混凝土和水泥石灰粉煤灰加气混凝土。

② 加气混凝土的主要技术性质。

a. 表观密度：加气混凝土按其表观密度分为 400、500、600、700、800 kg/m³ 五个等级，目前使用较多的是 500 kg/m³ 和 700 kg/m³ 两种。

b. 孔隙率：不同表观密度的加气混凝土具有不同的孔隙率，见表 4.28。

c. 抗压强度：加气混凝土以边长为 100 mm 的立方体试块测定其抗压强度。加气混凝土的抗压强度与其表观密度有密切关系，见表 4.36。

表 4.36 不同表观密度加气混凝土的孔隙率和抗压强度

表观密度/（kg/m³）	400	500	600	700	800
孔隙率/%	83	79	75	70	66
抗压强度/MPa	1.5（2.2）	3.0（3.5）	4.0（5.0）	5.0（6.0）	6.0（7.0）

注：括号内数值为粉煤灰加气混凝土的抗压强度值。

d. 导热系数：加气混凝土的导热系数与其表观密度和含水率大小有关，一般为 0.12～0.27 W/(m·K)。

③ 加气混凝土的应用。加气混凝土是多孔轻质材料，孔隙率极高，具有良好的保温隔热、吸声、耐火性能和易于加工、施工方便等优点，可制作砌块、内外墙板、屋面板、保温制品等。

由于加气混凝土强度较低、吸水率大、耐水性差，如果用于承重墙体时，房屋的层数不得超过 3 层，总高度不超过 10 m，同时墙体表面应做饰面防护措施。故加气混凝土不得用于建筑物基础以及处于浸水、高温、化学侵蚀环境和表面温度高于 80 ℃ 等部位。

（2）泡沫混凝土。泡沫混凝土是由水泥净浆、部分掺和料（如粉煤灰）加入泡沫剂经机械搅拌发泡，浇筑成型，用蒸气或压蒸养护而成的轻质多孔材料。

常用的泡沫剂有松香胶泡沫剂和水解牲血泡沫剂。松香胶泡沫剂是用氢氧化钠加水拌入松香粉（质量比为 1∶2∶4），经过加热，再与皮胶或骨胶的胶液搅拌而成。水解牲血泡沫剂是用尚未凝结的动物血和氢氧化钠、硫酸亚铁、氯化铵和水等制成。这些泡沫剂在使用时，经温水稀释，用力搅拌即可形成稳定的泡沫，并稳定存在于水泥浆料中。

配制自然养护的泡沫混凝土时，水泥的强度等级不宜低于 32.5，否则混凝土强度太低。在生产中采用蒸气养护或蒸压养护，不仅可以缩短养护时间，而且还能提高混凝土强度。也可以掺入粉煤灰、煤渣或矿渣等工业废渣，以节省水泥，降低生产成本，保护环境。如以粉煤灰、石灰、石膏等为胶凝材料，经蒸压养护，可制成蒸压泡沫混凝土。

泡沫混凝土的表观密度为 300～800 kg/m³，抗压强度为 0.3～5.0 MPa，导热系数为 (0.1～0.3) W/(m·K)，抗冻性、耐腐蚀性能较好，易于加工，可根据需要制成砌块、墙板、保温署管瓦等，用于非承重墙体、生产屋面和管道保温制品等。

3. 大孔混凝土

大孔混凝土是由粒径相近的粗集料、水泥和水配制而成的一种轻混凝土。这种混凝土中没有细集料,水泥浆只是包裹在粗集料表面,将它们胶结在一起,但不起填充空隙的作用,因而在混凝土内部形成较大孔隙。按其所用粗集料的品种,可分为普通大孔混凝土和轻集料大孔混凝土。普通大孔混凝土是用碎石(或卵石、矿渣)配制而成的。轻集料大孔混凝土则是用陶粒、浮石、碎砖、煤渣等配制而成的。

普通大孔混凝土的表观密度一般为 1 500~1 900 kg/m³,抗压强度为 3.5~10 MPa。轻集料大孔混凝土的表观密度一般为 500~1 500 kg/m³,抗压强度为 1.5~7.5 MPa。

大孔混凝土的导热系数小,保温、透水性能好,吸湿性较小。收缩一般较普通混凝土小 30%~50%,抗冻性可达 15~20 次冻融循环。

大孔混凝土由于无砂,故水泥用量较少,一般只需 150~250 kg/m³,水灰比较小,一般为 0.4~0.5。在施工时应严格控制用水量,以免因浆稀使水泥浆流淌沉入底部,造成上层集料缺浆,导致混凝土强度不均匀,质量下降。

大孔混凝土可用于现浇基础、勒脚和墙体,或制作空心砌块和墙板;也可作为地坪材料和滤水材料,如排水暗管、滤水管、滤水板等,广泛用于市政工程。

二、防水混凝土

防水混凝土又称抗渗混凝土,是一种通过提高自身抗渗性能,以达到防水目的的混凝土。防水混凝土主要用于地下建筑和水工结构物,如隧道、涵洞、地下工程、储水输水构筑物及其他要求防水的结构物。

防水混凝土的抗渗能力以抗渗等级表示。抗渗等级分为 P4、P6、P8、P10、P12、P16、P20 等,通常防水混凝土的抗渗等级多采用 P8,重要工程宜采用 P10~P20,在实际工程中应根据水压力的大小和构筑物的厚度合理地确定混凝土的抗渗等级。

提高防水混凝土自身的抗渗性能,可通过提高混凝土密实度或改善孔隙结构两个途径来实现。按其配制方法不同,可分为普通防水混凝土、外加剂防水混凝土和膨胀水泥防水混凝土 3 类。

1. 普通防水混凝土

普通防水混凝土是在普通混凝土基础上通过调整配合比,以提高自身的密实度和抗渗能力。采取的具体措施如下:

(1) 水灰比不宜大于 0.60,以减少毛细孔的数量及减小其孔径。

(2) 适当提高胶凝材料数量,水泥用量不小于 320 kg/m³。

(3) 砂率以 35%~40% 为宜,灰砂比以 0.5~2.5 为宜,可在粗集料周围形成品质良好和足够的砂浆包裹层,使粗集料彼此隔离,以隔断沿粗集料与砂浆界面互相连通的毛细孔。

(4) 坍落度不超过 30~50 mm,对于厚度不小于 250 mm 的结构,坍落度应为 20~30 mm。

(5) 对砂石的质量要求更加严格,加强搅拌、浇筑、振捣和养护,以防止和减少施工孔隙,达到防水目的。

2. 外加剂防水混凝土

外加剂防水混凝土是在普通混凝土拌和物中掺入一些外加剂，隔断或堵塞混凝土中各种孔隙及渗水通道，以改善混凝土的内部结构，提高抗渗防水能力。这种方法对原材料没有特殊要求，也不需要增加水泥用量，比较经济，具有防水效果好、施工简单易行的特点，因此使用广泛。

（1）引气剂防水混凝土。为配制防水混凝土，常掺入的外加剂有引气剂。掺入引气剂后，可在混凝土内形成一定数量的封闭、微小气泡。在这些气泡周围形成一层封闭的憎水性薄膜，它们自身不进水，并能够隔断混凝土的渗水通道，使外界水分不易进入混凝土内部，从而大大增强混凝土的抗渗性能。目前，常用的引气剂主要有松香热聚物和松香酸钠。由于形成的气泡会降低混凝土强度，所以应严格控制引气剂的掺量，在保证混凝土既能满足抗渗要求的同时，又能符合强度要求。通过大量实践证明，松香热聚物的掺量为水泥质量的0.01%左右，松香酸钠的掺量为水泥质量的0.01%~0.03%。

搅拌是生成气泡的必要条件，搅拌时间对混凝土含气量有明显影响。一般搅拌时间以2~3 min为宜。搅拌时间过短，不能形成均匀分散的微小气泡；搅拌时间过长，则会使小气泡破裂，降低抗渗性能。

由于引气剂防水混凝土同时具有很强的抗冻性能，因而适合于有抗渗和抗冻要求的混凝土工程，如铁路的隧道、涵洞常采用这种防水混凝土。

（2）三乙醇胺防水混凝土。在混凝土拌和物中掺入微量的早强防水剂三乙醇胺，可以加速水泥的水化，使早期生成的水化产物较多，水泥凝胶体膨胀致密，减少毛细孔隙，从而提高混凝土的抗渗性能，抗渗压力可提高3倍以上，抗渗等级可达P16~P20。

三乙醇胺防水剂的掺量以掺入三乙醇胺0.05%（水泥质量）为宜，常用的三种配方和配制比例见表4.37。冬季施工宜加入适量氯化钠和亚硝酸钠复合使用，选用表中2、3号配方；常温或夏季施工宜选1号配方，重要防水工程选用1、3号配方。

表4.37 三乙醇胺早强防水剂配料及掺量

配方号	1号配方		2号配方			3号配方			
掺量	三乙醇胺0.05%		三乙醇胺0.05%+氯化钠0.5%			三乙醇胺0.05%+氯化钠0.5%+亚硝酸钠1%			
配置比例	水	三乙醇胺	水	三乙醇胺	氯化钠	水	三乙醇胺	氯化钠	亚硝酸钠
比例A	98.75	1.25	86.25	1.25	12.5	61.25	1.25	12.5	25
比例B	98.33	1.67	85.83	1.67	12.5	60.83	1.67	12.5	25

注：① 掺量百分比为水泥质量的百分比。
② 比例A为采用100%纯度三乙醇胺时的用量；比例B为采用75%工业品三乙醇胺时的用量。

（3）密实剂防水混凝土。在混凝土拌和物中掺入一定数量的密实剂，可以提高混凝土的密实性，增强防水性能。常用的密实剂是氯化铁、氢氧化铁或氢氧化铝溶液。氯化铁与混凝土中的氢氧化钙反应生成氢氧化铁胶体，堵塞于混凝土的孔隙中，从而提高混凝土的密实性。氢氧化铁和氢氧化铝溶液是不溶于水的胶状物质，能沉淀于毛细孔中，使毛细孔的孔径变小；

或填塞毛细孔隙,从而提高混凝土的密实性和抗渗性。

密实剂的掺量约为水泥质量的3%,所配制混凝土的抗渗等级可达P40,使用时,混凝土的水灰比不宜大于0.55,水泥用量不应小于310 kg/m³,混凝土坍落度为30~50 mm。

3. 膨胀水泥防水混凝土

采用膨胀水泥拌制的混凝土,因水泥水化产物中存在膨胀成分,填充孔隙空间,使混凝土内部结构更为密实,从而提高混凝土的抗裂和抗渗性能。

各种防水混凝土具有不同特点,应根据使用要求合理选择,各类防水混凝土的适用范围见表4.38。

表4.38 防水混凝土的适用范围

种类		最高抗渗压力/MPa	特点	适用范围
普通防水混凝土		>3.0	施工简便	适用于一般工业与民用建筑的地下防水工程
外加剂防水混凝土	引气剂防水混凝土	>2.2	抗冻性好	适用于北方高寒地区,抗冻性要求较高的防水工程及一般防水工程,不适用于抗压强度大于20 MPa或耐磨性要求较高的防水工程
	减水剂防水混凝土	>2.2	拌和物的流动性好	适用于钢筋密集或捣固困难的薄壁型防水混凝土,也适用于对混凝土的凝结时间(促凝或缓凝)和流动性有特殊要求的工程(如泵送混凝土工程)
	三乙醇胺防水混凝土	>3.8	早期强度与抗渗等级高	适用于工期紧迫,要求早强及抗渗性较高的防水工程及一般防水工程
	氯化铁防水混凝土	>3.8		适用于水中结构的无筋、少筋、厚度大的抗渗混凝土工程及一般地下防水工程,砂浆修补抹面工程。但在接触直流电源或预应力混凝土及重要的薄壁结构上不宜使用
膨胀水泥防水混凝土		3.6	密实性与抗裂性好	适用于地下工程和地上防水结构物、山洞、非金属油罐和主要工程的后浇缝

三、高性能混凝土(HPC)

过去一般认为混凝土是一种依赖于经验配制的材料,从原材料的选择、配制工艺到施工应用都比较简单。随着高层、重载、大跨度结构的发展矿混凝土技术已有很大的进展,已进入了高科技领域,除了大量推广使用高强度混凝土(C40~C60)外,又研究试用以耐久性为基本要求,并满足工程其他特殊性能和匀质要求、用常规材料和常规工艺制造的水泥基混凝土[中国土木工程学会标准《混凝土结构耐久性设计与施工指南》(CECS 01—2004)(2005年修订版)],即高性能混凝土。

高性能混凝土(HPC)是一种具有高强度、高耐久性(抗冻性、抗渗性、抗腐蚀性能好)、高工作性能(高流动性、黏聚性、自密实性)、体积稳定性好(低干缩、徐变、温度变形和高弹性模量)的混凝土。它具有不小于180 mm坍落度的大流动性,并且坍落度能保持在90 min

内基本不下降,以适应泵送施工,满足所要求的工作性能。高性能混凝土的强度可达到C80、C100甚至C120,并具有很高的抗渗性、抗腐蚀性和抵抗碱-集料反应的性能,即很高的耐久性,以适应其所处环境,经久耐用。

高性能混凝土在原料选择、配制工艺、施工方法等方面均有特别要求。

1. 原材料选择

(1) 选用高强度等级(强度等级不小于42.5)的硅酸盐水泥或中热硅酸盐水泥,严格控制其碱含量。国外正在研制超活性水泥,已出现了球状水泥(水泥颗粒呈圆球形)、调粒水泥(颗粒级配良好)和活化水泥(水泥颗粒表面吸附了外加剂,提高水泥的活化程度),能在相同条件下,降低需水量。

(2) 掺入矿物超细粉。掺入颗粒极细的硅灰(又称硅粉)和超细粉煤灰、矿渣、天然沸石,它们既能填充水泥石的孔隙,改善混凝土的微观结构,还可以提高水泥石对Cl^-、SO_4^{2-}、Mg^{2+}腐蚀的抵抗能力,避免发生碱-集料反应,从而提高混凝土的强度和耐久性。与此同时,掺入粉煤灰和矿渣,可充分利用工业废料,减少水泥用量,降低生产成本,保护生态环境。

(3) 掺用高效减水剂。以萘系、三聚氰胺系、多羧酸系和氨基磺酸盐系等高效减水剂为主体,加入能控制坍落度损失的保塑剂,便可得到高效减水剂,即AE减水剂,它具有20%~30%的减水率并能抑制混凝土拌和物坍落度的损失。

(4) 采用高强度集料。为提高混凝土的强度,采用花岗岩、石灰岩和硬质砂岩制作的碎石,其压碎指标应小于10%。

2. 采用合理的工艺参数

高性能混凝土的水灰比应小于0.34,使水泥石具有足够的密实性;胶凝材料用量较多,每$1 m^3$混凝土达450~550 kg;粗集料的体积含量稍低,只需要40%左右,每$1 m^3$混凝土为1 050~1 100 kg;集料的最大粒径不大于25 mm;砂率以34%~42%为宜;高效减水剂的掺量为0.8%~1.4%,使混凝土拌和物坍落度不小于180 mm,并在90 min内使坍落度基本不损失。

3. 施工方法的选择与控制

采用强制式搅拌机搅拌混凝土,泵送施工,高频振捣,以保证成型密实,拆模后用喷涂养护剂的方法进行养护。

通过采取相应的技术措施,使混凝土内部具有密实的水泥石及合理的孔隙结构,便可得到具有高强度、高耐久性能的高性能混凝土。

四、纤维增强混凝土

纤维增强混凝土是在普通混凝土拌和物中掺入纤维材料配制而成的混凝土。由于有一定数量的短纤维均匀分散在混凝土中,可以提高混凝土的抗拉强度、抗裂能力和冲击韧性,降低其脆性。

所掺的纤维有钢纤维、玻璃纤维、碳纤维和尼龙纤维等，以钢纤维使用最多。因为钢纤维对抑制混凝土裂缝、提高抗拉强度和抗弯强度、增加韧性效果最佳。为了便于搅拌和增强效果，钢纤维制成非圆形、变截面的细长状，长度宜用 20～30 mm，长径比为 40～60，掺量（体积比）不小于 1.5%。在混凝土中掺入 2% 的钢纤维后，其性能变化见表 4.39。

表 4.39 钢纤维混凝土的性能变化（掺入 2% 短钢纤维）

性　能		与普通混凝土相比的增长/%
出现第一条裂缝时的抗弯强度		150
极限强度	弯曲抗拉	200
	抗　压	125
	抗　剪	175
弯曲疲劳极限		225
抗冲击性		325
抗磨性		200
热作用时的抗剥落性		300
冻融试验的耐久性		200

纤维增强混凝土主要用于对抗冲击性能要求较高的工程，如飞机跑道、高速公路、桥面、隧道、压力管道、铁路轨枕、薄型混凝土板等。

五、聚合物混凝土

聚合物混凝土是一种由有机聚合物、无机胶凝材料和集料结合而成的新型混凝土。按其组成和制作工艺可分为 3 类。

（1）聚合物浸渍混凝土（PIC）。这是一种将已硬化了的普通混凝土经干燥后放在有机单体里浸渍，使聚合物有机单体渗入到混凝土中，然后用加热或辐射的方法使混凝土孔隙内的单体产生聚合，使混凝土和聚合物结合成一体的新型混凝土。

所用浸渍液有各种聚合物单体和液态树脂，如甲基丙烯酸甲酯、苯乙烯、丙烯腈等。由于聚合物填充了混凝土内部的孔隙和微裂缝，使这种聚合混凝土具有极其密实的结构，加上树脂的胶结作用，使混凝土具有高强、抗冲击、耐腐蚀、抗渗、耐磨等优良性能。与普通混凝土相比，抗压强度可提高 2～4 倍，达 150 MPa 及以上，抗拉强度也相应提高，达 24 MPa。聚合物浸渍混凝土适用于具有高强度、高耐久性要求的特殊构件，如桥面、路面、高压输液管道、隧道支撑系统及水下结构等。

（2）聚合物水泥混凝土（PCC）。聚合物水泥混凝土是用聚合物乳液拌和水泥，并掺入粗细集料配制而成的混凝土。黏结剂是由聚合物分散体和水泥两种成分构成，聚合物的硬化和水泥的水化同时进行。即在水泥水化形成水泥石的同时，聚合物在混凝土内脱水固化形成薄膜，填充水泥水化物和集料间的孔隙，从而增强了水泥石与集料及水泥石颗粒之间的黏结力。

聚合物乳液可采用橡胶乳胶、苯乙烯、聚氯乙烯等。

聚合物水泥混凝土施工方便，抗拉、抗折强度高，抗冲击、抗冻性、耐腐蚀性和耐磨性能好。其主要用于无缝地面、路面、机场跑道工程和构筑物的防水层。

（3）聚合物胶结混凝土（PC）。聚合物胶结混凝土是以合成树脂作为胶结材料制成的混凝土，故又称树脂混凝土。常用的合成树脂有环氧树脂、不饱和聚酯树脂等热固性树脂。因树脂自身强度和黏结强度高，所制成的混凝土快硬高强，1 d 的抗压强度可达 50～100 MPa，抗拉强度达 10 MPa。抗渗性、耐腐蚀性、耐磨性、抗冲击性能高，但硬化初期收缩大，可达 0.2%～0.4%，徐变比较大，高温稳定性差，当温度为 100 ℃ 时，强度仅为常温下的 1/3～1/5，且成本高，只适用于有特殊要求的结构工程，如机场跑道的面层、耐腐蚀的化工结构、混凝土构件的修复等。

六、喷射混凝土

喷射混凝土是用压缩空气喷射施工的混凝土。它是将水泥、砂、细石子和速凝剂配合拌成干料装入喷射机，借助高压气流使干料通过喷头与水迅速拌和，以很高的速度喷射到施工面上，使混凝土与施工面紧密地黏结在一起，形成完整而稳定的混凝土衬砌层。

喷射施工的混凝土应具有较低的回弹率、凝结硬化快，并且早期强度高等特点。为此，宜选用凝结硬化快、早期强度较高的普通水泥，并且必须掺入速凝剂（如红星 I 型、711 型等速凝剂）。为了避免堵管现象发生，应选择级配良好的砂石，石子最大粒径不宜大于 20 mm，其中大于 15 mm 的颗粒应控制在 20% 以内。常用的配合比为水泥 300～400 kg/m³，水灰比为 0.4～0.5，水泥∶砂∶石 = 1∶2∶2 或 1∶2.5∶2（质量比）。

在喷射混凝土中掺入硅灰（浆体或干粉），不仅可以提高喷射混凝土的强度和黏着能力，而且还可大大减少粉尘，减小回弹率。在喷射混凝土中掺入直径为 0.25～0.4 mm 的钢纤维（每 1 m³ 混凝土掺量为 80～100 kg），可以明显改善混凝土的性能，可提高其抗拉强度 50%～80%、抗弯强度 60%～100%、韧性 20～50 倍、抗冲击性能 8～10 倍，且抗冻性、抗渗性、疲劳强度、耐磨和耐热性能都有不同程度的提高。

喷射混凝土具有较高的密实度和强度，抗压强度为 25～40 MPa，与岩石的黏力强，抗渗性能好，且一般不用或少用模板，施工简便，可在高空狭小工作区内任意方向操作，常用于隧道的喷锚支护、隧道衬砌层、桥梁、隧道的加固修补、薄壁结构、岩石地下工程、矿井支护工程和修补建筑构件的缺陷等。

七、泵送混凝土

采用混凝土输送泵，通过输送管道输送到浇筑地点进行浇筑的混凝土，称为泵送混凝土。

为满足施工要求，泵送混凝土水泥宜选用硅酸盐水泥、普通硅酸盐水泥、矿渣硅酸盐水泥和粉煤灰硅酸盐水泥；粗集料用连续级配，其针、片状颗粒含量不宜大于 10%；细集料宜采用中砂，胶凝材料用量不宜小于 300 kg/m³，砂率宜为 35%～45%。为了改善混凝土的可泵性，还可以掺入一定数量的粉煤灰。泵送混凝土应掺用泵送剂或减水剂，并宜掺用矿物掺和料。掺入粉煤灰不仅对混凝土流动性和黏聚性有良好的作用，而且能减少泌水，降低水化热，提高混凝土的耐久性。

采用泵送混凝土施工，可以一次性连续完成垂直和水平运输，以提高生产效率，降低生产成本。泵送混凝土适用于工地狭窄和有障碍物的施工现场，以及隧道混凝土的浇灌、高层建筑和大体积混凝土结构物。

八、水下混凝土

在地面拌制而在水下环境灌筑和硬化的混凝土称为水下灌筑混凝土，简称水下混凝土。在桥墩、基础、钻孔桩等工程水下部分的施工中采用水下混凝土，可以省去加筑围堰、基底防渗、基坑排水等辅助工程，从而缩短工期、降低成本。

水下混凝土的浇筑应在静水中进行，防止混凝土受水流冲刷而导致材料离析或形成疏松结构。在施工时还需要采用特殊的竖向导管施工法，不间断地进行浇筑。

水下浇筑的混凝土，不能使用振捣，而是依靠自重或在压力作用下自然流动摊平，因此，水下混凝土拌和物应具有良好的和易性，即流动性大（坍落度为180~220 mm）、黏聚性好、泌水性小。为此，在选用材料时，应选用泌水性小、收缩性小的水泥，如普通硅酸盐水泥。砂率为40%~47%，粗集料不宜过粗。为防止集料离析，提高混凝土拌和物的黏聚性，可掺入部分粉煤灰。近年来，采用高分子材料聚丙烯酰胺作为水下不分散剂掺入混凝土中，取得了良好的技术效果。

九、装饰混凝土

水泥混凝土是当今世界最主要的工程材料，但是其美中不足的是其外观颜色单调、灰暗、呆板，给人以压抑感。于是，人们设法在混凝土结构的外表面上作适当处理，使其表面产生一定的装饰效果，成为装饰混凝土。常用的装饰混凝土有如下几种：

（1）彩色混凝土。彩色混凝土是采用白水泥或彩色水泥、白色或彩色石子、石屑和水配制而成。可以对混凝土整体着色，也可以对面层着色。整体着色时，它不仅要满足建筑装饰要求，还要满足建筑结构的基本物理力学性质的要求。这种混凝土由于成本较高，故不能广泛应用。面层着色的彩色混凝土，通常是将彩色饰面料先铺于模底，厚度不小于10 mm，然后在其基础上浇筑普通混凝土，此施工方法称反打一步成型，也可冲压成型。除此之外，还可以采取在新浇混凝土表面上干撒着色硬化剂显色，或者采用化学着色剂渗入已硬化混凝土的毛细孔中，生成难溶且耐磨的有色沉淀物而显示色彩。

彩色混凝土目前多用于制作路面砖。采用彩色路面砖铺路，可使路面形成多彩美丽的图案和永久性的交通管理标志，具有美化城市的作用。应该指出的是，彩色混凝土在使用中表面易出现"白霜"，其原因是由于混凝土中的氢氧化钙及少量硫酸钠，随混凝土内水分的蒸发而被带出并沉淀在混凝土表面，之后又与空气中二氧化碳作用而变为白色的碳酸钙和碳酸钠晶体。"白霜"遮盖了混凝土的色彩，严重降低其装饰效果。防止产生"白霜"常用的措施是：混凝土采用低水灰比，机械拌和，机械振捣，提高密实程度；采用蒸气养护可有效地防止初期"白霜"的形成；硬化混凝土表面喷涂聚烃硅氧系憎水剂、丙烯酸系树脂等处理剂；尽量避免使用深色的彩色混凝土。

（2）清水混凝土。清水混凝土是通过模板，利用普通混凝土结构本身的造型、线形或几何外形而取得简单、大方、明快的立面效果，从而获得装饰效果。或者利用模板在构件表面浇筑出凹凸饰纹，使建筑立面更加的富有艺术性。由于这类装饰混凝土构件基本保持了普通混凝土原有的外观色质，故称清水混凝土。

清水混凝土除用于现浇结构造型外，还常用于大板建筑的墙体饰面。其成型方式主要有正打、反打、立模工艺。

（3）露石混凝土。露石混凝土是在混凝土硬化前或硬化后，通过一定的工艺手段，使混凝土表层的集料适当外露，由集料的天然色泽和自然排列组合显示装饰效果，一般用于外墙饰面。

露石混凝土的生产工艺有水洗法、缓凝剂法、水磨法、抛丸法、埋砂法等。

露石混凝土饰面关键在于石子的选择，在使用彩色石子时，更应注意配色要协调美观。由于多数石子色泽稳定，且耐污染，故只要石子的品种和色彩选择恰当，其装饰的耐久性均是较好的。露石装饰混凝土被认为是一种有发展前途的高档饰面做法的混凝土。

（4）镜面混凝土。镜面混凝土是一种表面光滑、色泽均匀、明亮如镜的装饰混凝土。它的饰面效果犹如花岗石，甚至可与大理石媲美。

与普通混凝土一样，镜面混凝土也是由水泥、砂、石、水、外加剂等配制而成的。但由于镜面混凝土的镜面效果与混凝土的密实度有直接的关系，因而镜面混凝土对质量、外加剂品种等要求更高。通常集料要经过水洗，且级配良好。外加剂应选用非引气型高效减水剂，采用低水灰比。

除原材料及配合比的影响外，成型工艺也是影响镜面效果的另一关键因素，宜选用 PVC 模板或在胶合板内表面粘贴 PVC 板。混凝土浇筑时，应先在底部浇筑一层 50～100 mm 的水泥砂浆，然后再浇筑混凝土。镜面混凝土振捣时间比普通混凝土长，在贴近模板位置处宜采用二次振捣法。拆模后，混凝土表面应立即进行覆盖和浇水养护。

镜面混凝土可用于民用建筑现浇梁、板、柱结构，也可用于道路、桥梁工程。

复习思考题

1. 普通混凝土是由哪些材料组成？它们在混凝土中有何作用？
2. 混凝土对组成材料有哪些基本要求？
3. 何谓砂石的颗粒级配？它对混凝土的质量有何影响？
4. 用 500 g 烘干砂做筛分试验，各筛的筛余量如下表：

筛孔尺寸	9.50 mm	4.75 mm	2.36 mm	1.18 mm	600 μm	300 μm	150 μm	筛底
分计筛余量/g	0	15	70	105	120	90	85	15

（1）计算各筛上的分计筛余率和累计筛余率；
（2）评定该砂的级配情况并说明理由；
（3）计算细度模数，并判别该砂的粗细。

5. 何谓混凝土拌和物的和易性？它包括哪些内容？怎样测定？
6. 影响混凝土拌和物和易性的主要因素有哪些？如何提高混凝土拌和物的和易性？
7. 混凝土拌和物的用水量根据什么来确定？
8. 何谓混凝土的砂率？砂率的大小对混凝土拌和物的和易性有何影响？
9. 何谓混凝土的立方体抗压强度标准值？它和混凝土强度等级有何关系？
10. 影响混凝土强度的因素有哪些？如何提高混凝土的强度？
11. 混凝土的变形主要有哪些？它们对混凝土会产生何种影响？
12. 混凝土的耐久性包括哪些内容？影响耐久性的主要因素是什么？怎样提高混凝土的耐久性？
13. 常用的混凝土外加剂有哪些？分别起到什么作用？不同的混凝土工程对外加剂该如何选择？
14. 混凝土配合比设计中 3 个重要参数和 4 项基本要求是什么？
15. 某教学楼为现浇钢筋混凝土梁，混凝土的设计强度等级为 C25，无强度历史统计资料，混凝土施工采用机械搅拌，机械振捣，坍落度设计要求 35～50 mm。水泥采用 42.5 级普通硅酸盐水泥，密度为 3.10 g/cm^3，水泥强度等级富余系数为 1.05；砂采用细度模数为 2.6 的中砂，表观密度为 2 650 kg/m^3；石子采用连续粒级为 5～40 mm 的碎石，表观密度为 2 700 kg/m^3；水采用自来水。试初步确定混凝土的配合比。
16. 某混凝土初步配合比为 1 m^3 混凝土水泥 320 kg，砂 639 kg，碎石 1 283 kg，水 186 kg，试配后混凝土拌和物坍落度小于设计要求。增加 2%水泥浆后再经检测，混凝土拌和物坍落度符合设计要求，且黏聚性、保水性良好，此时测得混凝土拌和物的表观密度为 2 395 kg/m^3，试求混凝土的基准配合比。
17. 已知某混凝土的试验室配合比为 1 m^3 混凝土水泥 330 kg，砂 673 kg，碎石 1 272 kg，水 145 kg，如果施工现场砂的含水率为 4%，石子的含水率为 1.5%。试求：① 混凝土的施工配合比；② 若工地搅拌机每拌制 1 次需要水泥两包（100 kg），则砂、石、水的相应配料量分别是多少？
18. 对于混凝土质量的波动，应从哪几方面进行控制？
19. 何谓轻集料混凝土？如何分类？常用的轻集料有哪些？轻集料混凝土有哪些特性？有何用处？
20. 多孔混凝土有哪些品种？有何特性？应用范围有哪些？
21. 防水混凝土有哪些做法？其基本原理是什么？
22. 何谓高性能混凝土、纤维增强混凝土？
23. 泡沫混凝土中常用的泡沫剂有哪些？
24. 何谓聚合物混凝土？按其组成和制作工艺分哪几类？
25. 何谓喷射混凝土？喷射混凝土有哪些特点？喷射混凝土常用于哪些工程？
26. 何谓泵送混凝土？泵送混凝土常用于哪些工程？
27. 装饰混凝土有哪几种？

第五章 建筑砂浆

建筑砂浆由胶凝材料、细集料、掺和料和水拌制而成。在房屋建筑、铁路桥涵、隧道、路肩、挡土墙等砖石砌体中，需要用砂浆进行砌筑和灌缝；在墙面、地面、结构表面，需要用砂浆抹面或粘贴饰面材料，起保护和装饰作用。因此，砂浆是土建工程中广泛应用的工程材料。按所用胶凝材料种类，建筑砂浆可分为水泥砂浆、石灰砂浆、水泥混合砂浆、石灰黏土砂浆、水玻璃砂浆等。

按用途，建筑砂浆可分为砌筑砂浆、抹面砂浆、装饰砂浆、防水砂浆、防酸砂浆等。

第一节 砌筑砂浆

用于砌筑砖石砌体的砂浆称为砌筑砂浆。砌筑砂浆一般分为现场配制砂浆和预拌砌筑砂浆。现场配制砂浆分为水泥砂浆和水泥混合砂浆；预拌砌筑砂浆（商品砂浆）是由专业生产厂生产的湿拌砌筑砂浆和干混砌筑砂浆，它的工作性，耐久性优良，生产时不分水泥砂浆和水泥混合砂浆。砌筑砂浆在砌体中砌筑砂浆起着黏结、衬垫和传递应力的作用，是砌体结构中的重要材料，常用的砌筑砂浆有水泥砂浆和水泥混合砂浆。

一、砌筑砂浆的组成材料

砌筑砂浆的组成材料主要有胶凝材料、细集料（砂）、掺和料、水和外加剂。

（1）胶凝材料。砌筑砂浆中所用胶凝材料主要有水泥和石灰。水泥宜采用通用硅酸盐水泥或砌筑水泥。水泥是配制各类砂浆的主要胶凝材料，水泥强度等级应根据砂浆品种及强度等级的要求进行选择。为合理利用资源，节约原材料，在配制砂浆时应尽量选用中、低强度等级的水泥。M15 及以下强度等级的砌筑砂浆宜选用 32.5 级的通用硅酸盐水泥或砌筑水泥；M15 以上强度等级的砌筑砂浆宜选用 42.5 级通用硅酸盐水泥。

（2）砂。为满足砂浆和易性的要求，又能节约水泥，砌筑砂浆用砂宜选用中砂，且应全部通过 4.75mm 的筛孔。毛石砌体宜选用粗砂。因含泥量会影响砂浆的强度、变形性能和耐久性，强度等级为 M5 的水泥砂浆，砂的含泥量不应超过 5%；强度等级为 M2.5 的水泥混合砂浆，砂的含泥量不应超过 10%。

（3）水。配制砂浆的用水应采用不含有害物质的洁净水，应符合国家标准《混凝土用水标准》（JGJ 63—2006）的规定。

（4）掺和料。为改善砂浆的和易性和节约水泥，降低生产成本，便于施工，在砂浆中常掺入部分掺和料。常用的掺和料有石灰膏、黏土膏、粉煤灰等。

① 石灰膏。采用生石灰熟化成石灰膏时，应用筛孔尺寸不大于 3 mm × 3 mm 的网过滤，熟化时间不得少于 7 d；磨细生石灰的熟化时间不得小于 2 d。沉淀池中储存的石灰膏，应采取防止干燥、冻结和污染的措施。严禁使用脱水硬化的石灰膏。

② 黏土膏。采用黏土或亚黏土制备黏土膏时，宜用搅拌机加水搅拌，通过筛孔尺寸不大于 3 mm × 3 mm 的筛网过滤。用比色法鉴定黏土中的有机物含量时，试纸颜色应浅于标准色。

③ 电石膏。制作电石膏的电石渣应用筛孔尺寸不大于 3 mm × 3 mm 的筛网过滤，检验时应加热至 70 ℃ 并保持 20 min，没有乙炔气味后，方可使用。石灰膏、黏土膏和电石膏试配时的稠度，应为（120 ± 5）mm。

④ 消石灰粉消石灰不得直接用于砌筑砂浆中。

⑤ 粉煤灰、粒化高炉矿渣粉、硅灰、天然沸石粉应分别符合国家标准《用于水泥和混凝土中的粉煤灰》（GB/T1596）、《用于水泥和混凝土中的粒化高炉矿渣粉》（GB/T18046）、《高强高性能混凝土用矿物掺和料》（GB/T18736）和《天然沸石粉在混凝土和砂浆中应用技术规程》（JGJ/T112）的规定。

（5）外加剂。为改善砂浆的和易性、抗裂性、抗渗性等，提高砂浆的耐久性，可在砂浆中掺入外加剂。砌筑砂浆中掺入的外加剂，应具有法定检测机构出具的该产品砌体强度形式的检验报告，并经砂浆性能试验合格后，方可使用。

二、砌筑砂浆的技术性质

（1）砂浆的和易性。新拌砂浆应具有良好的和易性，在运输和施工过程中不分层、泌水，能够在粗糙的砖石表面铺抹成均匀的薄层，并与底面材料黏结牢固。砂浆和易性是指砂浆拌和物便于施工操作，保证质量均匀，并能与所砌基面牢固黏结的综合性质，包括流动性和保水性两个方面。

① 流动性（稠度）。砂浆的流动性是指砂浆在自重或外力作用下产生流动的性能，用沉入度表示。

沉入度是以砂浆稠度测定仪的圆锥体沉入砂浆内深度表示。沉入度越大，说明砂浆的流动性越大。若流动性过大，砂浆较稀，施工时易分层、泌水；若流动性过小，砂浆较稠，不便施工操作，灰缝不易填充。所以新拌砂浆应具有适宜的稠度。砂浆流动性的选择与砌体材料的种类、施工方法及施工环境有关。不同砌体用砂浆稠度按表 5.1 取值。

表 5.1 砌筑砂浆的施工稠度

砌体种类	砂浆稠度 /mm
烧结普通砖砌体、粉煤灰砖砌体	70 ~ 90
混凝土砖砌体、普通混凝土小型空心砌块砌体、灰砂砖砌体	50 ~ 70
烧结多孔砖砌体、烧结空心砖砌体、轻集料混凝土小型空心砌块砌体、蒸压加气混凝土砌块砌体	60 ~ 80
石砌体	30 ~ 50

② 保水性。砂浆的保水性是指砂浆拌和物保持水分的能力。保水性好的砂浆，在存放、运输和使用过程中，能够很好地保持水分不致很快流失，各组分不易分离，在砌筑过程中容易铺成均匀密实的砂浆层，能使胶结材料正常水化，从而保证工程质量。

砂浆的保水性用分层度表示。分层度是在砂浆拌和物测定其稠度后，再装入分层度测定仪中，静置 30 min 后，移去上筒部分砂浆，用下筒砂浆再测其稠度，两次稠度之差值即为分层度，以 mm 表示。

砂浆保水性大小与砂浆材料组成有关。胶凝材料数量不足时，砂浆保水性差；砂粒过粗，砂浆保水性随之降低。

砌筑砂浆的分层度不得大于 10 mm。分层度过大（如大于 10 mm），砂浆容易泌水、分层或水分流失过快，不利于施工和水泥硬化；如果分层度过小，砂浆过于干稠而不易操作，易出现干缩开裂。

（2）强度。砂浆在砌体中主要起黏结和传递荷载的作用，因此应具有一定的强度。砂浆的强度等级是以边长为 70.7 mm 的立方体试件，在标准养护条件下，用标准试验方法测得 28 d 龄期的抗压强度值为依据而确定的。

水泥砂浆及预拌砌筑砂浆的强度等级分 M5、M 7.5、M 10、M15、M20、M25、M30；水泥混合砂浆的强度等级可分为 M5、M7.5、M10、M15。

影响砂浆强度大小的因素很多，如砂浆的材料组成、配合比、施工工艺、拌和时间、砌体材料的吸水率、养护条件等，对砂浆强度大小都有一定程度的影响。

（3）砂浆的黏结力。由于砖石等砌体是靠砂浆黏结成为坚固的整体，而黏结力的大小将直接影响整个砌体的强度、耐久性和抗震能力，因此，砌筑砂浆必须具有足够的黏结力。一般来说，砂浆的黏结力随其抗压强度的增大而提高，同时，也与砌体材料的表面状态、清洁程度、润湿状况和施工养护条件有关。

（4）砂浆的变形。砂浆在承受荷载、温度变化或湿度变化时，均会产生变形。如果变形过大或不均匀，则会降低砌体的质量，引起沉陷或开裂。

（5）抗冻性。严寒地区的砌体结构对砂浆抗冻性有一定的要求。具有抗冻要求的砌筑砂浆，经一定次数冻融试验后，其质量损失不得大于 5%，抗压强度损失不得大于 25%。

（6）表观密度。水泥砂浆拌和物的表观密度不宜小于 1 900 kg/m³；水泥混合砂浆拌和物的表观密度不宜小于 1 800 kg/m³；预拌砌筑砂浆拌和物的表观密度不宜小于 1 800 kg/m³。

（7）水泥用量。水泥砂浆中水泥用量不应小于 200 kg/m³；水泥混合砂浆中水泥与石灰膏、电石膏总量不应小于 350 kg/m³；预拌砌筑砂浆中的水泥和替代水泥的粉煤灰等活性矿物掺和料不应小于 200 kg/m³。

三、砌筑砂浆配合比设计

为了做到经济合理，确保砌筑砂浆的质量，在《砌筑砂浆配合比设计规程》（JGJ/T98—2010）中，对砌筑砂浆的材料要求和配合比设计作了具体的规定。

1. 水泥混合砂浆配合比设计

（1）砂浆试配强度 $f_{m,0}$ 的确定。砂浆的试配强度按下式计算：

$$f_{m,0} = kf_2$$

式中　$f_{m,0}$——砂浆的试配强度 MPa，应精确至 0.1 MPa；
　　　f_2——砂浆强度等级值 MPa，应精确至 0.1 MPa；
　　　k——系数，按表取值。

砌筑砂浆现场强度标准差的确定应符合下列规定：

① 当有统计资料时，应按下式计算：

$$\sigma = \sqrt{\frac{\sum_{i=1}^{n} f_{m,i}^2 - n\mu_{fm}^2}{n-1}}$$

式中　$f_{m,i}$——统计周期内同一品种砂浆第 i 组试件的强度，MPa；
　　　μ_{fm}——统计周期内同一品种砂浆 n 组试件强度的平均值，MPa；
　　　n——统计周期内同一品种砂浆试件的总组数，$n \geq 25$。

② 当不具有近期统计资料时，砂浆现场强度标准差可按表 5.2 取用。

表 5.2　砂浆强度标准差 σ 及 k 值的选用（MPa）

施工水平 \ 砂浆强度等级	M5	M7.5	M10	M15	M20	M25	M30	K
优 良	1.00	1.50	2.00	3.00	4.00	5.00	6.00	1.15
一 般	1.25	1.88	2.50	3.75	5.00	6.25	7.50	1.20
较 差	1.50	2.25	3.00	4.50	6.00	7.50	9.00	1.25

（2）水泥用量 Q_C 的计算。1 m³ 砂浆中的水泥用量可按下式计算：

$$Q_C = \frac{1000(f_{m,0} - \beta)}{\alpha \cdot f_{ce}}$$

式中　Q_C——1 m³ 砂浆的水泥用量，应精确至 1 kg；
　　　$f_{m,0}$——砂浆的试配强度（MPa）；
　　　f_{ce}——水泥的实测强度，应精确至 0.1 MPa；
　　　α，β——砂浆的特征系数，其中 $\alpha = 3.03$，$\beta = -15.09$（各地区也可用本地区试验资料确定 α、β 值，统计用的试验组数不得少于 30 组）。

在无法取得水泥的实测强度值时，可按下式计算水泥实测强度值：

$$f_{ce} = \gamma_c \cdot f_{ce,k}$$

式中 f_{ce}——水泥实测强度值（MPa）；
　　　$f_{ce,k}$——水泥强度等级值（MPa）；
　　　γ_c——水泥强度等级值的富余系数，该值应按实际统计资料确定，无统计资料时可取 1.0。

（3）石灰膏用量应按下式计算：

$$Q_D = Q_A - Q_C$$

式中 Q_D——每立方米砂浆的石灰膏用量 kg，应精确至 1 kg（石灰膏使用时的稠度宜为 120 ± 5 mm；
　　　Q_C——1 m³ 砂浆的水泥用量 kg；应精确至 1 kg；
　　　Q_A——1 m³ 砂浆中水泥和石灰膏总量，应精确至 1 kg，可为 350 kg/m³。

（4）砂用量 Q_S 的确定。1 m³ 砂浆中砂的用量，应按干燥状态（含水率小于 0.5%）下砂的堆积密度值作为计算值。

（5）用水量 Q_W 的确定。1 m³ 砂浆中的用水量，可根据试拌达到砂浆所要求的稠度来确定。由于用水量的多少对其强度影响不大，因此，一般可根据经验以满足施工所需稠度即可，可选用 210～310 kg。在选用时应注意：

① 混合砂浆中的用水量，不包括石灰膏中的水。
② 当采用细砂或粗砂时，用水量分别取上限或下限。
③ 稠度小于 70 mm 时，用水量可小于下限。
④ 施工现场处于气候炎热或干燥季节时，可酌量增加用水量。

2. 水泥砂浆配合比设计

水泥砂浆各材料用量，可按表 5.3 选用。

表 5.3　1 m³ 水泥砂浆材料用量（kg/m³）

强度等级	1 m³ 砂浆水泥用量	1 m³ 砂浆砂子用量	1 m³ 砂浆用水量
M5	200～230		
M7.5	230～260		
M10	260～290		
M15	290～330	1 m³ 砂的堆积密度值	270～330
M20	340～400		
M25	360～410		
M30	430～480		

注：① M15 及 M15 以下强度等级水泥砂浆，水泥强度等级为 32.5；M15 以上强度等级水泥砂浆，水泥强度等级为 42.5 级。
② 当采用细砂或粗砂时，用水量分别取上限或下限。
③ 稠度小于 70 mm 时，用水量可小于下限。
④ 施工现场处于气候炎热或干燥季节时，可酌量增加用水量。

水泥粉煤灰砂浆材料用量按表 5.4 选用。

表 5.4 每立方米水泥粉煤灰砂浆材料用量（kg/m³）

强度等级	水泥和粉煤灰总量	粉煤灰	砂	用水量
M5	210~240	粉煤灰掺量可占胶凝材料总量的15%~25%	砂的堆积密度值	270~330
M7.5	240~270			
M10	270~300			
M15	300~330			

注：① 表中水泥强度等级为32.5级；
② 用细砂或粗砂时，用水量分别取上限或下限；
③ 稠度小于70 mm时，用水量可小于下限；
④ 施工现场气候炎热或干燥季节，可酌量增加用水量。

3. 配合比试配、调整和确定

（1）按计算或查表所得砂浆配合比进行试拌时，应测定砂浆拌和物的稠度和保水率。试配时稠度取 70~80 mm，当不能满足砂浆和易性要求时，应调整各组成材料用量，直到符合要求为止，然后确定为砂浆试配时的砂浆基准配合比。

试配时应采用三个不同的配合比，其中一个为基准配合比，另外两个配合比的水泥用量应在基准配合比基础上分别增加及减少10%。在满足砂浆稠度、保水率合格的条件下，可将用水量、石灰膏、保水增稠材料或粉煤灰等活性掺和料用量作相应调整，测定不同配合比砂浆的表观密度及强度，并选定符合试配强度要求及和易性要求且水泥用量最低的配合比作为砂浆试配配合比。

（2）砌筑砂浆试配配合比应按下列步骤进行校正：

① 根据确定的砂浆配合比材料用量，按下式计算砂浆的理论表观密度值：

$$\rho_t = Q_C + Q_D + Q_S + Q_W$$

式中　ρ_t——砂浆的理论表观密度值，应精确至 10 kg/m³。

② 应按下式计算砂浆配合比校正系数 δ：

$$\delta = \frac{\rho_c}{\rho_t}$$

式中　ρ_c——砂浆的实测表观密度值，应精确至 10 kg/m³。

③ 当砂浆的实测表观密度值与理论表观密度值之差的绝对值不超过理论值的2%时，可按以上的试配配合比确定为砂浆设计配合比；当超过2%时，应将试配配合比中每项材料用量均乘以校正系数（δ）后，确定为砂浆设计配合比。

【例 5.1】 某工程的砖墙需用强度等级为M7.5、稠度为 70~90 mm 的水泥石灰砂浆砌筑，所用材料为42.5普通水泥；砂为中砂，堆积密度为 1 450 kg/m³，含水率为2%；石灰膏，稠度为 120 mm。施工水平一般。试计算砂浆的配合比。

解　（1）计算砂浆试配强度。

查表 6.2 知，$k = 1.88$，则

$$f_{m,0} = kf_2 = 1.88 \times 7.5 = 14.1 \text{ (MPa)}$$

(2)计算水泥用量。

$\alpha = 3.03$,$\beta = -15.09$,$f_{ce,k} = 42.5 \text{ MPa}$,$\gamma_c = 1.0$,则

$$f_{ce} = \gamma_c \cdot f_{ce,k} = 1.0 \times 42.5 = 42.5 \text{ (MPa)}$$

$$Q_C = \frac{1\,000(f_{m,0} - \beta)}{\alpha \cdot f_{ce}} = \frac{1\,000(14.1 + 15.09)}{3.03 \times 42.5} = 227 \text{ (kg)}$$

(3)计算石灰膏用量。因水泥和石灰膏总量为 350 kg/m³,可选 $Q_A = 350$ kg,故 $Q_D = Q_A - Q_C = 350 - 227 = 123$ kg。

(4)确定砂子用量。干燥状态下砂的堆积密度值 $Q_s = 1\,450$ kg,考虑含水,$Q_S = 1\,450(1 + 2\%) = 1\,479$ kg。

(5)确定用水量。按 210 ~ 310 kg 选用,选 $Q_W = 260$ kg,实际 $Q_W = 260 - 1\,450 \times 2\% = 231$ kg。

(6)砂浆配合比为

水泥:石灰膏:砂 $= Q_C : Q_D : Q_S = 227 : 123 : 1\,479 = 1 : 0.54 : 6.52$

水灰比 $= Q_W : Q_C = 231 : 227 = 1.02$

第二节 其他建筑砂浆

一、抹面砂浆

抹面砂浆是指涂抹在基底材料的表面,兼有保护基层和增加美观作用的砂浆。它可以抵抗自然环境的各种因素对结构物的侵蚀,提高耐久性,同时又可以使结构物达到平整、美观的效果。常用的抹面砂浆有水泥砂浆、石灰砂浆、水泥石灰混合砂浆、麻刀石灰砂浆(简称麻刀灰)、纸筋石灰砂浆(简称纸筋灰)等。常用抹面砂浆的配合比及其应用范围参见表 5.5。

表 5.5 抹面砂浆品种及其配合比

品种	配合比(体积比)		应用
水泥砂浆	水泥:砂	1:1	清水墙勾缝、混凝土地面压光
		1:2.5	潮湿的内外墙、地面、楼面水泥砂浆面层
		1:3	砖和混凝土墙面的水泥砂浆底层
混合砂浆	水泥:石灰膏:砂	1:0.5:4	加气混凝土表面砂浆抹面的底层
		1:1:6	加气混凝土表面砂浆抹面的中层
		1:3:9	混凝土墙、梁、柱、顶棚的砂浆抹面的底层
石灰砂浆	石灰膏:砂	1:3	干燥砖墙或混凝土墙的内墙石灰砂浆底层和中层
纸筋灰	100 kg 石灰膏加 3.8 kg 纸筋		内墙、吊顶石灰砂浆面层
麻刀灰	100 kg 石灰膏加 1.5 kg 麻刀		板条、苇箔抹灰的底层

为了保证砂浆层与基层黏结牢固、表面平整，防止灰层开裂，施工时应采用分层薄涂的施工方法。通常分底层、中层和面层。底层的作用是使砂浆与基层能牢固地黏结在一起；中层抹灰主要是为了找平，有时也可省略；面层抹灰是为了获得平整光洁的表面效果。

用于砖墙的底层抹灰多为石灰砂浆，当有防水、防潮要求时用水泥砂浆；用于混凝土基层的底层抹灰多为水泥混合砂浆。中层抹灰多采用水泥混合砂浆或石灰砂浆。面层抹灰多用水泥混合砂浆、麻刀灰或纸筋灰。水泥砂浆不得涂抹在石灰砂浆层上。

在容易碰撞或潮湿部位，应采用水泥砂浆，如墙裙、踢脚板、地面、雨棚、窗台以及水池、水井等处。在硅酸盐砌块墙面上做砂浆抹面或粘贴饰面材料时，最好在砂浆层内夹一层事先固定好的钢丝网，以免日后剥落。

二、防水砂浆

用于制作防水层并具有抵抗水压力渗透能力的砂浆称为防水砂浆。砂浆防水层又叫刚性防水层。这种防水层仅用于不受震动和具有一定刚度的混凝土工程或砌体工程。对于变形较大或可能发生不均匀沉陷的建筑物，都不宜采用刚性防水层。

（1）普通防水砂浆。按水泥∶砂 = 1∶3～1∶2，水灰比为 0.5～0.55，配制水泥砂浆，按 5 层压抹作法，即 3 层水泥净浆和 2 层水泥砂浆轮番铺设并压抹密实，形成紧密的砂浆防水层，用于一般建筑物的防潮工程。

（2）防水剂防水砂浆。在 1∶3～1∶2 的水泥砂浆中掺入防水剂，可以增大水泥砂浆的密实性，堵塞渗水通道，从而达到防水目的。常用的防水剂有：

① 氯化物金属盐类防水剂（简称氯盐防水剂）：它是由氯化铁、氯化钙、氯化铝和水按一定比例配成的深色液态防水剂；也可以是由氯化铝∶氯化钙∶水 = 1∶10∶11 配成的防水剂，掺量为水泥质量的 3%～5%。在水泥砂浆中掺入氯盐防水剂后，氯化物与水泥的水化产物反应生成不溶性复盐，填塞砂浆的毛细孔隙，提高其抗渗能力。

② 金属皂类防水剂：它是由硬脂酸（皂）、氨水、碳酸钠、氢氧化钾和水按一定比例混合加热皂化而成的乳白色浆料；也可是由硬脂酸、硫酸亚铁、氢氧化钙、硫酸铜、二水石膏等配制成的粉料，又称为防水粉。此类防水剂的掺量为水泥质量的 3%～5%，掺入后产生不溶物质，填塞毛细孔隙，增强砂浆抗渗能力。

③ 水玻璃矾类防水剂（硅酸钠类防水剂）：在水玻璃中掺入几种矾，如白矾（硫酸铝钾）、蓝矾（硫酸铜）、绿矾（硫酸亚铁）、红矾（重铬酸钾）和紫矾（硫酸铬钾）各一份，溶于 60 份的沸水中，降温至 50 ℃，投入于 400 份水玻璃中搅匀，即成为水玻璃五矾防水剂。水玻璃矾类防水剂有二矾、三矾、四矾、五矾多种做法，但以五矾效果最佳。这类防水剂的掺量为水泥质量的 1%，其成分与水泥的水化产物反应生成大量胶体和不溶性盐类，填塞毛细孔和渗水通道，增大砂浆的密实度，提高其抗渗性。水玻璃矾类防水剂因有促凝作用，又称防水促凝剂，工程中常利用其促凝和黏附作用，调制成快凝水泥砂浆，可用于结构物局部渗水的堵漏处理。水玻璃矾类防水促凝剂的常用配合比参见表 5.6。

（3）聚合物防水砂浆。在水泥砂浆中掺入水溶性聚合物，如天然橡胶乳液、氯丁橡胶乳液、丁苯橡胶乳液、丙烯酸酯乳液等配制成的聚合物防水砂浆，可应用于地下工程的抗渗防潮及有特殊气密性要求的工程中，具有较好效果。

表 5.6 水玻璃矾类防水促凝剂配合比

材料名称	硅酸钠（水玻璃）	硫酸铝钾（白矾）	硫酸铜（蓝矾）	硫酸亚铁（绿矾）	重铬酸钾（红矾）	硫酸铬钾（紫矾）	水
五矾防水剂	400	1	1	1	1	1	60
四矾防水剂	400	1	1	1	—	1	60
四矾防水剂	400	1.25	1.25	1.25	—	1.25	60
四矾防水剂	400	1	—	1	1	1	60
四矾防水剂	400	1	1	—	1	1	60
三矾防水剂	400	1.66	1.66	1.66	—	—	60
二矾防水剂	400	—	1	—	—	1	60
二矾防水剂	442	—	2.67	—	1	—	221

对防水砂浆的施工，其技术要求很高，一般先在底面上抹一层水泥砂浆，再将防水砂浆分 4~5 层涂抹，每层约 5 mm，均要压实，最后一层要进行压光，抹完后要加强养护，才能获得良好的防水效果。

若采用喷射法施工，则效果更好，对提高隧道衬砌的抗渗能力和路基边坡防护，均能取得较为理想的效果。

三、装饰砂浆

涂抹在建筑物内外墙表面，并且具有美观、装饰效果的抹面砂浆统称为装饰砂浆。

1. 装饰砂浆种类及其特点

装饰砂浆按所用材料及艺术效果不同，可分为灰浆类和石渣类。灰浆类是通过砂浆着色和砂浆面层形态的艺术加工达到装饰目的。其优点是材料来源广，施工操作方便，造价低廉，如拉毛、搓毛、喷毛以及仿面砖、仿毛石等饰面。石渣类是采用彩色石渣、石屑作集料配制成砂浆，施抹于墙面后，再以一定手段去除砂浆表层的浆皮，从而显示出石渣的色彩、粒形与质感，以获得装饰效果。其特点是色泽明快，质感丰富，不易褪色和污染，经久耐用，但施工较复杂，造价较高，常用的有干黏石、斩假石、水磨石等。

2. 装饰砂浆的组成材料

（1）胶凝材料。装饰砂浆常用的胶凝材料为普通硅酸盐水泥、矿渣硅酸盐水泥、白色硅酸盐水泥和彩色硅酸盐水泥。

（2）集料。装饰砂浆所用集料除普通天然砂外，还可以大量使用石英砂、石渣、石屑等。有时也可采用着色砂、彩釉砂、玻璃和陶瓷碎粒。

石渣也称石粒、石米，由天然大理石、白云岩、方解石、花岗岩等岩石破碎加工而成。它们具有多种色泽，是石渣类饰面的主要用集料，也是生产人造大理石、水磨石的原料。粒径小于 4.75 mm 的石渣称为石屑，其主要用于配制外墙喷涂饰面用的聚合物砂浆，常用的有松香石屑、白云石屑等。

（3）颜料。掺入颜料的砂浆一般用于室外抹灰工程，如人造大理石、假面砖、喷涂、弹涂、滚涂和彩色砂浆抹面。这类饰面长期处于风吹、日晒、雨淋之中，且受大气有害气体腐蚀和污染。因此，选择合适的颜料，是保证饰面质量、避免褪色、延长使用年限的关键。

装饰砂浆中采用的颜料，应为耐碱性和耐光性好的矿物颜料。工程中常用颜料有氧化铁黄、铬黄（铅铬黄）、氧化铁红、甲苯胺红、群青、钴蓝、铬绿、氧化铁紫、氧化铁黑、炭黑、锰黑等。

3. 装饰砂浆的技术要求

装饰抹灰砂浆的技术要求与砌筑砂浆的技术要求基本相同。因其多用于室外，不仅要求色彩鲜艳不褪色、抗侵蚀、耐污染，还要与基体黏结牢固，有足够的强度，不允许开裂、脱落。

4. 常用装饰砂浆的饰面做法

建筑工程中常用的装饰砂浆饰面有以下几种做法：

（1）干黏石。干黏石又称甩石子，它是在掺有聚合物的水泥砂浆抹面层上，采用手工或机械操作的方法，甩黏土粒径小于 4.75 mm 的白色石渣或彩色石渣，再经拍平压实而成。要求石渣应压入砂浆 2/3，必须甩黏均匀牢固，不露浆、不脱落。干黏石饰面质感好，粗中带细，其色彩取决于所黏石渣的颜色。由于其操作较简单，造价较低，饰面效果较好，故广泛用于外墙饰面。

（2）斩假石。斩假石又称剁斧石或剁假石，它是以水泥石渣浆或水泥石屑浆作面层抹灰，待其硬化至一定强度时，用钝斧在其表面剁斩出类似天然岩石经雕琢的纹理。斩假石一般颜色较浅，其质感酷似斩凿过的花岗岩，素雅庄重，朴实自然，但施工时耗工费力，工效较低，一般多用于小面积部位的饰面，如柱面、勒脚、台阶、扶手等。

（3）水磨石。水磨石由水泥（普通硅酸盐水泥、白色硅酸盐水泥或彩色硅酸盐水泥）、彩色石渣及水，按适当比例拌和的砂浆（需要时可掺入适量的耐碱颜料），经浇筑捣实、养护、硬化、表面打磨、草酸冲洗、上蜡抛光等工序而成。可现场制作，也可工厂预制。

水磨石具有润滑细腻之感，色泽华丽，图案细巧，花纹美观，防水耐磨等特点。施工时先按事先设计好的图案，在处理好的基面上弹好分格线，然后固定分格条。分格条有铜、不锈钢和玻璃 3 种，其中以铜条最佳，有豪华感。水磨石多用于室内地面装饰。

（4）拉毛。拉毛是采用铁抹子或木蟹，在水泥砂浆底层上施抹水泥石灰砂浆面层时，在面层砂浆尚未凝结之前顺势将灰浆用力拉起，以造成似山峰形凹凸感很强的毛面状。当使用棕刷粘着灰浆拉起时，可形成细凹凸状的细毛花纹。拉毛工艺操作时，要求拉毛花纹要均匀，不显接槎。拉毛灰兼具装饰和吸声作用，多用于建筑物外墙及影剧院等公共建筑的室内墙面与天棚饰面。

（5）甩毛。甩毛是用竹丝刷等工具，将罩面灰浆甩洒在基面上，形成大小不一、乱中有序的点状毛面。若再用抹子轻轻压平甩点灰浆，则形成云朵状饰面。甩毛适用于外墙装饰。

（6）拉条。拉条抹灰又称条形粉刷，它是在面层砂浆抹好后，用一表面呈凹凸状的直棍模具，放在砂浆表面，由上而下拉滚，压出条纹。条纹有半圆形、波纹形、梯形等多种，条纹可粗可细，间距可大可小。拉条饰面具有线条挺拔、立体感强、不易积灰、成本低等优点，适用于会议室、大厅等公共建筑的内墙饰面。

（7）假面砖。假面砖的做法有多种，一般是在掺有氧化铁颜料的水泥砂浆面层上，用专用的铁钩和靠尺，按设计要求的尺寸进行分格划块（铁钩需划到底）。假面砖具有沟纹清晰，表面平整，酷似贴面砖饰面的特点，多用于建筑外墙的装饰；也可以在已硬化的抹面砂浆表面，用刀斧锤凿刻出分格条纹，或采用涂料画出线条，将墙面做成仿清水墙面、瓷砖贴面等，具有较好的艺术效果，常用于建筑物内墙的饰面处理。

四、特种砂浆

（1）绝热砂浆。采用水泥、石灰膏、石膏等胶凝材料与膨胀珍珠岩、膨胀蛭石或陶粒砂等轻质多孔集料，按一定比例配制的砂浆称为绝热砂浆。绝热砂浆具有质轻和良好的绝热性能，其导热系数为 $0.07 \sim 0.10$ W/(m·K)，可作为屋面、墙壁和供热管道的绝热层。

常用的绝热砂浆有水泥膨胀珍珠岩砂浆、水泥膨胀蛭石砂浆、水泥石灰膨胀蛭石砂浆等。水泥膨胀珍珠岩砂浆用32.5普通硅酸盐水泥配制时，其体积比为水泥：膨胀珍珠岩砂 $1:(12 \sim 15)$，水灰比为 $0.55 \sim 0.65$，导热系数为 $(0.067 \sim 0.04)$ W/(m·K)，可用于砖及混凝土内墙表面抹灰或喷涂。水泥石灰膨胀蛭石砂浆由体积比为水泥：石灰膏：膨胀蛭石 $=1:1:(5 \sim 8)$ 的砂浆配制而成，导热系数为 $(0.076 \sim 0.105)$ W/(m·K)，可用于平屋面保温层及顶棚、内墙抹灰。

（2）吸声砂浆。一般由轻质多孔集料制成的绝热砂浆，都具有良好的吸声性能。还可由水泥、石膏、砂、锯末（按体积比为 $1:1:3:5$）等配成吸声砂浆或在石灰、石膏砂浆中掺入玻璃纤维、矿物棉等松软纤维材料，也能获得一定的吸声效果。吸声砂浆用于室内墙壁和顶棚的吸声处理。

复习思考题

1. 建筑砂浆是如何分类的？
2. 砌筑砂浆的技术性质有哪些？
3. 砌筑砂浆的流动性和保水性对砖砌体的施工质量有何影响？为什么在一般砖砌体中主要使用混合砂浆？
4. 砂浆的强度等级是如何确定的？有哪些强度等级？
5. 比较砌砖用砂浆与砌石用砂浆在所需的稠度、影响强度的因素和标准试块制作方面有什么不同？
6. 如何进行砌筑砂浆的配合比设计？
7. 用42.5级普通硅酸盐水泥、微湿砂（含水率2%），拌制沉入度为 $3 \sim 5$ cm 的 M7.5 水泥砂浆，用于砌筑毛石基础，试设计其配合比。已知砂的细度模数为2.4，堆积密度为 1510 kg/m^3。
8. 用42.5级普通硅酸盐水泥、石灰膏、砂，拌制 M7.5 混合砂浆，用于砌筑承重砖墙，试设计其配合比。砂的干堆积密度为 1520 kg/m^3，含水率为3.5%，石灰膏的稠度为 100 mm，施工单位水平一般。
9. 防水砂浆有哪些做法？

第六章 建筑钢材

建筑钢材是广泛应用于建筑工程的重要金属材料，包括各种型钢、钢板、钢带、钢管、钢筋、钢丝等。建筑钢材具有组织均匀密实，强度、硬度高，塑性、韧性好，能铸成各种形状的铸件，轧制成各种形状的钢材，能进行切割、焊接、拴接和铆接等各种形式的加工和连接，便于拼装成各种结构等优点。其不仅适用于一般建筑工程，更适用于大跨度结构和高层建筑。铁道工程上使用的钢材，不仅数量大、品种多，而且质量要求很高。除了上述的一般钢材外，还需要有特殊要求的桥梁钢和钢轨钢等。但钢材存在容易锈蚀、维修费用高、耐火性差等缺点，因此，钢结构在使用过程中，应采取必要的防锈、防火措施，以保证结构的耐久性。

第一节 铁和钢的冶炼及钢的分类

一、铁的冶炼

铁俗称生铁，是由铁矿石、焦炭和助熔剂（石灰石）在高炉中经高温冶炼，从铁矿石中还原出来的。生铁的含碳量较高，为 2.5% ~ 4.0%，且含有较多的硫、磷等有害杂质，因此质硬而脆，抗拉强度低，塑性、韧性差，通常用于铸造成件，故又常称为铸铁。

铸铁由于其所含碳的存在形式不同，其性能有很大差别，可分为白口铸铁、灰口铸铁、可锻铸铁和球墨铸铁四种。

二、钢的冶炼

1. 钢的冶炼

炼钢就是将生铁通过平炉、转炉进行精炼，使熔融的铁水氧化，将碳的含量降低到规定范围内（含碳量小于 2.11%），并清除有害杂质，添加必要的合金元素，以便得到性能理想的钢材。其冶炼方法主要有氧气转炉冶炼、平炉冶炼、电炉冶炼等。

（1）氧气转炉冶炼。它是在能前后转动的梨形炉中注入熔融状态的铁水，从转炉顶部吹入高压纯氧，使铁水中大部分杂质迅速氧化成渣并排除。氧气转炉冶炼能有效地去除硫、磷等杂质，钢材质量好，且冶炼时间短（20 ~ 40 min），无需其他燃料，成本较低，因而发展迅速，已成为当今世界炼钢法的主流，适用于炼制碳素钢和低合金钢。

（2）平炉冶炼。它是在平炉中以固态或液态的生铁、铁矿石和废钢铁做原料，以煤气或重油为燃料,在平炉中加热进行冶炼,使杂质氧化而造渣排除。由于冶炼时间较长(一般为2~3h),炉温较高,钢材化学成分能够得到精确控制,钢中硫、磷、氮、氢等有害杂质含量少,质量好,性能稳定,并可一次性获得大批量的匀质产品。此法适用于炼制优质碳素钢、合金钢和有特殊要求的专用钢,如桥梁钢、钢轨钢等。但平炉冶炼设备投资大、燃料效率低,钢材成本较高。

(3)电炉冶炼。它是用电加热进行高温冶炼的炼钢方法。电炉炼钢法加温速度快,能在短时间内达到高温,且炉温容易调节,钢的成分可准确控制,杂质含量很少,钢材质量好,但产量低,成本高,一般只用于炼制优质的特殊合金钢。

目前,随着炼钢技术的发展,冶金生产工艺、质量已经达到了一个新的水平。为了节约成本,利于市场竞争,国内很多大型钢铁生产企业已经部分或全部实现平炉改氧气转炉炼钢的生产工艺。

2. 脱氧和铸锭

在冶炼过程中,氧对造渣和去除杂质是必不可少的,但是冶炼后残留在钢中的氧(以FeO的形态存在)却是有害的,会使钢材的质量降低。因此,在精炼的最后阶段,要向炼钢炉中加入适量的锰铁、硅铁或铝等脱氧剂,使之与钢中残留的FeO反应,将铁还原,达到去氧的目的,此过程称为脱氧。将脱氧后的钢水浇铸成钢锭,冷却脱模后便可用于轧制钢材。

根据脱氧程度的不同,将钢分为沸腾钢、半镇静钢、镇静钢和特殊镇静钢4种。

(1)沸腾钢(代号为F)。在炼钢炉内加入锰铁进行部分脱氧,脱氧不完全,钢中残留的FeO与碳化合,生成CO气泡逸出,使钢液呈沸腾状,故称为沸腾钢。沸腾钢塑性好,利于冲压,成本低,产量高。但沸腾钢中有残留CO气泡,热轧后会留下一些微裂缝,使钢的力学性能变差。在冷却过程中,硫、磷成分会向凝固较迟的部位聚集,形成偏析现象,增大钢材的冷脆性和时效敏感性,而降低可焊性。

(2)镇静钢(代号为Z)。采用锰铁、硅铁和铝锭作为脱氧剂,脱氧完全,钢液铸锭时钢水很平静,无沸腾现象,故称为镇静钢。镇静钢的成分均匀,组织致密,偏析程度小,性能稳定,钢材质量好,但成本高。此外,加入的铝还可以与氮化合生成氮化铝,降低氮的危害。所以镇静钢的冷脆性和时效敏感性较低,疲劳强度较高,可焊性好,适用于承受冲击荷载或其他重要结构。

(3)半镇静钢(代号为b)。脱氧程度介于沸腾钢和镇静钢之间,其性能与质量也介于这两者之间。

(4)特殊镇静钢(代号为TZ)。脱氧更彻底,性能比镇静钢更好,适用于特别重要的结构工程。

3. 热轧成型

将钢锭加热到一定温度后,通过采用锻造、热压工艺,轧制成形状、尺寸符合要求的钢材,如钢筋、钢带、钢板、钢管和各种型钢等,以保证工程使用要求。这种热加工可以使钢锭内的大部分气孔焊合,疏松组织变得密实,晶粒细化,从而提高钢的强度。辗轧的次数越多,强度提高的程度就越大。故相同成分的钢材,小截面的比大截面的强度高,沿轧制方向的比非轧制方向的强度高。

三、钢与铁的区别

钢与铁在含碳量和性能上的区别见表 6.1。

表 6.1 钢和生铁的区别

种 类	钢	生 铁
含碳量	0.02% ~ 2.11%	2.11% ~ 6.69%
性 能	强度高，塑性、韧性好，具有一定承受冲击和振动荷载的能力，可轧制、锻造、焊接、铆接等	硬，脆，塑性、韧性差，抗拉、抗弯强度低，抗压强度较高，不能焊接、不易锻造和轧制等

四、钢的分类

1. 按化学成分不同

（1）碳素钢。含碳量小于 2.11% 的铁碳合金称为碳素钢，通常其含碳量为 0.02% ~ 2.06%。除铁、碳之外，还含有少量的硅、锰和微量的硫、磷、氢、氧、氮等元素。碳素钢按含碳量多少又可分为低碳素钢（C < 0.25%）、中碳素钢（C = 0.25% ~ 0.6%）和高碳素钢（C > 0.6%）。

（2）合金钢。合金钢是在炼钢过程中，为改善钢材的性能，加入一定量的合金元素而制得的钢。常用的合金元素有硅、锰、钛、矾、铌、铬等。按合金元素总含量不同，合金钢又可分为低合金钢（合金元素总含量小于 5%）、中合金钢（合金元素总含量为 5% ~ 10%）和高合金钢（合金元素总含量大于 10%）。

2. 按钢材冶炼方式不同

（1）氧气转炉钢；（2）平炉钢；（3）电炉钢。

3. 按脱氧程度不同

（1）沸腾钢；（2）半镇静钢；（3）镇静钢；（4）特殊镇静钢。

4. 按钢材内部杂质含量不同

（1）普通钢：含硫量≤0.050%，含磷量≤0.045%。
（2）优质钢：含硫量≤0.035%，含磷量≤0.035%。
（3）高级优质钢：含硫量≤0.025%，含磷量≤0.025%。

5. 按用途不同

（1）结构钢：主要用于建筑结构及机械零件用钢，一般为低、中碳钢。
（2）工具钢：主要用于各种刀具、量具及模具等工具的钢，一般为高碳钢。
（3）专用钢：为满足特殊的使用环境条件或使用荷载下的专用钢材，如桥梁钢、钢轨钢、弹簧钢等。

（4）特殊性能钢：具有特殊的物理、化学及机械性能的钢，如不锈钢、耐酸钢、耐热钢、耐磨钢等。

第二节 建筑钢材的技术性质

建筑结构用钢要求既要具有很好的力学性能，还要具有良好的工艺性能。因此，钢材的拉伸、冲击、硬度等力学性能和冷弯、焊接等工艺性能，都是建筑钢材重要的技术性质。

一、力学性能

1. 拉伸性能

拉伸性能是建筑钢材最常用、最重要的性能。而应用最广泛的低碳钢，在拉伸过程中所表现的荷载与变形的关系最具有代表性，故以低碳钢的拉伸试验为例，研究钢材的拉伸性能。取低碳钢标准试件，其形状和尺寸如图6.1（a）所示。其中d_0为试件直径，试验段标距长度L_0有两种选择：对于细长试件，取$L_0 = 10d_0$；对于粗短试件，取$L_0 = 5d_0$。

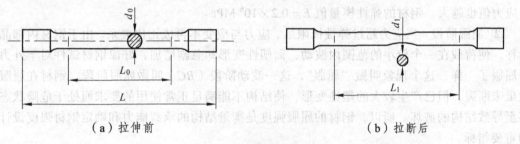

（a）拉伸前　　　　　　　　　　　　（b）拉断后

图6.1　钢材拉伸试件

将试件放在试验机的夹具上，在试件两端施加一对缓慢增加的拉伸荷载，观察试件的受力与变形过程，直至被拉断。在加载过程中，测定并记录各个荷载F作用下试件标距内的变形（伸长量）ΔL，绘出F-ΔL曲线，称为拉伸图，如图6.2（a）所示。为了使拉伸图不受试件尺寸的影响，更准确地反映钢材的力学性能，我们将拉伸图的纵坐标荷载F除以试件的初始横截面面积A_0，改为应力$\sigma = F/A_0$，把横坐标ΔL除以试件的标距L_0，改为应变$\varepsilon = \Delta L/L_0$，即得钢材试件的应力-应变关系曲线（$\sigma$-$\varepsilon$曲线），如图6.2（b）所示。

（1）钢材应力-应变关系曲线。经试验分析可知，低碳钢受拉时，其应力-应变关系曲线可分为四个阶段，即弹性阶段、屈服阶段、强化阶段和颈缩阶段。

① 弹性阶段。从图6.2（b）中可以看出，钢材受拉开始的一段，荷载较小，应力与应变成正比，形成直线段OA，A点的应力叫做比例极限。当应力超过比例极限后，应力与应变开始失去比例关系，在σ-ε图中是由直线OA过渡到微弯的曲线AB。若在OAB范围内卸去荷载，试件将恢复到原来的长度，即在OAB范围内的变形是弹性变形；若超过B点就将出现塑性变形，所以B点对应的应力叫做弹性极限，OAB阶段叫做弹性阶段，OA是线形弹性变形，AB为非线形弹性变形。由于比例极限与弹性极限非常接近，通常认为两者是相等的。

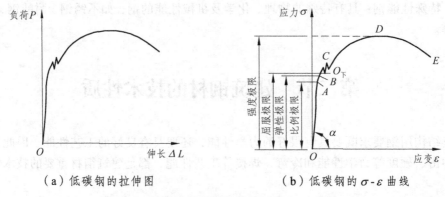

(a) 低碳钢的拉伸图　　　　(b) 低碳钢的 σ-ε 曲线

图 6.2　低碳钢（软钢）拉伸图和 σ-ε 曲线

可见，钢材拉伸在弹性阶段内的变形是弹性的、微小的、与外力成正比的。在弹性阶段内，钢材的应力 σ 与应变 ε 的比值称为弹性模量 E，即

$$E = \frac{\sigma}{\varepsilon} = \tan\alpha$$

弹性模量 E 值的大小反映钢材抵抗变形能力的大小。E 值越大，使其产生同样弹性变形的应力值也越大。钢材的弹性模量值 $E = 0.2 \times 10^6$ MPa。

② 屈服阶段。当应力超过弹性极限后，应力与应变不再成正比关系。由于钢材内部晶粒滑移，使荷载在一个较小的范围内波动，而塑性变形却急剧增加，好像钢材试件对于外力已经屈服了一样，这个现象叫做"屈服"，这一波动阶段（BC）叫做屈服阶段。钢材在屈服阶段虽未断裂，但已产生较大的塑性变形，使结构不能满足正常使用的要求而处于危险状态，甚至导致结构的破坏。所以，钢材的屈服强度是衡量结构的承载能力和确定钢材强度设计值的重要指标。

③ 强化阶段。试件从弹性阶段到屈服阶段，其变形从弹性变形转化为塑性变形，发生了质的变化，反映出试件内部组织起了变化（产生晶格滑移）。屈服阶段过后，由于钢材内部组织产生晶格扭曲、晶粒破碎等原因，阻止了塑性变形的进一步发展，需要继续增加荷载，试件才能继续发生变形，说明试件又恢复了抵抗外力作用的能力，应力与应变的关系表现为上升的曲线，直至到达最高点 D，这个阶段（CD 段）叫做强化阶段。

④ 颈缩阶段。当荷载增加至拉伸图顶点以后，试件变形急剧加大，钢材抵抗变形能力明显下降，在试件最薄弱处的横断面显著缩小，出现颈缩现象，如图 6.3 所示，最后在曲线的 E 点处断裂。这一阶段（DE 段）称为颈缩阶段，见图 6.2（b）。

（2）技术指标。根据前述，钢材受力一旦进入屈服阶段，就发生较大变形，使结构处于危险状态。因此，除了正常的抗拉强度之外，还必须考虑钢材的屈服强度。

① 屈服强度。在屈服阶段内，荷载值是波动的，为保证结构的安全，取 BC 段的最低点 $C_\text{下}$ 处的应力值作为钢材的屈服强度，又称为屈服点或屈服极限，用 σ_s 表示。

图 6.3　颈缩现象示意图

$$\sigma_s = \frac{F_s}{A_0}$$

式中 σ_s——钢材的屈服强度（MPa）；
F_s——屈服阶段的最小荷载（N）；
A_0——试件的初始横截面面积（mm²）。

钢材的屈服强度是钢材在屈服阶段的最小应力值。钢材在结构中的受力不得进入屈服阶段，否则将产生较大的塑性变形而使结构不能正常工作，并可能导致结构的破坏。因此，在结构设计中，以屈服强度作为钢材设计强度取值的依据，施工选材验收也以屈服强度作为重要的技术指标。

对于硬钢（如高碳钢），其强度高、变形小，应力-变关系图显得高而窄，如图6.4所示。由于没有明显的屈服现象，其屈服强度是以试件在拉伸过程中产生 0.2% 塑性变形时的应力 $\sigma_{0.2}$ 代替，称为硬钢的条件屈服点。

② 抗拉强度。抗拉强度是钢材所能承受的最大应力值，又称强度极限，用 σ_b 表示，它反映了钢材在均匀变形状态下的最大抵抗能力：

$$\sigma_b = \frac{F_b}{A_0}$$

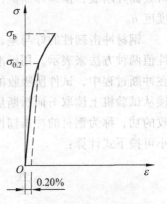

图 6.4 硬钢的 σ-ε 图

式中 σ_b——钢材的抗拉强度（MPa）；
F_b——钢材所能承受的最大荷载（N）；
A_0——试件的初始横截面面积（mm²）。

③ 屈强比。钢材的屈服强度与抗拉强度之比（σ_s/σ_b）称为屈强比。屈强比是反映钢材利用率和安全可靠度的一个指标。屈强比越大，钢材的利用率越高；屈强比越小，结构的安全性提高。如果由于超载、材质不匀、受力偏心等多方面原因，使钢材进入了屈服阶段，但因其抗拉强度远高于屈服强度，而不至于立刻断裂，其明显的塑性变形就会被人们发现并采取补救措施，从而保证了结构安全。但钢材屈强比过小，钢材强度的有效利用率就很低，造成钢材的浪费，因此应两者兼顾，即在保证安全可靠的前提下，尽量提高钢材的利用率。合理的屈强比一般应为 0.6 ~ 0.75。

④ 伸长率。反映钢材拉伸断裂时所能承受的塑性变形能力，是衡量钢材塑性大小的重要指标。伸长率可按下式计算：

$$\delta = \frac{l_1 - l_0}{l_0} \times 100\%$$

式中 δ——钢材的伸长率（%）；
L_0——试件的原始标距长度（mm），$L_0 = 5d$ 或 $L_0 = 10d$；
L_1——试件拉断后的标距长度（mm）；
d——试件的直径（mm）。

伸长率越大,说明钢材断裂时产生的塑性变形越大,钢材塑性越好。凡用于结构的钢材,必须满足规范规定的屈服强度、抗拉强度和伸长率指标的要求。

2. 冲击韧性

钢材抵抗冲击破坏的能力称为冲击韧性。

钢材冲击韧性试验是将带有V形缺口的试件放在摆冲式试验机上进行的,如图6.5所示。将具有一定重量的摆锤扬起标准高度H后,令其自由旋转下落,冲击放在试台上的试件,使试件从缺口处撕开断裂,摆锤冲断试件后继续向前摆动至高度度h。

钢材冲击韧性的好与差,可用冲击功或冲击韧性值两种方法来表示。用标准试件作冲击试验时,在冲断过程中,试件所吸收的功称为冲击功(可直接从试验机上读取);而折断后试件单位截面积所吸收的功,称为钢材的冲击韧性值。冲击韧性值的大小可按下式计算:

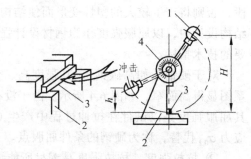

图 6.5 钢材的冲击试验
1—摆锤;2—试台;3—试件;4—刻度盘和指针

$$\alpha_k = \frac{A_k}{A_0}$$

式中 α_k——冲击韧性值(J/cm^2);

A_k——试件冲断时所吸收的冲击力(J);

A_0——标准试件缺口处的横截面面积(cm^2)。

显然,A_k或α_k值越大,钢材的冲击韧性就越好。对于承受冲击荷载作用的钢材,必须满足规范规定的冲击韧性指标要求。

温度对钢材的冲击韧性影响很大,钢材在负温条件下,冲击韧性会显著下降,钢材由塑性状态转化为脆性状态,这一现象称为冷脆。在使用上,对钢材冷脆性的评定,通常是在-20 ℃、-30 ℃、-40 ℃三个温度下分别测定其冲击功A_k或冲击韧性值a_k,由此来判断脆性转变温度的高低,钢材的脆性转变温度应低于其实际使用环境的最低温度。对于铁路桥梁用钢,则规定在-40 ℃下的冲击韧性值$a_k \geq 30\ J/cm^2$,以防止钢材在使用中突然发生脆性断裂。

3. 硬度

钢材的硬度是指钢材抵抗硬物压入表面的能力。测定钢材硬度的方法通常有布氏硬度、洛氏硬度和维氏硬度3种方法。

(1)布氏硬度。在布氏硬度试验机上,对一定直径的硬质淬火钢球施加一定的压力,将它压入钢材的光滑表面形成凹陷,如图6.6所示。将压力除以凹陷面积,即得布氏硬度值,用HB表示。可见,布氏硬度是指单位凹陷面积上所承受的压力。HB值越大,表示钢越硬。对于钢轨和工具钢等钢材,要求具有较高的硬度,如钢轨要求HB为280~370、道镐与道钉锤要求HB为370~480等。

（2）洛氏硬度。在洛氏硬度试验机上，用120°的金刚石圆锥压头或淬火钢球对钢材进行压陷，以一定压力作用下压痕深度表示的硬度称为洛氏硬度，用 HR 表示。根据压头类型和压力大小的不同，有 HRA、HRB、HRC 之分。

（3）维氏硬度。在维氏硬度试验机上，用136°的金刚石棱锥压头对钢材进行压陷，如图6.7所示，以单位凹陷面积上所承受的压力表示的硬度作为维氏硬度，用 HV 表示。

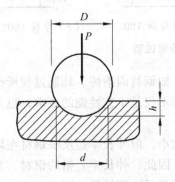
图 6.6　布氏硬度试验

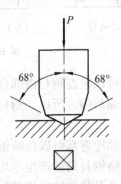
图 6.7　维氏硬度试验

以上3种硬度之间及其与钢材的抗拉强度之间均有一定的换算关系，可查阅有关资料。

4．疲劳强度

钢材在交变荷载的反复作用下，往往在应力远小于其抗拉强度甚至小于屈服强度的情况下就突然发生断裂，这种现象称为钢材的疲劳破坏。

在确定材料的疲劳强度时，我国现行的设计规范是以应力循环次数 $N = 2 \times 10^6$ 后钢材破坏时所能承受的最大应力作为确定疲劳强度的依据。

钢材疲劳断裂的过程，一般认为是在重复的交变应力作用下，在构件的最薄弱区域，首先产生很小的疲劳裂纹，并随交变应力循环次数的增加而扩展，从而使钢材的有效承载截面不断缩小，以致不能承受所加荷载而突然断裂。因此，当制作承受反复交变荷载作用的结构或构件时，需要对所用钢材进行疲劳测试。

二、工艺性能

冷弯性能和焊接性能是建筑钢材重要的工艺性能。

1．冷弯性能

冷弯性能是指钢材在常温下承受弯曲变形而不断裂的能力。在工程中，常常需要将钢板、钢筋等钢材弯成所要求的形状，冷弯试验就是模拟钢材弯曲加工而确定的。钢材的冷弯性能大小是以试验时的弯曲角度 a、弯心直径 d 与钢材厚度 a 的比值来表示，如图6.8所示。弯心直径越小，弯曲角度越大，说明钢材的冷弯性能越好。钢材试件绕着指定弯心弯曲至指定角度后，如试件弯曲处的外拱面和两侧面不出现断裂、起层现象，即认为其冷弯合格。

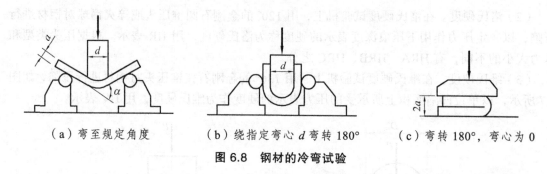

(a) 弯至规定角度　　　(b) 绕指定弯心 d 弯转 180°　　　(c) 弯转 180°，弯心为 0

图 6.8　钢材的冷弯试验

通过冷弯试验可以检查钢材内部存在的缺陷，如钢材因冶炼、轧制过程所产生的气孔、杂质、裂纹、严重偏析等。所以，钢材的冷弯指标不仅是工艺性能的要求，也是衡量钢材质量的重要指标。

钢材的伸长率和冷弯都可以反映钢材的塑性大小，但伸长率是反映钢材在均匀变形下的塑性，而冷弯却反映钢材局部产生不均匀的塑性。因此，伸长率合格的钢材，其冷弯性能不一定合格。故要求凡是建筑结构用的钢材，还必须满足冷弯性能的要求。

2. 焊接性能

在建筑工程中，无论是钢结构，还是钢筋骨架、接头及预埋件的连接等，大多数是采用焊接方式连接的，这就要求钢材应具有良好的可焊性。

钢材在焊接过程中，由于局部高温的作用，焊缝及其附近的过热区将发生晶体结构的变化，使焊缝周围的钢材产生硬脆倾向，并由于温度急剧下降，存在残余应力，而降低焊件的使用质量。钢材的可焊性就是指钢材在焊接后，所焊部位连接的牢固程度和硬脆倾向大小的性能。可焊性良好的钢材，焊头连接牢固可靠，硬脆倾向小，焊缝及附近处仍能保持与母材基本相同的性质。

钢材的化学成分、冶炼质量及冷加工等，对钢材的可焊性影响很大。试验表明，含碳量小于 0.25% 的碳素钢具有良好的可焊性，随着含碳量的增加，可焊性下降；硫、磷以及气体杂质均会显著降低可焊性；加入过多的合金元素，也将在不同程度上降低其可焊性。因此，对焊接结构用钢，宜选用含碳量较低、杂质含量少的平炉镇静钢。对于高碳钢和合金钢，需采用焊前预热和焊后热处理等措施来改善焊接后的硬脆性。

对于焊接结构用钢及其焊缝，应按规定进行焊接接头的拉伸、冷弯、冲击、疲劳等项目试验，以检查其焊接质量。

3. 化学成分对钢材性能的影响

钢中所含元素较多，除主体的铁和碳之外，还含有锰、硅、钒、钛等合金元素及硫、磷、氮、氧、氢等有害元素，这些元素对钢材的性能均有不同程度的影响。

（1）碳（C）。碳是影响钢材性能的主要元素。随着含碳量的增加，钢材的强度增加（含碳量大于 1% 则相反），硬度提高，塑性、韧性下降，冷脆性增加，可焊性变差，抵抗大气腐蚀的性能也下降。工业纯铁含碳小于 0.04% 时是很软的，而钢轨用钢含碳 0.71%（再经热处理）就很硬，结构用钢的含碳量 0.06%~0.85%。

（2）硅（Si）。硅是炼钢时作为脱氧剂加入的。当含硅量在1%以内时，能显著提高钢材的强度，而对塑性、韧性没有显著影响。在碳素钢中硅含量一般不超过0.35%，在合金钢中含量多一些，但含硅大于1%后，钢材的塑性、韧性有所降低，冷脆性增加，可焊性变差。

（3）锰（Mn）。锰是炼钢时为脱硫、脱氧加入的。当锰的含量在0.8%~1%时，可显著提高钢材的强度和硬度，而对塑性、韧性没有显著影响。加入的锰可以去硫，降低由于硫所引起的热脆性影响，改善钢的热加工和焊接性能。在碳素结构钢中，含锰量在0.8%以下；一般的合金钢中含锰量为1%~2%。若含锰量大于1%，钢材的塑性、韧性则有所下降。含锰量为11%~14%、含碳量为1.0%~1.4%的高锰钢（代号GM）很硬，具有很高的耐磨性，铁路道岔上的高锰钢整铸辙叉，就是用高锰钢铸造的。

（4）钒（V）、钛（Ti）、铌（Nb）。钒、钛、铌是作为合金元素加入的。加入适量的钒、钛或铌，能够改善钢的组织结构，细化晶粒，提高钢材的强度和硬度，改善塑性和韧性。例如，在低合金钢中加入微量的铌（≤0.05%）或钒（0.05%~0.15%）或钛（0.02%~0.08%），可以提高钢材的强度，改善其塑性、韧性。

（5）硫（S）。硫是由铁矿石和燃料带入钢中的。硫与铁化合形成的硫化亚铁（FeS）是一种低熔点（<1 000 ℃）的夹杂物，钢材在进行热轧加工或焊接加工时硫化亚铁熔化，致使钢内晶粒脱开，形成细微裂缝，钢材受力后发生脆性断裂，这种现象称为热脆性。硫在钢中的这种热脆性，降低了钢材的热加工性能和可焊性，并使钢材的冲击韧性、疲劳强度和抗腐蚀性能降低。因此，要严格控制钢中的含硫量，普通碳素结构钢的含硫量不大于0.050%，优质碳素结构钢中含硫量不大于0.035%。

（6）磷（P）。磷是由铁矿石和燃料带入钢中的。磷虽能提高钢材的耐磨性和耐腐蚀性能，但也显著地提高了钢材的脆性转变温度，增加钢材的冷脆性，降低钢材的冷弯性能和可焊性。故钢中磷的含量必须严格控制，普通碳素结构钢的含磷量不大于0.045%，优质碳素结构钢的含磷量不大于0.035%。磷对提高钢材的耐磨、耐腐蚀性能有利。规范规定，钢轨用钢含磷量不大于0.040%。

（7）氮（N）。氮是在冶炼过程中由空气带入钢内残留下来的，也是一种有害元素，通常以Fe_4N形式存在。氮可提高钢材的强度和硬度，增强钢材的时效敏感性和冷脆性，降低钢材的塑性、韧性、可焊性和冷弯性能。如在含有钒、钛的合金钢中加入微量的氮，形成它们的氮化物，则氮的存在就会成为有利因素，如高强度的桥梁专用钢15MnVNq便是一例。

（8）氧（O）。钢中的氧是有害元素，常以氧化物夹杂其中。氧使钢材具有热脆性，降低钢材的塑性、韧性、可焊性、耐腐蚀性能，故其含量不应大于0.02%。

（9）氢（H）。钢中的氢显著降低钢材的塑性和韧性。在高温时氢能溶于钢中，冷却时便游离出来，使钢中形成微裂缝，受力时很容易发生脆断，该现象称为"氢脆"。钢材脆断的断口若有"白点"，便是氢的危害。钢轨中的"白点"常引起钢轨脆断，造成严重事故，故需要严格控制钢轨中氢的含量。

4. 钢材热处理对钢材性能影响

对钢材进行不同速率和时间的加热、保温与冷却的工艺操作，从而改变其内部组织，改善其性能的处理称为热处理。钢材的热处理有退火、正火、淬火和回火等，它们的处理工艺如图6.9所示。

（1）退火。将钢材加热到 727 ℃ 以上的某一适当温度，并保持一定的时间后，随炉缓慢冷却的热处理工艺称为退火。退火可以降低钢材的硬度，提高钢材的塑性和韧性，并能消除冷加工、热加工或热处理所形成的内应力。

（2）正火。将钢材加热到 727 ℃ 以上的某一适当温度，并保持一定的时间后，在空气中冷却的热处理工艺称为正火。正火能提高钢材的塑性和韧性，消除钢材在热轧过程中形成的组织不均匀和内应力。

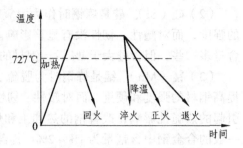

图 6.9　钢材的热处理示意图

（3）淬火。将钢材加热到 727 ℃ 以上的某一适当温度，并保持一定的时间后，放入水、油或其他介质中急速冷却的热处理工艺称为淬火。淬火能显著提高钢材的硬度和耐磨性，但使其塑性和韧性显著降低，脆性很大，因此，常常在淬火后进行回火处理，以改善钢材的塑性和韧性。

（4）回火。将钢材加热到 727 ℃ 以下的某一适当温度，并保持一定的时间后，在空气中冷却的处理工艺称为回火。对淬火后的钢材进行回火处理，可以消除钢材的内应力，降低其硬度和脆性。

回火的效果与加热的温度有关。根据加热温度不同，分为低温回火、中温回火和高温回火三种。采用低温回火（加热温度为 150 ℃ ~ 250 ℃），可以保持钢材的高强度和高硬度，塑性和韧性稍有改善；采用中温回火（加热温度为 350 ℃ ~ 500 ℃），可以使钢材保持较高的弹性极限和屈服强度，而又具有一定韧性，如弹簧钢就常用中温回火处理；采用高温回火（加热温度为 500 ℃ ~ 600 ℃），可使钢材既有一定的强度和硬度，又有适当的塑性和韧性。

（5）调质处理。通常把淬火加高温回火称为调质处理。调质处理可以使钢材具有很高的强度，又具有一定的塑性和韧性，从而获得良好的综合性能，是目前用来强化钢材的有效措施。如工程上用的热处理钢筋，就是经过淬火和回火的调质处理，使其屈服强度由原来的 540 MPa 提高到 1 300 MPa。

5. 钢材冷加工对钢材性能影响

在常温下对钢材进行冷拉、冷拔或冷轧，使其产生塑性变形的加工，称为冷加工。冷加工可以改善钢材的性能。常用的冷加工方法有冷拉、冷拔、冷轧、冷扭等。

冷拉是将钢筋用拉伸设备在常温下拉长，使之产生一定的塑性变形。通过冷拉，能使钢筋的强度提高 10% ~ 20%，长度增加 6% ~ 10%，并达到矫直、除锈、节约钢材的目的。

冷拔是将钢筋通过用硬质合金制成的拔细模孔强行拉拔，如图 6.10 所示。由于模孔直径略小于钢筋直径，从而在使钢筋受到拉拔的同时，钢筋与模孔接触处受到强力挤压，钢筋内部组织更加紧密，使钢筋的强度和硬度大为提高，但塑性、韧性下降很多，具有硬钢性能。

将热轧钢筋或低碳钢试件进行拉伸试验，应得到图 6.11 中 $OABCKDE$ 的应力-应变关系曲线。如果在荷载加至强化阶段中的某一点 K 处时将荷载卸去，则在荷载下降的同时，弹性变形回缩，应力-应变关系沿斜线 KO_1 落到 O_1 点，试件留下 OO_1 的塑性变形。如果对钢材进行了冷加工的，若立即再拉伸，试件的应力与应变关系将沿 O_1K 上升至 K 点，然后沿原来的规律 KDE 发展至断裂。可见，原来的屈服点不再出现，在 K 点处发生较大的塑性变形，比例阶段和弹性阶段扩大至 O_1K 段，这就说明，经冷加工后的钢材，其屈服强度、硬度提高，而塑性、韧性下降（塑性变形减少了 OO_1 段），这一效果称为钢材的冷加工强化。

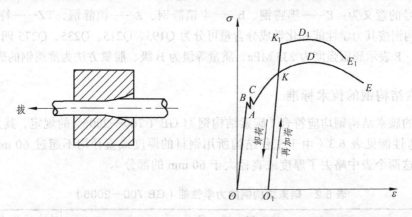

图 6.10　冷拔模孔　　　　图 6.11　钢材冷拉的 $\sigma\text{-}\varepsilon$ 曲线

若不立即拉伸，将卸荷后的试件在常温下放置 15~20 d 后，再继续拉伸，这时发现，试件的应力-应变曲线沿 $O_1KK_1D_1E_1$ 发展。这说明，经冷加工强化后的钢材，由于放置一段时间，不但其屈服强度提高，抗拉强度也提高了，而塑性、韧性则进一步下降。这一现象称为钢材的冷加工时效。

冷加工强化后的钢材在放置一段时间后所产生的时效称为自然时效。若将冷加工强化后的钢材加热到 100 ℃~200 ℃，保持 2 h，同样可以达到上述的效果，这称为人工时效。

钢材经过冷拉、冷拔、冷轧等冷加工之后产生强化和时效，使钢材的强度、硬度提高，塑性、韧性下降。利用这一性质，可以提高钢材的利用率，达到节省钢材、提高经济效益的目的。但应兼顾强度和塑性两方面的合理程度，不可因过分提高钢材强度而使其塑性、韧性下降过多，以免降低钢材质量，影响使用。经过冷加工的钢材，不得用于承受动荷载作用的结构，也不得用于焊接施工。

第三节　建筑钢材的技术标准和应用

目前，我国建筑工程和铁道工程的建筑钢材主要有碳素结构钢、优质碳素结构钢和低合金结构钢 3 大类，它们广泛应用于钢结构、钢筋混凝土结构和轨道、桥梁等工程中。

一、碳素结构钢

碳素结构钢是指一般结构工程用钢，由氧气转炉或平炉冶炼，适合于生产各种钢板、钢带、型钢、棒钢。其产品可供焊接、铆接、螺栓连接构件使用。

1. 碳素结构钢的牌号

碳素结构钢的牌号由代表屈服强度的字母 Q、屈服强度数值、质量等级符号和脱氧方法符号四个部分按顺序组成。其中,质量等级是以所含硫、磷的数量来控制的,对冲击韧性各有不同的要求,D级钢为优质钢(含S、P均小于或等于0.035%),A、B、C级均为普通钢。脱氧方法符号的意义为:F——沸腾钢、b——半镇静钢、Z——镇静钢,TZ——特殊镇静钢。

碳素结构钢按其力学性能和化学成分含量可分为Q195、Q215、Q235、Q275四个牌号。例如,Q235-B·F表示屈服强度为235 MPa、质量等级为B级、脱氧方法为沸腾钢的碳素结构钢。

2. 碳素结构钢的技术标准

各牌号的碳素结构钢均应符合《碳素结构钢》(GB/T 700—2006)的规定,其力学性能见表6.2,冷弯性能见表6.3(由于工程结构所用钢材的厚度或直径均不超过60 mm,限于篇幅,本书在这两个表中略去了厚度或直径大于60 mm的部分)。

表6.2 碳素结构钢的力学性能(GB 700—2006)

牌号	等级	拉伸试验					冲击试验(V形缺口)	
		屈服强度 σ_s(MPa,不小于)			抗拉强度 σ_b/MPa	伸长率 δ_s(%,不小于)		温度 /°C	冲击功 (纵向)
		钢材厚度(直径,mm)				钢材厚度(直径,mm)			
		≤16	>16~40	>40~60		≤40	>40~60		
Q195	—	195	185	—	315~430	33	—	—	—
Q215	A	215	205	195	335~450	31	29	—	—
	B							+20	27
Q235	A	235	225	215	375~500	26	24	—	—
	B							+20	27
	C							0	
	D							-20	
Q275	A	275	265	255	410~540	26	24	—	—
	B							+20	27
	C							0	
	D							-20	

注:Q195的屈服强度仅供参考。

表6.3 碳素结构钢的冷弯性能 (GB/T700—2006)

牌号	试样方向	冷弯试验(试样宽度=2倍试样厚度、弯曲角度180°)
		钢材厚度(或直径)a<60(mm)
		弯心直径 d
Q195	纵	0
	横	0.5a
Q215	纵	0.5a
	横	a
Q235	纵	a
	横	1.5a
Q275	纵	1.5a
	横	2a

不同牌号的碳素结构钢含碳量不同。牌号越大，含碳量越越高，如 Q195 含碳量≤0.12%，Q215 含碳量≤0.15%，Q235 含碳量≤0.22%，Q275 含碳量≤O.24%。因此，牌号较高的碳素结构钢，其强度较高，硬度较大；但塑性、韧性较低。

从表 6.2 中我们还注意到，钢材的厚度或直径越小，其屈服强度的指标越高。这是由于它在热轧时所轧的次数多一些，内部组织更加紧密，晶粒变小的缘故。

3. 碳素结构钢的应用

Q195 和 Q215 钢的强度低，塑性、韧性很好，易于冷加工，可制作冷拔低碳钢丝、钢钉、铆钉、螺栓。

Q235 具有较高的强度和良好的塑性、韧性、可焊性和冷加工性能，能较好地满足一般钢结构和钢筋混凝土结构的用钢要求，故在建筑工程中应用广泛。如钢结构用的各种型钢和钢板，钢筋混凝土结构所用的光圆钢筋，各种供水、供气、供油的管道，铁路轨道中用的垫板、道钉、轨距杆、防爬器等配件，大多数是由 Q235 制作而成的。其中，Q235-C 和 Q235-D 质量优良，适用于重要的焊接结构。

Q275 强度虽高，但塑性、韧性和可焊性较差，加工难度增大，可用于结构中的配件、制造螺栓、预应力锚具等。

二、低合金高强度结构钢

在工程上如需要强度更高，并且塑性、韧性均较好的钢，就需要采用低合金结构钢了。它是在碳素结构钢的基础上，加入总量不超过钢质量 5%的锰（Mn）、硅（Si）、钒（V）、钛（Ti）、铌（Nb）、铬（Cr）、镍（Ni）、铜（Cu）等合金元素或稀土元素（RE）而成的。

1. 低合金高强度结构钢的牌号

根据《低合金高强度结构钢》（GB/T 1591—1994）的规定，低合金高强度结构钢的牌号由代表屈服点的字母 Q、屈服点数值和质量等级符号三个部分组成。低合金高强度结构钢按其屈服强度划分为 Q295、Q345、Q390、Q420 和 Q460 五个牌号，按内部杂质硫、磷含量由多到少，划分为 A、B、C、D、E 5 个质量等级。

2. 低合金高强度结构钢的技术标准

各牌号的低合金高强度结构钢的技术标准，见表 6.4。

表 6.4 低合金高强度结构钢的技术性能表（GB/T 1591—1994）

牌号	质量等级	屈服点 σ_s（MPa，不小于）				抗拉强度 σ_b/MPa	伸长率 δ_s（%，不小于）	冲击功 A_k（纵向，J，不小于）				180°弯曲试验，d 为弯心直径，a 为试样厚度（直径）	
		厚度（直径、边长，mm）										试样厚度或直径/mm	
		≤16	>16~35	>35~50	>50~100			+20℃	0℃	−20℃	−40℃	≤16	>16~100
Q295	A	295	275	255	235	390~570	23					$d=2a$	$d=3a$
	B							34					

续表

牌号	质量等级	屈服点 σ_s（MPa，不小于）				抗拉强度 σ_b/MPa	伸长率 δ_s（%，不小于）	冲击功 A_k（纵向，J，不小于）				180°弯曲试验，d 为弯心直径，a 为试样厚度（直径）	
		厚度（直径、边长，mm）						+20℃	0℃	−20℃	−40℃	试样厚度或直径/mm	
		≤16	>16~35	>35~50	>50~100							≤16	>16~100
Q345	A	345	325	295	275	470~630	21					$d=2a$	$d=3a$
	B						21	34					
	C						22		34				
	D						22			34			
	E						22				27		
Q390	A	390	370	350	330	490~650	19					$d=2a$	$d=3a$
	B						19	34					
	C						20		34				
	D						20			34			
	E						20				27		
Q420	A	420	400	380	360	520~680	18					$d=2a$	$d=3a$
	B						18	34					
	C						19		34				
	D						19			34			
	E						19				37		
Q460	C	460	440	420	400	550~720	17	34	34			$d=2a$	$d=3a$
	D						17			34			
	E						17				27		

3. 低合金高强度结构钢的应用

低合金高强度结构钢与碳素结构钢相比，具有以下优点：

（1）强度高，综合性能好。将表 6.4 与表 6.2 对比可知，低合金高强度结构钢的强度比常用的 Q235 高 25%~60%，并且具有较好的塑性、冲击韧性和可焊性。低合金高强度结构钢的含碳量不高，一般在 0.20% 以下，既有合金元素增强其强度，又有微量元素改善其塑性、韧性，故强度高，综合性能好。

（2）节省钢材，成本低。由于低合金高强度结构钢的强度较高，在相同条件下用钢量比普通碳素结构钢可节省 20%~50%。虽然钢材的单价稍有提高，但由于用钢量的减少，使相应的运输、加工、安装费用均可降低。因而使用低合金高强度结构钢，具有较好的技术经济效果。

低合金高强度结构钢可用于高层建筑的钢结构、大跨度的屋架、网架、桥梁或其他承受较大冲击荷载作用的结构。强度较高的钢筋、桥梁用钢、钢轨用钢、弹簧用钢（如铁路轨道用的ω形弹条为 60SiMn 钢）等，都是采用不同的低合金结构钢轧制而成的。

三、优质碳素结构钢

优质碳素结构钢简称为优质碳素钢,它是含硫、磷均不大于0.035%的碳素钢。其钢材有经热处理或不经热处理两种交货状态。

根据《优质碳素结构钢》(GB/T 699—1999)的规定,优质碳素结构钢的牌号用平均含碳量的万分数表示,分31个牌号。含锰量较高时(0.8%~1.0%),应在牌号的后面加注锰(Mn)字;如果是沸腾钢,则在数字后面加注"F"。例如,45号钢,表示平均含碳量为0.45%的优质碳素结构钢;60Mn钢,表示平均含碳量为0.60%、含锰量较高的优质碳素钢。优质碳素结构钢的技术指标,见表6.5。

表6.5 几种常见优质碳素结构钢的技术性能指标(GB/T 699—1999)

牌 号	抗拉强度 σ_b (MPa,不小于)	屈服强度 σ_s (MPa,不小于)	伸长率 δ_s (%,不小于)	冲击功 A_k (J,不小于)
25	450	275	23	71
45	600	355	16	39
45Mn	620	375	15	39
60	675	400	12	—
75	1 080	880	7	—
85	1 130	980	6	—

优质碳素结构钢的特点在于其强度高,塑性、冲击韧性好,如25号优质碳素结构钢$A_k \geq 71$ J,与相同含碳量的Q255($A_k \geq 27$ J)相比,冲击韧性有很大程度的提高。

优质碳素结构钢在工程中适用于高强度、高硬度、受强烈冲击荷载作用的部位和作冷拔坯料等。例如,45号优质碳素钢,主要用于制作钢结构用的高强度螺栓、预应力锚具;55~65号优质碳素钢,主要用于制作铁路施工用的道镐、道钉锤、道砟耙等;70~75号优质碳素钢,主要用于制作各种型号的钢轨;75~85号优质碳素钢,主要用于制作高强度钢丝、刻痕钢丝和钢绞线等。

第四节 钢筋和钢丝

钢筋和钢丝是建筑工程中使用量很大的钢材品种,它们是钢筋混凝土和预应力混凝土的重要组成材料。

一般认为,直径不小于6 mm的是钢筋,主要品种有热轧钢筋、冷拉钢筋、冷轧带肋钢筋、热处理钢筋等;直径小于6 mm的是钢丝,主要品种有冷拔低碳钢丝、预应力混凝土用钢丝、钢绞线等。

一、热轧钢筋

根据其表面特征不同,热轧钢筋分为光圆钢筋和带肋钢筋。带肋钢筋有月牙肋钢筋和等高肋钢筋之分,见图6.12。

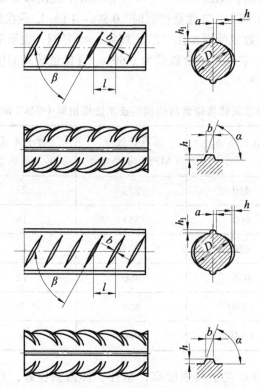

图 6.12 月牙肋钢筋(带纵肋)表面及截面形状

1. 钢筋混凝土用热轧光圆钢筋

按照国家标准《钢筋混凝土用热轧光圆钢筋》(GB 1499.1—2008)的规定,热轧光圆钢筋的力学性能和工艺性能应符合表6.6的规定。

表 6.6 热轧光圆钢筋的力学性能、工艺性能(GB 1499.1—2008)

牌号	屈服强度 R_{eL}/MPa	抗拉强度 R_m/MPa	断后伸长率 A/%	最大力总伸长率 A_{gt}/%	冷弯试验180° d——弯芯直径 a——钢筋公称直径
	不小于				
HPB235	235	370	25.0	10.0	$d=a$
HPB300	300	420			

2. 热轧带肋钢筋

根据国家标准《钢筋混凝土用热轧带肋钢筋》(GB 1499.2—2007)的规定,热轧带肋钢筋的力学性能和工艺性能应符合表6.7和表6.8的规定。

表 6.7 热轧带肋钢筋的力学性能（GB 1499.2—2007）

牌号	R_{eL}/MPa	R_m/MPa	A/%	A_{gt}/%
	不小于			
HRB335 HRBF335	335	455	17	7.5
HRB400 HRBF400	400	540	16	
HRB500 HRBF500	500	630	15	

表 6.8 热轧带肋钢筋的工艺性能（GB 1499.2—2007）

牌号	公称直径 d	弯芯直径
HRB335 HRBF335	6~25	3d
	28~40	4d
	>40~50	5d
HRB400 HRBF400	6~25	4d
	28~40	5d
	>40~50	6d
HRB500 HRBF500	6~25	6d
	28~40	7d
	>40~50	8d

《钢筋混凝土用热轧带肋钢筋》（GB 1499.2—2007）规定：热轧带肋钢筋分为普通热轧钢筋和细晶粒热轧钢筋两种。普通热轧钢筋由 HRB 钢筋的屈服强度特征值构成，细晶粒热轧钢筋由 HRBF 钢筋的屈服强度特征值构成。H、R、B、F 分别表示为热轧（Hot rolled）、带肋（Ribbed）、钢筋（Bar）、细（Fine）4 个词的英文首位字母。细晶粒热轧钢筋较普通热轧钢筋结构更致密，性能更好，但由于是新品种，目前工程应用还较少。热轧带肋钢筋分为 HRB335、HRB400、HRB500 三个牌号，公称直径为 6~50 mm。热轧钢筋的标准值是根据屈服强度确定的，具有不小于 95%的保证率。

根据需方要求，钢筋也可以进行反弯曲性能试验，反向弯曲试验的弯心直径比弯曲试验相应增加一个钢筋直径。先正向弯曲 90°，后反向弯曲 20°。两个弯曲角度均应在去载之前测量。经反向弯曲试验后，钢筋受弯曲部位表面不得产生裂纹。

当钢筋需要调直时，可以采用机械方法或冷拉方法。当采用冷拉方法调直钢筋时，HRB335、HRB400 钢筋的冷拉率不宜大于 1%，HPB235（Q235）钢筋的冷拉率不宜大于 4%。同时《混凝土结构工程施工质量验收规范》（GB 50204—2002）规定，为了保证在地震作用下，结构的某些部位出现塑性铰以后，钢筋具有足够的变形能力。对有抗震设防要求的框架结构（一、二级抗震等级），检验所得的强度实测值应符合下列规定：① 钢筋的抗拉强度实测值与屈服强度实测值之比不应小于 1.25；② 钢筋的屈服强度实测值与强度标准值之比不应大于 1.3。

3. 应 用

热轧光圆钢筋是用 Q235 碳素结构钢轧制而成的钢筋。其强度较低，塑性及焊接性能好，伸长率高，便于弯曲成型。其主要作为中、小型钢筋混凝土结构的受力钢筋和构造钢筋，也可用于钢、木结构的拉杆。

热轧带肋钢筋中，HRB335、HRB400 是采用低合金镇静钢和半镇静钢轧制而成的，由于强度较高，塑性及焊接性能好，广泛用作大、中型钢筋混凝土结构的受力钢筋。HRB335、HRB400 经过冷拉后，还可用作预应力钢筋。HRB500 是采用中碳低合金镇静钢轧制而成的，钢筋表面轧有纵肋和横肋。其强度高，但塑性和可焊性较差，是建筑工程中的主要预应力钢筋。如需焊接时，应采取适当的焊接方法和焊后热处理工艺，以保证焊接质量，防止发生脆性断裂。HRB500 钢筋使用前也可以进行冷拉处理，提高屈服强度，节约钢材。

二、冷轧带肋钢筋

冷轧带肋钢筋是以普通低碳钢、优质碳素钢或低合金钢热轧圆盘条为母材，经冷轧减径后在其表面冷轧成具有三面或二面月牙形横肋的钢筋。根据国家标准《冷轧带肋钢筋》（GB13788—2000）和《冷轧带肋钢筋混凝土结构技术规范》（JGJ 95—2003）的相关规定，冷轧带肋钢筋的牌号由 CRB 和钢筋抗拉强度标准值构成。C、R、B 分别为冷轧（Cold rolled）、带肋（Ribbed）、钢筋（Bar）三个词的英文首位字母。冷轧带肋钢筋分为 CRB550、CRB650、CRB800、CRB970、CRB1170 五个牌号。CRB550 钢筋的公称直径为 4~12 mm，其他牌号钢筋的公称直径为 4、5、6 mm。冷轧带肋钢筋的化学成分、力学性能和工艺性能应符合国家标准《冷轧带肋钢筋》（GB 13788—2000）的有关规定，其力学性能和工艺性能要求见表 6.9。

表 6.9 冷轧带肋钢筋的力学性能和工艺性能（GB 13788—2000）

牌 号	抗拉强度（MPa，不小于）	伸长率（%，不小于）		180°冷弯试验	反复弯曲次数	应力松弛（初始应力 $\sigma_{com} = 0.7\sigma_b$）	
		δ_{10}	δ_{100}			1 000 h（%，不大于）	10 h（%，不大于）
CRB550	550	8.0	—	—	—	—	—
CRB650	650	—	4.0	—	3	8	5
CRB800	800	—	4.0	—	3	8	5
CRB970	970	—	4.0	—	3	8	5
CRB1170	1 170	—	4.0	—	3	8	5

注：表中 d 为弯心直径，a 为钢筋公称直径。

冷轧带肋钢筋既具有冷拉钢筋强度高的特点，同时又具有很强的握裹力，大大提高了构件的整体强度和抗震能力，可作为中、小型预应力混凝土结构构件和普通钢筋混凝土结构构件中的受力钢筋、构造钢筋等。

三、预应力混凝土用热处理钢筋

预应力混凝土用热处理钢筋是由热轧螺纹钢筋（中碳低合金钢）经淬火和回火调质处理而成的。按其螺纹外形，分为有纵肋和无纵肋两种。经调质处理后的钢筋特点是塑性降低不大，但强度提高很多，综合性能比较理想。

根据国家标准《预应力混凝土用钢棒》（GB/T 5223.3—2005）的规定，预应力混凝土用热处理钢筋的力学性能应符合表 6.10 的要求。

表 6.10　预应力混凝土用热处理钢筋的力学性能（GB/T 5223.3—2005）

公称直径 d/mm	抗拉强度 σ_b（MPa，不小于）	规定非比例延伸强度 $\sigma_{p0.2}$（MPa，不小于）	最大力总伸长率（$L_0=200$ mm，%，不小于）		断后伸长率（$L_0=8d$，%，不小于）		应力松弛性能		
							初始应力为公称抗拉强度的百分数/%	1000 h 后应力松弛值（%，不小于）	
			延性35	延性25	延性35	延性25		N	L
6	对所有规格 1 080 1 230 1 420 1 570	对所有规格 930 1 080 1 280 1 420	3.5	2.5	7.0	5.0	70 60 80	4.0 2.0 9.0	2.0 1.0 4.5
8									
10									
12									
14									
16									

热处理钢筋具有强度高、韧性好，与混凝土黏结性能好，应力松弛低，塑性降低小，施工方便，节约钢筋等优点，主要用于预应力混凝土轨枕、预应力梁、板及吊车梁等构件。由于热处理钢筋对应力腐蚀及缺陷敏感性强，使用时不宜被硬物划伤，并采取必要的技术措施防止其锈蚀。

四、预应力混凝土用钢丝

预应力混凝土用钢丝是指优质碳素结构钢盘条，经酸洗、拔丝模或轧辊冷加工后再经消除应力等工艺制成的高强度钢丝。根据国家标准《预应力混凝土用钢丝》（GB/T 5223—2002）的规定，预应力混凝土用钢丝按加工状态分为冷拉钢丝（代号为 WCD）和消除应力钢丝两类。

消除应力钢丝又分为低松弛钢丝（代号为 WLR）和普通松弛钢丝（代号为 WNR）。按外形又分为光圆钢丝（代号为 P）、螺旋肋钢丝（代号为 H）和刻痕钢丝（代号为 I）3 种。

冷拉钢丝、消除应力光圆钢丝、螺旋肋及刻痕钢丝的力学性能应符合有关的规定。消除应力光圆及螺旋肋钢丝的力学性能要求见表 6.11。

冷拉钢丝、消除应力光圆、螺旋肋及刻痕钢丝均属于冷加工强化的钢筋，没有明显的屈服点，材料检验只能以抗拉强度为依据。设计强度取值以条件屈服点（规定非比例伸长应力 $\sigma_{p0.2}$）的统计值来确定；并且规定，非比例伸长应力 $\sigma_{p0.2}$ 值不小于公称抗拉强度的 75%。

表 6.11 消除应力光圆及螺旋肋钢线的力学性能（GB/T 5223—2002）

公称直径 d/mm	抗拉强度 σ_b（MPa，不小于）	规定非比例伸长应力 $\sigma_{p0.2}$（MPa，不小于）		最大力下总伸长率 δ_{gt}（L_0 = 200 mm，%，不小于）	弯曲次数（次/180°，不小于）	弯曲半径 R/mm	应力松弛性能		
							初始应力相当于公称抗拉强度的百分比/%	1 000 h 后应力松弛度（%，不小于）	
								WLR	WNR
		WLR	WNR				对所有规格		
4.00	1 470	1 290	1 250		3	10			
	1 570	1 380	1 330						
4.80	1 670	1 470	1 410		4	15			
5.00	1 770	1 560	1 500						
	1 860	1 640	1 580						
6.00	1 470	1 290	1 250		4	15	60	1.0	4.5
6.25	1 570	1 380	1 330		4	20			
	1 670	1 470	1 410	3.5	4	20	70	2.0	8.0
7.00	1 770	1 560	1 500		4	20			
8.00	1 470	1 290	1 250		4	20	80	4.5	12.0
9.00	1 570	1 380	1 330		4	25			
10.00					4	25			
12.00	1 470	1 290	1 250		4	30			

预应力混凝土用钢丝具有强度高、柔性好、松弛率低、抗腐蚀性强、质量稳定、安全可靠、无接头、施工方便等特点，主要用于大跨度屋架及薄腹梁、大跨度吊车梁、桥梁、轨枕、压力管道等预应力混凝土构件。

五、预应力混凝土用钢绞线

预应力混凝土用钢绞线一般由 2 根、3 根或 7 根直径为 2.5～6.0 mm 的高强度光圆或刻痕钢丝经绞捻、稳定化处理而制成。稳定化处理是为了减少应用时的应力松弛，而在一定的张力下进行的短时热处理。

根据国家标准《预应力混凝土用钢绞线》（GB/T 5224—2003）的规定，钢绞线按捻制结构分为 5 种结构类型。例如，用 2 根钢丝捻制的钢绞线为 1×2；用 3 根钢丝捻制的钢绞线为 1×3；用 3 根刻痕钢丝捻制的钢绞线为（1×3）I；用 7 根钢丝捻制的标准钢绞线为（1×7）C。1×7 钢绞线截面形式如图 6.13 所示。标准钢绞线是指由冷拉光圆钢丝捻制成的钢绞线，拔模型钢绞线指由捻制后再经冷拔而成的钢绞线。

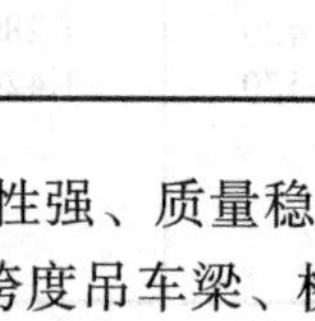

图 7.13　1×7 钢绞线截面示意图

钢绞线的力学性能应符合《预应力混凝土用钢绞线》（GB/T 5224—2003）有关规定。1×7 结构钢绞线力学性能要求见表 6.12。

预应力混凝土用钢绞线具有强度高、塑性好、与混凝土黏结性能好，易于锚固等特点，主要用于大跨度、重荷载的预应力混凝土结构。

表 6.12　1×7 结构钢绞线力学性能（GB/T 5224—2003）

钢绞线结构	钢绞线公称直径/mm	抗拉强度标准值 R_m（MPa，不小于）	整根钢绞线最大力 F_m（kN，不小于）	规定非比例伸延力 $F_{p0.2}$（kN，不小于）	最大力下总伸长度 δ_{gt}（$L_0 \geq 500$ mm，%，不小于）	应力松弛性能 初始负荷相当于公称最大力的百分比/%	应力松弛性能 1 000 h后应力松弛率（%，不小于）
1×7	9.50	1 720	94.3	84.9	对所有规格	对所有规格	对所有规格
		1 860	102	91.8			
		1 960	107	96.3			
	11.10	1 720	128	115		60	1.0
		1 860	138	124			
		1 960	145	131			
	12.70	1 720	170	153	3.5	70	2.5
		1 860	184	166			
		1 960	193	174			
	15.20	1 470	206	185		80	4.5
		1 570	220	198			
		1 670	234	211			
		1 720	241	217			
		1 860	260	234			
		1 960	274	247			
	15.70	1 770	266	239			
		1 860	279	251			
	17.80	1 720	327	294			
		1 860	353	318			
(1×7)C	12.70	1 860	208	187			
	15.20	1 820	300	270			
	18.00	1 720	384	346			

注：规定非比例延伸力 $\sigma_{p0.2}$ 值不小于整根钢绞线公称最大力 F_m 的90%。

六、混凝土用钢纤维

在混凝土中掺入钢纤维，能大大提高混凝土的抗冲击强度和韧性，显著改善其抗裂、抗剪、抗弯、抗拉、抗疲劳等性能。常用于机场跑道、高速公路路面、桥梁桥面铺装层等工程。

钢纤维的原材料可以使用碳素结构钢、合金结构钢和不锈钢，钢纤维按生产方式不同可分为切断钢纤维、剪断钢纤维、切削钢纤维、熔融抽丝钢纤维等。表面粗糙或表面刻痕、形状为波形或扭曲形、端部带钩或端部有大头的钢纤维与混凝土的黏结较好，有利于混凝土增强。钢纤维直径应控制在 0.3~0.6 mm，长度与直径之比控制在 40~60。增大钢纤维的长径比，可提高混凝土的增强效果；但过于细长的钢纤维容易在搅拌时形成纤维球而失去增强作用。钢纤维按抗拉强度分为 1 000、600 和 380 三个等级，如表 6.13 所示。

表 6.13　钢纤维的强度等级（YB/T 151—1999）

强度等级	1 000 级	600 级	380 级
抗拉强度 σ_b/MPa	>1 000	$600 < \sigma_b \leq 1\,00$	$380 \leq \sigma_b \leq 600$

第五节　桥梁结构钢

铁路与公路的桥梁除了承受静载外，还要直接承受动载，其中某些部位还承受交变应力的作用。桥梁全部暴露在大气中，有的处于多雨潮湿地区，有的处于冰雪严寒地带，它们要长期在受力状态下经受气候变化和腐蚀介质的严峻考验。因此，和一般结构钢相比，桥梁结构钢除了必须具有较高的强度外，还要求有良好的塑性、韧性、可焊性及较高的疲劳强度和耐腐蚀性能。考虑到严寒地区低温的影响和长期使用的安全，还要求其应具有较小的冷脆性和时效敏感性，以免发生脆断事故。

一、桥梁结构钢的牌号

根据国家标准《桥梁用结构钢》（GB/T 714—2000）的规定，桥梁结构钢的牌号由代表屈服点的字母 Q、屈服点数值、桥梁钢的汉语拼音字母、质量等级符号 4 部分组成。桥梁结构钢按钢材的屈服点分为 Q235q、Q345q、Q370q、Q420q 四个牌号；按照硫、磷杂质含量由多到少分为 C、D、E 3 个质量等级，其中 C 级硫、磷杂质含量与低合金高强度结构钢 C 级要求相当，D、E 级比低合金高强度结构钢相应等级要求更高。桥梁钢是专用钢，故在钢号后面加注一个"桥"字（代号为 q），以示强调。例如，Q345qC 代表屈服点为 345 MPa、质量等级为 C 级的桥梁钢。

桥梁钢各牌号化学成分、性能应符合《桥梁用结构钢》（GB/T 714—2000）的规定，其力学性能和工艺性能的要求见表 6.14，并要求一组 3 个试件的平均值应不小于表中规定的最小值。冲击功试验的 3 个试样中，允许其中有一个试样的单值低于规定值，但不得低于规定值的 70%。桥梁结构钢钢板表面不应有裂纹、气泡、结疤、夹杂、折叠，钢材不应有分层。对厚度大于 20 mm 的钢板应进行超声波探伤检验。

表 6.14 桥梁结构钢的力学性能和工艺性能（GB/T 714—2000）

牌号	质量等级	厚度/mm	σ_s/MPa	σ_b/MPa	伸长率 δ_s/%	V型冲击功（纵向）		180 ℃弯曲试验 钢材厚度/mm	
						温度/℃	J	时效/J	
					不小于			≤16	>16
Q235q	C	≤16	235	390	26	0	27	27	$d=1.5a$	$d=2.5a$
		>16~35	225	380						
		>35~50	215	375						
		>50~100	205	375						
	D	≤16	235	390	26	-20				
		>16~35	225	380						
		>35~50	215	375						
		>50~100	205	375						
Q345q	C	≤16	345	510	21	0	34	34	$d=2a$	$d=3a$
		>16~35	325	490	20					
		>35~50	315	470	20					
		>50~100	305	470	20					
	D	≤16	345	510	21	-20				
		>16~35	325	490	20					
		>35~50	315	470	20					
		>50~100	305	470	20					
	E	≤16	345	510	21	-40	34	34	$d=2a$	$d=3a$
		>16~35	325	490	20					
		>35~50	315	470	20					
		>50~100	305	470	20					
Q370q	C	≤16	370	530	21	0	41	41		
		>16~35	355	510	20					
		>35~50	330	490	20					
		>50~100	330	490	20					
	D	≤16	370	530	21	-20				
		>16~35	355	510	20					
		>35~50	330	490	20					
		>50~100	330	490	20					
	E	≤16	370	530	21	-40	41	41	$d=2a$	$d=3a$
		>16~35	355	510	20					
		>35~50	330	490	20					
		>50~100	330	490	20					

续表

牌号	质量等级	厚度/mm	σ_s/MPa	σ_b/MPa	伸长率 δ_s/%	V型冲击功（纵向）			180 °C弯曲试验 钢材厚度/mm	
						温度/°C	J	时效/J	≤16	>16
			不小于							
Q420q	C	≤16	420	570	20	0				
		>16~35	410	550	19					
		>35~50	400	540	19					
		>50~100	390	530	19					
	D	≤16	420	570	20	−20	47	47		
		>16~35	410	550	19					
		>35~50	400	540	19					
		>50~100	390	530	19					
	E	≤16	420	570	20	−40				
		>16~35	410	550	19					
		>35~50	400	540	19					
		>50~100	390	530	19					

二、桥梁结构钢的应用

Q235q是优质碳素结构钢，含碳量低，硫、磷含量比普通碳素钢低，可焊性好，是专用于焊接桥梁的钢。

Q345q和Q370q是低合金钢，经过完全脱氧，杂质含量控制较严，具有良好的综合机械性能，不仅强度较高，而且塑性、韧性、可焊性等都较好。我国著名的南京长江大桥就是用Q345q钢建造的。但Q345q钢对板厚效应敏感，栓焊钢桥一般只能用到32mm板厚。1987年武汉钢铁公司采用适当降低Q345q钢含碳量和严格控制杂质含量（特别是硫含量）措施，加入少量铌元素，并采用钢锭模内稀土处理技术，使钢材晶粒细化，极大地降低了钢的板厚效应，提高了厚钢板的强度和韧性，这种新的钢种定为14MnNbq，即现在的钢种Q370q。Q370qE钢在1993年用于京九线京杭运河大桥的试验钢桁梁，1998年成功用于芜湖长江大桥钢梁。Q345qE和Q370q是我国目前建造钢梁主体结构的基本钢材。

Q420q由鞍山钢铁公司生产，Q420qE成功地用于九江长江大桥正桥钢梁中的受拉及疲劳控制构件和箱形截面的部件上。与国外同等级的钢材做性能比较，Q420q钢的屈服强度、抗拉强度与之相当，韧性高于国外标准。2003年12月开始实施的《钢结构设计规范》（GB 50017—2003）也增设了该钢种。Q420q钢的强度、塑性、韧性和可焊性均很好，并具有较小的冷脆性和时效敏感性，比Q345q钢可节约钢材10%以上，是很有发展前途的钢材。

第六节 钢轨钢

铁路钢轨经常处在车轮压力、冲击和磨损的作用下，故要求钢轨不仅应具有较高的强度，以承受较高的压力和抗剥离的能力，而且还应具有较高的硬度、耐磨性、冲击韧性和疲劳强度；由于无缝线路的发展，还应具有良好的可焊性。用于多雨潮湿地区、盐碱地带和隧道中的钢轨，会经常受到各种侵蚀作用，所以应具有良好的耐腐蚀性能。为了满足上述要求，一般应选用含碳量较高（高碳钢）的平炉或氧气转炉镇静钢进行轧制。但含碳量过高，将使钢轨钢的塑性、韧性明显下降，因此，一般含碳量不超过 0.82%。锰能有效地提高钢材的强度（固溶强化）及耐磨性，硅易与氧化合去除钢中的气泡，使钢材密实细致，硬度、耐磨性也提高，因此，钢轨钢常含有这两种元素。钢轨接头处轮轨的冲击力很大，为提高接头处的耐磨性，在钢轨两端 30～70 mm 的范围内应进行轨顶淬火处理，淬火深度 8～12 mm。

铁路用热轧钢轨钢技术条件（TB/T 2344—2003）见表 6.15。

表 6.15　热轧钢轨钢技术性能（TB/T 2344—2003）

牌号	化学成分/%								抗拉强度/MPa	伸长率
	C	Si	Mn	P	S	V	Nb	RE		
U71Mn	0.65～0.76	0.15～0.35	1.10～1.40	≤0.030	≤0.030	≤0.030	≤0.010	—	≥880	≥9
U75V	0.71～0.80	0.50～0.80	0.70～1.05	≤0.030	≤0.030	≤0.040～0.12	≤0.010	—	≥980	≥9
U76MnRE	0.72～0.80	0.60～0.90	1.00～1.30	≤0.030	≤0.030	≤0.030	≤0.020～0.050	≤0.020～0.050	≥980	≥9

钢轨钢还应进行落锤试验（评定冲击韧性），要求试样经打击一次后，两支点间不得有断裂现象。轧制后的钢轨应尽量避免弯曲，钢轨均匀弯曲不得超过钢轨全长的 0.5%。钢轨表面不得有裂纹、线纹、折叠、横向划痕及缩孔残余、分层等缺陷。钢轨截断时，应采用锯切工艺，以避免钢轨断面出现微裂纹。

钢轨的类型以每米的质量表示，我国铁路钢轨主要有 75 kg/m、60 kg/m、50 kg/m 和 43 kg/m 四种规格。标准轨定尺长度为 12.5 m、25 m、50 m 和 100 m 四种。随着重载高速线路的迅速发展，钢轨需要重型化。我国已经大量使用 60 kg/m 钢轨，在重载线路上逐步铺设 75 kg/m 钢轨。目前世界上最重的钢轨已达到 77.5 kg/m，而且对钢轨的性能和质量要求越来越高。单一的通过对碳素钢钢轨增加含碳量或热处理的方法来提高钢轨的综合性能，已很难满足使用上的要求。近年来，采取了钢轨合金化、热处理和控制轧制等综合措施，研制发展新一代的合金钢钢轨，取得了较好的效果。如攀钢生产的 U75V 高碳微钒轨，抗拉强度在 1 000 MPa 以上。U75V 全长淬火轨抗拉强度达到 1 300 MPa，且综合性能好，可以延长使用寿命 50%以上，已在我国铁道工程中应用。

第七节　建筑钢材的锈蚀与防锈、防火

处于大气、雨水中的钢铁结构物，受到周围介质的化学或电化学作用，逐渐遭到破坏的现象称为锈蚀。钢铁生锈是锈蚀最常见的例子，由于钢材的锈蚀所造成的经济损失是很严重的。随着钢材的使用量逐年增加，如何防止锈蚀，减少损失，是一个很值得研究的课题。

一、钢材的锈蚀

1. 钢材锈蚀的类型

根据锈蚀作用原理，钢材的锈蚀可分为化学锈蚀和电化学锈蚀。

（1）化学锈蚀。指钢材直接与周围介质发生化学反应而产生的锈蚀。如经过氧化作用，可在钢铁表面形成疏松的氧化物。在温度和湿度较高的条件下，这种锈蚀进行得很快。

（2）电化学锈蚀。指钢与电解质溶液接触后，由于形成许多微电池，进而产生电化学作用，引起锈蚀。这种锈蚀比化学锈蚀进行得更快。

通常所说钢铁在大气中的锈蚀，实际上是化学锈蚀和电化学锈蚀两者的综合，其中以电化学锈蚀为主。由于受到锈蚀，在钢材表面形成疏松的氧化铁和氢氧化铁，使钢结构截面面积减小，钢筋与混凝土之间的黏结力和结构的承载力降低。

影响钢材锈蚀的主要因素是环境湿度和周围介质的成分，同时也与钢材本身的化学成分、表面状况有关。大量实践证明，处于潮湿环境中或当大气中有较多的酸、碱、盐离子时，钢材容易发生锈蚀现象；有害杂质含量较高的钢材容易锈蚀；沸腾钢比镇静钢、转炉钢比平炉钢容易被锈蚀。

2. 防止钢材锈蚀的措施

（1）合金法。在碳素钢中加入所需的合金元素，制成抗腐蚀性能较好的合金钢。例如，不锈耐酸钢（即不锈钢）就是在钢中加入铬元素（还可加入钛、钼、镍等合金元素）的合金钢；在钢轨中加入 0.1%～0.15% 铜，制成含铜钢轨，可以显著提高钢材的抗锈蚀能力。

（2）金属覆盖。用电镀或喷镀的方法，将其他耐锈蚀金属覆盖在钢材表面，以提高其抗锈蚀能力，如镀锌、镀锡、镀铬、镀银等。这种方法适用于小尺寸的构件；对于大尺寸的构件，则不易施工。

近年发展起来的喷锌技术也可应用于钢桥的涂装。将锌丝热熔后，用高压空气将其喷吹到钢构件的表面上形成覆盖层，以增强钢材的防锈蚀能力，效果比较显著。

（3）油漆覆盖。油漆覆盖是最常用的一种方法，简单易行，比较经济，但耐久性差，需要经常翻修。

① 底漆。先在钢材表面打底。要求底漆对钢材的吸附力要大，并且漆膜致密，能隔离水蒸气、氧气等，使之不易渗入。底漆内掺有防锈颜料，如红丹、锌粉、铬黄、锌黄等。常用的底漆有红丹防锈底漆、云母氧化铁酚醛底漆、云铁聚氨酯底漆、环氧富锌底漆等。

② 面漆。面漆是防止钢材锈蚀的第一道防线，对底漆起着保护作用。面漆应该具有耐候

性好，光敏感性弱，耐湿、耐热性好，不易粉化和龟裂等性能。常用的面漆有铝锌醇酸面漆、云母氧化铁醇酸面漆、云铁氯化橡胶面漆等。

值得一提的是，在大型桥梁结构维修加固中常采用体外预应力体系，由此出现了环氧钢绞线成品索和相应的锚夹具，这些都是钢材产品防止锈蚀的较好技术措施。

二、混凝土用钢筋的防锈

在正常的混凝土中，其 pH 约为 12，这时在钢材表面能形成碱性氧化膜（钝化膜），对钢筋起保护作用。如果混凝土碳化后，由于碱度降低，会失去对钢筋的保护作用。此外，混凝土中氯离子达到一定浓度，也会严重破坏钢筋表面的钝化膜。

在我国高速铁路建设中，要求结构物使用年限达 100 年之久。为防止钢筋锈蚀，应限制原材料中氯的含量，保证混凝土的密实度以及钢筋外侧混凝土保护层的厚度。此外，采用环氧树脂涂层钢筋或镀锌钢筋也是一种有效的防锈措施。

三、钢材的防火

钢是不燃性材料，但这并不表明钢材能够抵抗火灾。耐火试验与火灾案例调查表明：以失去支持能力为标准，无保护层时钢柱和钢屋架的耐火极限只有 0.25 h，而裸露钢材的耐火极限仅为 0.15 h。温度在 200 ℃ 以内，可以认为钢材的性能基本不变；超过 300 ℃ 以后，其弹性模量、屈服强度和极限抗拉强度均开始显著下降，应变急剧增大；到达 600 ℃ 时便失去承载能力。所以，没有防火保护层的钢结构是不耐火的。

钢结构防火保护的基本原理是采用绝热或吸热材料，阻隔火焰和热量，推迟钢结构的升温速率。防火方法以包覆法为主，即以防火涂料、不燃性板材或混凝土和砂浆将钢构件包裹起来。

1. 防火涂料

防火涂料按受热时的变化分为膨胀型（薄型）和非膨胀型（厚型）两种。

膨胀型防火涂料的涂层厚度一般为 2～7 mm，其附着力较强，有一定的装饰效果。由于其内含膨胀组分，遇火后会膨胀增厚 5～10 倍，形成多孔结构，从而起到良好的隔热防火作用。根据涂层厚度，可使构件的耐火极限达到 0.5～1.5 h。

非膨胀型防火涂料的涂层厚度一般为 8～50 mm，呈粒状面，密度小、强度低，喷涂后需再用装饰面层隔护，耐火极限可达 0.5～3.0 h。为使防火涂料牢固地包裹钢构件，可在涂层内埋设钢丝网，并使钢丝网与钢构件表面的净距离保持在 6 mm 左右。

2. 不燃性板材

常用的不燃性板材有石膏板、硅酸钙板、蛭石板、珍珠岩板、矿棉板、岩棉板等，可通过黏结剂或钢钉、钢箍等固定在钢构件上。

复习思考题

1. 何谓铁和钢？它们在化学成分和性能上有何区别？
2. 何谓钢的脱氧？按脱氧程度，钢分为哪几类？各用什么代号表示？性能上有何区别？
3. 低碳钢受拉时的应力-应变图可分为哪几个阶段？
4. 何谓钢材的屈服？什么是钢材的屈服强度？有何实用意义？屈服强度和抗拉强度如何计算？$\sigma_{0.2}$ 表示什么？
5. 钢材的塑性用什么表示？如何计算？δ_5 和 δ_{10} 各表示什么？
6. 用一根直径为 16 mm 的钢筋作拉伸试验，屈服荷载为 73.3 kN，最大荷载为 104.5 kN，试件原标距为 80 mm，拉断后标距为 94 mm。试计算此钢筋的屈服强度、抗拉强度和伸长率，并判断钢筋所属级别。
7. 何谓钢材的冲击韧性？如何表示？何谓钢材的冷脆？
8. 何谓钢材的疲劳强度？
9. 何谓钢材的冷弯性能？如何评判钢材的冷弯性能合格？
10. 结构用钢材必须满足哪些技术指标的要求？在什么情况下还需考虑钢材的冲击韧性和疲劳强度？
11. C、Mn、Si、V、Ti、S、P 等化学元素对钢材性能有何影响？
12. 何谓钢材的冷加工和时效处理？有哪些冷加工方法？钢材经冷加工和时效处理后其性能有何变化？
13. 碳素结构钢的钢号是如何划分、如何表示的？钢材的性能与其钢号有何关系？为什么 Q235 号钢在建筑工程中得到广泛应用？
14. 何谓低合金高强度结构钢？其钢号如何表示？低合金高强度结构钢与碳素结构钢相比有何优点？它适用于哪些结构？
15. 说明下列钢号的含义：Q235-BZ、Q390、Q215-AF。
16. 热轧钢筋分几个等级？各级钢筋有什么特性和用途？
17. 何谓热处理钢筋、冷轧带肋钢筋、预应力混凝土用钢丝和钢绞线？它们各有哪些特性和用途？
18. 对铁路桥梁用钢有哪些要求？常用哪些钢号？
19. 对铁路钢轨用钢有哪些要求？常用哪些钢号？
20. 钢材锈蚀的类型有哪些？如何防止钢材的锈蚀？

第七章 土的工程性质

土是一种天然的地质材料且广泛分布于地壳表面，随其形成过程和自然环境的不同，其成分、结构和性质千变万化，工程性质也千差万别。因此，在进行工程建设时，必须结合土的实际性质进行设计和施工；否则，会影响工程的经济合理性与安全性。

土是地壳表层的物质，在长期风化、搬运、磨蚀、沉积作用的过程中，形成大小不等、未经胶结的一切松散物质。土的总体特征是颗粒与颗粒之间的连接强度较土粒本身强度低，甚至没有连接性。根据土粒之间有无连接性，大致可将土分为砂类土（砾石、砂）和黏性土两大类。

土从外观颜色看是较为复杂的，但以黑、红、白为基本色调。颜色是土颗粒成分的直接反映，黑色是由于所含的有机物的腐化染色而成的，白色常来自石英和高岭石，红色主要由高价氧化铁染色而成。土的颜色随土的成因环境的不同，呈现出多种多样的颜色。

第一节 土的三相组成

土由固体土粒、液态水和气体三相组成。土中的固体矿物构成土的骨架，骨架之间贯穿着大量孔隙，孔隙中充填着液态水和气体。

随着环境的变化，土的三相比例也发生相应的变化，土体三相比例不同，土的状态和工程性质也随之各异。例如：

固体+气相（液相=0）为干土时，黏土呈干硬状态；砂土呈松散状态。

固相+液相+气相为湿土时，黏土多为可塑状态；砂土具有一定的连接性。

固相+液相（气相=0）为饱和土时，黏土多为流塑状态；砂土仍呈松散状态，但遇强烈地震时可能产生液化，使工程结构物遭到破坏。

由此可见，研究土的各项工程性质，首先需从组成土的三相（固相、液相、气相）开始研究。

一、土中固体颗粒

1. 土的矿物组成

土中固体颗粒是土的三相组成中的主体，主要由矿物组成。不同的矿物成分，对土的物理性质有着不同的影响。组成土的矿物质主要有原生矿物和次生矿物。

（1）原生矿物。是直接由岩石经物理风化作用而来的，性质未发生改变的矿物，最主要的是石英,其次是长石、云母等。这类矿物的化学性质稳定,具有较强的抗水和抗风化能力,亲水性差。

(2)次生矿物。主要是在通常温度和压力条件下,矿物经受风化变异,或分解而形成的新矿物。这类矿物比较复杂,对土的物理性质影响较大。次生矿物可分为可溶性和不溶性。

可溶性次生矿物是由原生矿物遭受化学、风化,可溶性物质被水溶解,在别的地方又重新沉淀而成的。根据其溶解的难易程度又可分为易溶的、中溶的和难溶的三类。不溶性次生矿物多系风化残余物及新生成的黏土矿物质,一般颗粒非常细小,因而成为黏性土的主要组成部分。

除上述矿物质外,土中还常含有生物作用形成的腐殖质、泥炭和生物残骸,统称为有机质土。其颗粒很细小,具有很大的比表面积,对土的工程性质影响也很大。

2. 土的颗粒形状

土的颗粒形状对土的密度和稳定性有着显著的影响。大部分粉砂粒土是浑圆的或棱角状的,而云母颗粒往往是片状的,黏土颗粒则往往是薄片状的。土的形状取决于土的矿物成分,它反映土的来源和地质历史。

在描述土粒的形状时,我们常用两个指标:浑圆度和球度。

(1)浑圆度。浑圆度反映土粒尖角的尖锐程度。

$$浑圆度 = \sum_{i=1}^{N}\left(\frac{r_i}{R}\right)/N \tag{7.1}$$

式中 r_i ——土颗粒突出角的半径;
R ——土颗粒的内接圆半径;
N ——土颗粒尖角的数量。

(2)球度。

$$球度 = \frac{D_d}{D_c} \tag{7.2}$$

式中 D_d ——在扁平面上与土粒投影面积相等的圆的半径;
D_c ——最小外接圆半径。

球度是反映土粒接近圆球的程度,球度为1,即为圆球体。

除了上述两个指标外,也可以用体积系数和形状系数来描述土粒的形状。

(3)体积系数 VC。

$$VC = \frac{6V}{\pi d_m^3} \tag{7.3}$$

式中 V ——土粒体积;
d_m ——土粒的最大直径。

VC 越小,土粒离圆体越远。圆球体 $VC=1$,立方体 $VC=0.37$,棱角体土粒 VC 更小。

(4)形状系数 F。

$$F = \frac{C/B}{B/A} \tag{7.4}$$

式中，A、B、C 分别为土粒的最大、中间、最小尺寸。

二、土中的水

土中的水以不同的形式和不同的状态存在，它们对土的工程性质起着不同的作用和影响。土中水按其工程地质性质分类如下：

1. 结构水

土颗粒的表面通常是带负电荷的，它吸附水溶液中的水化阳离子和一些水分子，吸附力极强。土粒表面吸附的水化阳离子和分子构成了吸附水层，也称强结合水或吸附水。

在土粒表面，阳离子浓度最大，随着距土粒表面距离增大，阳离子浓度逐渐降低，直至达到孔隙中水溶液的正常浓度为止。从土粒表面直至阳离子浓度正常为止，这个范围称为扩散层。阴离子由于与土粒表面负电荷相排斥，因此土粒表面浓度较低，而随着距土粒表面距离增大，阴离子浓度逐渐增大，最后也达到水溶液中的正常浓度。土粒表面的负电荷层和扩散层合称为双电层（见图 7.1）。土粒表面的负电荷层为双电层的内层，扩散层为双电层的外层。扩散层是由水分子、水化阳离子和阴离子所组成，形成土粒表面的弱结合水或称为薄膜水。

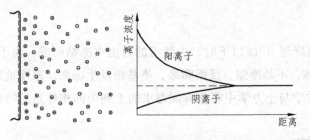

图 7.1 双电层示意图

强结合水紧靠土粒表面，厚度小于 0.03 μm，只有几个水分子厚，受到约 1 000 MPa（1 万个大气压）的静电引力，使水分子紧密而整齐地排列在土粒表面不能自由移动。强结合水的性质与普通水不同，其性质接近于固体，不传递静水压力，100 ℃ 不蒸发，−78 ℃ 低温才冻结成冰，密度 $\rho_w = 1.2 \sim 2.4 \text{ g/cm}^3$，平均为 2.0 g/cm³，具有很大的黏滞性、弹性和抗剪强度。

当黏土只含强结合水时呈固体坚硬状态，砂土含强结合水时呈散粒状态。

弱结合水在强结合水外侧，呈薄膜状，也是由黏土表面的电分子力吸引的水分子，水分子排列也较紧密，密度 $\rho_w = 1.3 \sim 1.7 \text{ g/cm}^3$，大于普通水。弱结合水也不传递静水压力，呈黏滞体状态，也具有较高的黏滞性和抗剪强度，冰点在 −30 ℃ ~ −20 ℃。其厚度变化较大。水分子有从厚膜处向较薄处缓慢移动的能力，在其最外围有成为普通液态水的趋势。此部分水对黏性土的影响最大。

2. 自由水

此种水离土粒较远，在土粒表面的电场作用以外，水分子自由散乱地排列，主要受重力作用的控制。自由水包括下列两种：

（1）毛细水。这种水位于地下水位以上土粒细小孔隙中，是介于结合水与重力水之间的一种过渡型水，受毛细作用而上升。粉土中孔隙小，毛细水上升高。在寒冷地区要注意由毛细水而引起的路基冻胀问题，尤其要注意毛细水源源不断地将地下水上升而产生的严重冻胀。

毛细水水分子排列的紧密程度介于结合水和普通液态水之间，其冰点也在普通液态水之下。毛细水还具有极微弱的抗剪强度，在剪应力较小的情况下会立刻发生流动。

（2）重力水。这种水位于地下水位以下较粗颗粒的孔隙中，只受重力控制，是水分子不受土粒表面吸引力影响的普通液态水。受重力作用由高处向低处流动，具有浮力的作用。在重力水中能传递静水压力，并具有溶解土中可溶盐的能力。

3. 气态水

此种水是以水汽状态存在于土孔隙中。它能从气压高的空间向气压低的空间移动，并可在土粒表面凝聚并转化为其他类型的水。气态水的迁移和聚集使土中水和气体的分布状态发生变化，可使土的性质改变。

4. 固态水

此种水是当气温降至 0 ℃ 以下时，由液态的自由水冻结而成。由于水的密度在 4 ℃ 时最大，低于 0 ℃ 的冰，不是冷缩，反而膨胀，使基础发生冻胀。寒冷地区基础的埋置深度要考虑冻胀问题。土质学与土力学中将含有固态水的土列为四相体系的特殊土——冻土。

三、土中气体

土中气体指土固体矿物之间的孔隙中，没有被水充填的部分。土的含气量与含水量有密切关系。

土中气体的成分与大气成分比较，主要区别在于 CO_2、O_2 及 N_2 的含量不同。一般土中气体含有最多的 CO_2，较多的 N_2；含较少的 O_2，土中气体与大气的交换越困难，两者的差别就越大。

土中气体可分为自由气体和封闭气泡两类。自由气体与大气相连通，通常在土层受力压缩时即逸出，对土的工程性质影响不大；封闭气泡与大气隔绝，对土的工程性质影响较大，在受外力作用时，随着压力的增大，这种气泡可被压缩或溶解于水中，压力减小时，气泡会恢复原状或重新游离出来。若土中封闭气泡很多时，将使土的压缩性增大，渗透性降低。土质学与土力学中将这种含气体的土称为非饱和土。

第二节 土的物理性质

土的物理性质是指土的各组成部分（固相、液相和气相）的数量比例（见图 7.2）、性质、排列方式等所表现的物理状态，是土最基本的工程性质。

一、土的密度

土的密度是指土的总质量与土的总体积的比值。根据孔隙中含水的情况可将土的密度分为天然密度（ρ）、干密度（ρ_d）、饱和密度（ρ_f）。

1. 天然密度

天然密度也称湿密度，指天然状态下土的单位体积的质量，即

$$\rho = \frac{m}{V} = \frac{m_s + m_w}{V} \tag{7.5}$$

式中　ρ——土的天然密度；
　　　m，V——土的总质量和总体积（cm^3）；
　　　m_s，m_w——土的颗粒质量和土的水分质量（g）。

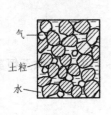　　　　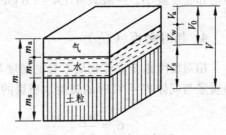

（a）实际土体　　　　（b）土的三相图　　　　（c）土的三相比例图

图 7.2　土的三相图

土的天然密度一般在 1.6～2.2 g/cm³，通常用环刀法、灌砂法测定。

2. 干密度（ρ_d）

干密度是指干燥状态下单位体积土的质量，即土中固体土粒的质量与土的体积的比值：

$$\rho_d = \frac{m_s}{V} \tag{7.6}$$

式中　ρ_d——干密度（g/cm³）；
　　　其余符号意义同前。

土的干密度实际上是土中完全不含水分时的密度，它是土密度的最小值。土的干密度与土中所含土粒质量的多少有关，也就是与土结构的紧密程度有关，间接与土粒的矿物成分相

关。某一土样的干密度值的大小主要取决于土的结构，因为它在这一状态下与含水量无关。因此，土的结构影响着干密度的值，干密度值越大，土越密实。所以干密度在一定程度上反映了土粒排列的紧密程度，在工程中常用它来作为压实的控制指标。

3. 饱和密度（ρ_f）

饱和密度是指土的孔隙中全被水充满的情况下单位体积的质量，即土粒的质量（m_s）及孔隙中充满的水的质量（m_s）之和与土的总体积（V）的比值：

$$\rho_f = \frac{m_s + m_w}{V} \tag{7.7}$$

$$\rho_f = \frac{m_s + v_n \rho_w}{V} \tag{7.8}$$

式中　　ρ_f——土的饱和密度（g/cm^3）；

m_w——土的孔隙中充满水的质量（g）；

V_n——孔隙的体积（g/cm^3）；

ρ_w——水的密度（g/cm^3）；

其余符号意义同前。

土饱和密度的大小，与土中孔隙体积和组成土粒矿物成分及其密度有关。土中孔隙体积小，土粒密度大，土的饱和密度就大，反之则小。含有机质较多的淤泥质土，孔隙体积大，其饱和密度就小，一般只有 1.4～1.6 g/cm^3。

4. 相对密度（G_s）

相对密度指土固体物质本身的密度与水密度之比，即土在 105 ℃～110 ℃下烘至恒重时的质量与同体积 4 ℃时的蒸馏水质量的比值：

$$G_s = \frac{m_s}{m_w} = \frac{m_s}{v_s \rho_w} \tag{7.9}$$

式中　　G_s——土粒的相对密度（g/cm^3）；

m_w——4 ℃时同体积蒸馏水的质量（g）。

其余符号意义同前。

土粒相对密度只与组成土粒的矿物成分有关，而与土的孔隙大小及其所含水分多少无关。随着土颗粒的矿物成分不同，其土粒相对密度也不同。砂土的颗粒相对密度较小，一般为 2.65～2.75；黏土的颗粒相对密度较大，一般为 2.75～2.80。当土中含有机质较多时，土粒相对密度减小。

二、土与水的关系

1. 含水量（w）

含水量指土中所含水分的质量与干土颗粒质量的比值，用百分比表示：

$$w = \frac{m_w}{m_s} \times 100\% \tag{7.10}$$

式中　w——土的含水量（%）；

其余符号意义同前。

土的含水量越大，表明土中的水分也越多。通常用烘干法或酒精燃烧法直接测定。土中所含水分多少的不同所表现出的工程性质各不相同。

2. 土的饱和含水量（w_{max}）

土的饱和含水量是假定土中的孔隙全部被水充满，达到饱和状态时的含水量，即土的孔隙充满水分的质量与干土颗粒质量的比值，用百分比表示：

$$w_{max} = \frac{V_n \rho_w}{m_s} \times 100\% \tag{7.11}$$

式中　w_{max}——土的饱和含水量（%）；

其余符号意义同前。

饱和含水量实质上就是用水的数量来表示土中孔隙体积的大小，即 $V_n = m_w$。

3. 土的最佳含水量（$w_{佳}$）

土的最佳含水量是指土在标准击实试验条件下，能达到最大干密度时的含水量。一般是通过土的击实曲线得到，或利用相关物理指标导出。

4. 土的饱和度（S_r）

饱和度是土中天然含水量的体积（V_w）与土的全部孔隙体积（V_n）的比值，用百分比表示：

$$S_r = \frac{V_w}{V_n} \times 100\% \tag{7.12}$$

或者，用天然含水量（W）和饱和含水量（w_{max}）的比值来表示：

$$S_r = \frac{w}{w_{max}} \times 100\% \tag{7.13}$$

式中　S_r——土的饱和度（%）；

其余符号意义同前。

饱和度是用于描述土中水充满孔隙的程度，$S_r = 0$ 为完全干燥土，属二相系（固、气）；$S_r = 1$ 为完全饱和土属二相系（固、液）；S_r 介于 0~1，按照天然砂性土所含水分的多少，可将砂性土划分为 3 个状态：

    稍湿的　　　　　　$0 \leqslant S_r \leqslant 50\%$
    很湿的　　　　　　$50\% < S_r \leqslant 80\%$
    饱和的　　　　　　$80\% < S_r < 100\%$

颗粒较粗的砂性土，对含水量的变化不敏感，当含水量发生某种改变时，它的物理力学性质变化不大，所以对砂性土的物理状态可以用饱和度（S_r）来表示。但对黏性土而言，它对含水量的变化十分敏感，随着含水量增加体积膨胀，结构也发生改变。黏性土一般不用S_r这一指标。

三、土的孔隙性结构指标

土不是致密无隙的固体，在土颗粒间存在着较多的孔隙。土的孔隙性是指孔隙的大小、形状、数量及连通情况等特征。土的孔隙性决定于土的粒度成分和土的结构，即土粒排列的松紧程度。

1. 孔隙比（e）

孔隙比是指土中孔隙的体积（V_n）与土粒的体积（V_s）的比值：

$$e = \frac{V_n}{V_s} \tag{7.14}$$

式中　e——土的孔隙比；

其余符号意义同前。

土的孔隙比是反映结构状态的一个指标，它可用来比较土内孔隙总体大小。e值越大，土体越松，反之紧密。土的松密程度是决定土体强度的主要指标，一般在天然状态下的土；若$e<0.6$，可认为是工程性质良好的土；若$e>1$，表明土中$V_n>V_s$，是工程性质不良的土。以孔隙比e作为砂土密度划分标准，见表7.1。

表7.1　按孔隙比e划分砂土密实度

砂土的名称 \ 密实度	密实度	中密的	松散的
砾砂、粗砂、中砂	$e<0.55$	$0.55 \le 0.65$	$e>0.65$
细砂	$e<0.60$	$0.60 \le 0.70$	$e>0.70$
粉砂	$e<0.60$	$0.60 \le 0.80$	$e>0.80$

2. 孔隙度（n）

在天然状态下，土中的孔隙体积与整个土体积的比值，称为孔隙度或孔隙率，用百分比表示：

$$n = \frac{V_n}{V} \times 100\% \tag{7.15}$$

孔隙率与孔隙比之间存在着下述换算关系：

$$n = \frac{e}{1+e} \tag{7.16}$$

具有单粒结构的土，由于颗粒排列松紧不同，孔隙度也有变化：排列紧密的孔隙度小，排列松散的孔隙度大。粒度成分对孔隙度也有很大的影响，不均粒土的孔隙度要小于均粒土的孔隙度。

具有絮状结构的黏性土，单个孔隙很小，但数量很多。水在其中为结合水，所以黏性土的孔隙度可以大于50%，即$V_s < 50\%$。

n 与 e 都是反映孔隙性的指标，但在应用上有所不同。凡是用于与整个土的体积有关的测试时，一般用 n 较为方便；但若要对比一种土的变化状态时，则用 e 较为准确。由于 V_s 是不变的，可视为定值，土在荷载作用下引起变化的是 V_n，而 e 的变化直接与 n 的变化成正比，所以 e 能更明显地反映孔隙体积的变化。在工程设计和计算中常用 e 这一指标。

3. 砂类土的相对密实度（D_r）

相对密实度是反映砂类土在天然状态下松密程度的指标，数值上它等于砂土在最疏松状态和天然状态下孔隙比之差与最疏松状态和最密实状态下孔隙比之差的比值，即

$$D_r = \frac{e_{\max} - e}{e_{\max} - e_{\min}} \tag{7.17}$$

式中　D_r——相对密实度；
　　　e——土的天然孔隙比；
　　　$e_{\min}$——最密实状态的孔隙比；
　　　$e_{\max}$——最疏松状态的孔隙比。

上式也等价为

$$D_r = \frac{(\rho_d - \rho_{d\min})\rho_{d\max}}{(\rho_{d\max} - \rho_{d\min})\rho_d} \tag{7.18}$$

式中　D_r——相对密实度；
　　　ρ_d——土的干密度；
　　　$\rho_{d\min}$——最疏松状态土的干密度；
　　　$\rho_{d\max}$——最密实状态土的干密度。

相对密实度可以用来判断砂性土的密实状态及其是否有压密的可能性。当 $D_r = 1$ 时，土体为密实的；$D_r = 0$ 时，土为最疏松状态，在外力作用下，土体的压缩性很大。按 D_r 的大小，砂性土可分为4种状态，见表7.2。

表7.2 的分级办法具有一定的意义，是合理的。但由于目前对 $e_{\max}$ 和 $e_{\min}$ 尚难准确测定，加之要取得原状土的土样也十分困难，故对砂土 D_r 值所测定的误差比较大。故在实际工程中，常利用标准贯入试验法或静力触探试验法，在现场测定其近似值，作为 D_r 分级的参考依据。

表7.2　砂土密实度划分

分级		相对密实度 D_r	标准贯入平均击数（$N/63.5$ kg）
密度		$D_r \geq 0.67$	30~50
中密		$0.67 > D_r > 0.33$	10~29
松散	稍松	$0.33 \geq D_r \geq 0.20$	5~9
	极松	$D_r < 0.20$	<5

土的干密度、孔隙比、孔隙度三者换算关系见表 7.3。

表 7.3　三相指标的换算关系

指标名称	换算公式	指标名称	换算公式
干密度（ρ_d）	$\rho_d = \dfrac{\rho}{1+w}$	饱和密度（ρ_f）	$\rho_f = \dfrac{\rho(\rho_s-1)}{\rho_s(1+w)}+1$
孔隙比（e）	$e = \dfrac{\rho_s(1+w)}{\rho}$	饱和度（s_r）	$s_r = \dfrac{\rho_s \cdot \rho \cdot w}{\rho_s(1+w)-\rho}$
孔隙度（n）	$n = 1 - \dfrac{\rho}{\rho_s(1-w)}$		

四、土的物理性质指标间的相互关系

前面介绍的土的物理性质指标实际上是土的固相、液相和气相在质量和体积方面不同组合上所构成的不同比值，即三者之间的质量与质量、质量与体积、体积与体积相互组成不同性质的指标。在工程地质检测中，只有准确地掌握了这些概念，才能正确地评价土质。

为了进一步了解各指标的内容及其相互关系，现将上述各项指标定义、指标来源及对指标的实际应用等方面，归纳为"土的物理性质主要指标一览表"，供对照参考，见表 7.4。

表 7.4　土的物理性质主要指标一览表

指标名称	表达式	参考数值	指标来源	实际应用
相对密度 G_s（比重）	$G_s = \dfrac{m_s}{v_s \rho_w}$	2.65～2.75	由试验确定	① 换算 n、e、ρ_d； ② 工程计算
密度 ρ /（g/cm³）	$\rho = \dfrac{m}{v}$	1.60～2.20	由试验确定	① 换算 n、e； ② 说明土的密度
干密度 ρ_d /（g/cm³）	$\rho_d = \dfrac{m_s}{v}$	1.30～2.00	$\rho_d = \dfrac{\rho}{1+w}$	① 换算 n、e； ② 粒度分析、压缩试验资料整理
饱和密度 ρ_f /（g/cm³）	$\rho_f = \dfrac{m_s + v_n \rho_w}{v}$	1.80～2.30	$\rho_f = \dfrac{\rho(G_s-1)}{G_s(1+w)}$	—
水下密度 ρ' /（g/cm³）	$\rho' = \dfrac{m_s + v_s \rho_w}{v}$	0.8～1.30	$\rho' = \dfrac{\rho(G_s-1)}{G_s(1+w)}$	① 计算潜水面以下地基自重应力； ② 分析人工边坡稳定
天然含水量 W	$W = \dfrac{m_w}{m_s}$	$0 < w < 1$	由试验确定	① 换算 S_r、ρ_d、n、e； ② 计算土的稠度指标
饱和含水量 w_{max}	$w_{max} = \dfrac{v_n \rho_w}{m_s}$		$w_{max} = \dfrac{G_s(1+w)-\rho}{G_s \rho}$	—

续表

指标名称	表达式	参考数值	指标来源	实际应用
饱和度 S_r	$S_r = \dfrac{v_w}{w_n}$	0～1	$S_r = \dfrac{G_s \rho_w}{G_s(1+w) - \rho}$	① 说明土的饱水状态； ② 砂土、黄土计算地基承载力
天然孔隙度 n	$n = \dfrac{v_n}{v}$		$n = 1 - \dfrac{\rho}{G_s(1+w)}$	① 计算地基承载力； ② 砂土估计密度和渗透系数； ③ 压缩试验整理资料
天然孔隙比 e	$e = \dfrac{v_n}{v_s}$		$e = \dfrac{G_s(1+w)}{\rho} - 1$	① 说明土中孔隙体积； ② 换算 e 和 ρ'

土的物理性质指标的相互关系，可用三相图法换算，通过试验测得的 3 个基本物理指标后，就可以计算出其他指标。下面介绍换算的基本思路：

【例 7.1】 一块原状土样，经试验测得天然密度 $\rho = 1.67 \text{ g/cm}^3$，含水量 $W = 12.9\%$，土粒相对密度 $G_s = 2.67$。求孔隙比 e、孔隙率 n、饱和度 S_r。

解 给出土的三相图，如图 7.3 所示。

（1）以土的总体积为 1，设 $V = 1$（图 7.4 骨架）作为计算的出发点，事实上由于土的各项物理性质指标三相间量的比例关系，不是量的绝对值，取其他的量为 1（如 $V_s = 1$，$m_s = 1$ 等）作为出发点，都可以得出同样的结果。

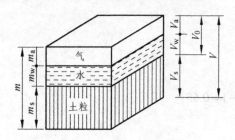

图 7.3　土的三相示意图

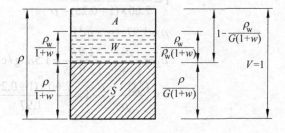

图 7.4　三相图法与导出公式

V —土的总体积（cm）；V_n —孔隙的体积（cm）；
V_a —气体的体积（cm）；V_w —水的体积（cm）；
V_s —土粒的体积（cm）；m —土的总质量（g）；
m_a —气体的质量（g）；m_w —水的质量（g）；
m_s —土粒的质量（g）

（2）因为 $\rho = \dfrac{m}{V}$，所以 $m = \rho V = 1.67$ (g)

（3）因为 $w = \dfrac{m_w}{m_s}$，所以 $m_w = 0.129 m_s$

$m = m_s + m_w + m_a$，$m_a = 0$，所以 $m = m_s + m_w$

$1.67 = m_s + 0.129 m_s$，$m_s = 1.48$ g

（4）因为 $G_s = \dfrac{m_s}{V_s \rho_w}$，近似取 $\rho_w = 1$ (g/cm³)，所以 $V_s = \dfrac{m_s}{G_s} = \dfrac{1.48}{2.67} = 0.554$ (cm³)

（5）因为 m_w 与 V_w 数值上相等，所以 $m_w = V_w = 0.129 \times 1.48 = 0.19$

(6) 因为 $V_n + V_s = V = 1$，所以 $V_n = 1 - 0.554 = 0.446 \text{ cm}^3$

到此为止，三相图上所有有数据全部求出。根据各项物理性质指标的定义，可求出相应的数值：

$$e = \frac{V_n}{V_s} = \frac{0.446}{0.554} = 0.81$$

$$n = \frac{V_n}{V} \times 100\% = \frac{0.446}{1} \times 100\% = 44.6\%$$

$$S_r = \frac{V_w}{V_n} \times 100\% = \frac{0.19}{0.466} \times 100\% = 43\%$$

如果例 7.1 在计处算时设 $M=1$ 或 $V_s=1$，其结果是否相同？请自己证明。

各项指标换算公式可见表 7.5。

【例 7.2】 某饱和砂土，已测得其含水量 $w=25\%$，颗粒相对密度 $G_s=2.60$，试求其天然密度 ρ、干密度 ρ_d 及孔隙比 e。

解 从题意知：饱和砂土 $S_r=1$，其含量为饱和含水量 $w=w_{\max}=25\%$，$G_s=2.60$

用换算公式求解：

$$S_r = \frac{G_s \rho_w}{G_s(1+w) - \rho}$$

$$1 = \frac{2.60 \times \rho \times 0.25}{2.60 \times (1+0.25) - \rho}$$

$$\rho = 1.97 \text{ (g/cm}^3)$$

$$\rho_d = \frac{\rho}{1+w} = \frac{1.97}{1+0.25} = 1.58 \text{ g/cm}^3$$

$$e = \frac{G_s(1+w)}{\rho} - 1 = \frac{2.60 \times (1+0.25)}{1.97} - 1 = 0.65$$

五、土的压实

路基是公路组成的重要部分，它与路面共同承受来自行车荷载和自然因素的作用，所以要求路基具有足够的强度和稳定性。

土作为填筑路基的主要建筑材料之一，因此如何提高土基的强度与稳定性是我们研究的主要课题。在生产实践中，如未经压实的建筑土方工程，在自然因素和外荷载作用下必然产生很大的变形和破坏；而密实的土基，不但可以减少大规模的破坏，还可以显著减少路基的变形。所以提高土基的密实度是提高路基强度和稳定性的主要措施之一，同时土基的密实度变大还可以提高土基的承载能力，减小路面层的厚度，从而降低工程造价。

1. 路基压实的评定指标

土是由三相体组成的，它们具有各自的特性，相互制约，共同统一存在于的土体中，构成土体的各种物理性质——渗透性、黏滞性、压缩性、弹性、塑性和力学性质等。而土体中三相在体积和重量上的比例关系，既是评价土的工程性质又是影响土压实性能的重要因素。

一般说来土的干密度 ρ_d 越大，土体越密实，土体的强度和承载力越高。而提高土体的干密度则需改变土的三相组成比例，用压实机械对填土路基碾压就是改变土的三相组成比例的方法，增加单位体积内固体颗粒百分含量，减小孔隙率。即通过碾压使土体达到：

（1）通过压实使土重新排列，土粒相互靠近，单位重量增加，黏结力增大，土体强度提高。

（2）通过压实使土粒外表的水膜减至更薄，增加其内聚内，提高土体的抗剪强度。

（3）通过压实将土壤孔隙中的空气挤出，减小孔隙率，增大土的密度，提高土体的水稳定性和减少冻胀而引起的不均匀变形。

实践中常用压实度来表示土基压实的好坏。所谓压实度，是指路基土压实后的干密度与该土的标准干密度之比，并用百分比表示，即

$$K = \frac{\rho_d}{\rho_m} \times 100\% \tag{7.19}$$

式中　K ——土基压实度（%）；
　　　ρ_d ——压实后的干密度（g/cm³）；
　　　ρ_m ——最大干密度（或称标准干密度）（g/cm³）。

例如：一种低液限黏性土，压实后经现场取样求得土的干密度 $\rho_d = 1.93 \text{ g/cm}^3$，试验室求得该土的最大密度 $\rho_m = 2.046 \text{ g/cm}^3$，则其压实度为

$$K = \frac{\rho_d}{\rho_m} \times 100 = \frac{1.93}{2.046} \times 100 = 94.3\%$$

说明土在现场压实后获得的干密度，只达到最大干密度的 94.3%。

2. 标准干密度的确定方法

根据《公路土工试验规程》的规定，对细粒土、含砾土等的标准干密度（最大干密度）采用标准击实试验确定，同时亦可得出相应的最佳含水量。

击实试验是模拟现场施工条件，利用实验室标准化击实仪具，试验材料的密度和相应的含水量的关系。试验规程分轻型和重型两种击实试验方法。不同试验方法的设备和主要参数如表 7.6，各试验类型试料用量按表 7.7 准备。

表 7.6　试验方法类型

试验方法	类别	锤底直径/cm	锤重/kg	落高/cm	试筒尺寸			层数	每层击数	击实功/(kJ/m²)	最大粒径/mm
					内径/cm	高/cm	容积/cm³				
轻型Ⅰ法	1.1	5	2.5	30	10	12.7	997	3	27	598.2	20
	1.2	5	2.5	30	15.2	12	2 177	3	59	598.2	40
重型Ⅱ法	Ⅱ.1	5	4.5	45	10	12.7	997	5	27	2 687	20
	Ⅱ.2	5	4.5	45	15.2	12	2177	3	98	2 687	40

表 7.7 试料用量

使用方法	类别	试筒内径/cm	最大粒径/mm	试料用量/kg
干法、试样重复使用	a	10	5	3
		10	25	4.5
		15.2	38	6.5
干法，试样不重复使用	b	10	至 25	至少 5 个土样，每个 3
		15.2	至 38	至少 5 个土样，每个 6
湿法，试样不重复使用	c	10	至 25	至少 5 个土样，每个 3
		15.2	至 38	至少 5 个土样，每个 6

表中干法即加水法，每次按增加 2%~3% 的含水量递增；湿法即对于高含水量土采用多个试样，分别风干至不同的含水量状态，亦称减水法。

配制一组不同含水量的试样（不少于 5 个，按估计的塑限为最佳含水量，其他依此相差约 2%），通过击实试验，将每个试样所得到的含水量（w）与干密度（ρ_d）绘制成击实曲线图（见图 7.5）。则曲线峰值所对应的含水量即为最佳含水量（w_o），对应的干密度即是最大干密度（ρ_{dmax}）。

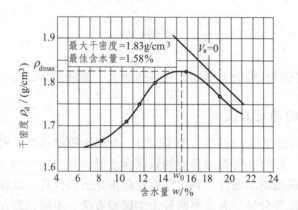

图 7.5 击实曲线

六、黏性土的界限含水量

黏性土的颗粒很细，颗粒粒径 $d < 0.002$ mm，细土粒周围形成电场，电子又为引水分子定向排列，形成黏结水膜。土粒与土中水相互作用很显著，关系密切。

黏性土随含水量不断增加，土的状态变化为：固态→半固态→塑态→液态，相应的地基承载力基本值 $f_0 > 450$ kPa 逐渐下降为 $f_0 > 45$ kPa，即承载力相差 10 倍以上。由此可见黏性土最主要的物理性质是土粒与土中水相互作用产生的稠度，即土的软硬程度或土对外力引起变形或破坏的抵抗能力。

黏性土的稠度，反映土粒之间的联结强度随着含水量高低而变化的性质。黏性土在不同的稠度时所呈现的固态、半固态、塑态、液态称为稠度状态。由于含水量的变化，黏性土可从一种稠度状态转变为另一种稠度的界限,称为稠度界限。由于稠度界限是用含水量表示的,又称界限含水量。各种不同状态之间的界限含水量具有重要的意义。

1. 液限 w_L(%)

液限又称塑性上限或液限下限,是指黏性土由可塑状态转变为流动状态时的分界含水量。

测定方法:液塑限联合测定。

2. 塑限 w_P(%)

塑限又称塑性下限,是可塑状态与半干硬状态之间的界限含水量。

测定方法:液塑限联合测定或滚搓法。

3. 塑性指数 I_P

黏性土自可塑状态起,逐渐增加含水量到滞流状态出现为止,若增加的含水量幅度大,说明该黏性土的吸水能力很强,有较大的保持塑限状态的能力,我们称这样的黏土具有高塑性;如果由可塑状态转变到滞流状态所增加的含水量很小,就称这一类黏性土为低塑性。黏性土塑性的高低,通常用塑性指数 I_P 表示,即塑性指数大的黏性土具有较高塑性,塑性指数小的黏性土具有较低塑性。在数值上,塑性指数等于液限与塑限之差。

$$I_P = w_L - w_P \tag{7.20}$$

塑性指数是反映黏性土中黏粒和胶粒含量的一个重要指标,塑性指数大的黏性土,表明土中黏粒和胶粒多。在工程地质实践中常用 I_P 值对黏性土进行分类和命名,见表 7.8。

表 7.8 土按塑性指数 I_P 分类

土的名称	砂土(无塑性土)	亚黏土(低塑性土)	亚黏土(中塑性土)	黏土(高塑性土)
塑性指数	$I_P < 1$	$1 < I_P \leq 10$	$10 < I_P \leq 17$	$I_P > 17$

4. 液性指数 I_L

土的天然含水量在一定程度上反映了土中水的多少,但天然含水量并不能说明土处于什么物理状态,因此还需要一个能够表示天然含水量与界限含水量关系的指标,即液性指数 I_L。

$$I_L = \frac{w - w_P}{I_P} = \frac{w - w_P}{w_L - w_P} \tag{7.21}$$

式中 I_L——土的液性指数;

w_L——土的液限;

w_P——土的塑限。

对于某种黏性土,其液限 w_L 和塑限 w_P 都是一个定值,土的天然含水量越大,液性指数越大,土越稀软。在工程中,为了更好地掌握天然土的稠度状态,将液性指数划分为 5 级,见表 7.9。

表 7.9 按液性指数（I_L）对土的稠度状态分级

液性指数值	$I_L \leq 0$	$0 < I_L \leq 0.25$	$0.25 < I_L \leq 0.75$	$0.75 < I_L \leq 1$	$I_L > 1$
稠度状态	干硬状态	硬塑状态	可塑状态	软塑状态	流动状态

注：该分类方法按《工业与民用建筑工程地质勘察规范》摘取。

黏性土的干、湿程度或软硬程度，可以用液性指数判断，这有助于了解天然土的物理性能。

第三节 土的颗粒级配

自然界的土中，作为组成土体骨架的土粒，大小悬殊，性质各异。工程上常把组成土的各种大小颗粒的相互比例关系，称为土的粒度成分。土的粒度成分如何，对土的一系列工程性质有着决定性的影响，因而它是工程地质研究的主要内容之一。

一、粒组的划分

土的粒度，是指土颗粒的大小，以粒径表示，通常以 mm 为单位。土粒由粗到细，粒径尺寸相差非常悬殊，为了研究方便，将一定范围大小的土粒合并成一组，将土粒由粗到细划分为若干段，每一段规定一个粒径尺寸范围，称为粒组。每个粒级的区间内，常以其粒径的上、下限给粒组命名，见表 7.10

表 7.10 粒组划分表

粒径/mm	200	60	20		5		2		0.5		0.25	0.074	0.002
巨粒组			粗粒组									细粒组	
	漂石（块石）	卵石（小块石）	砾（角砾）				砂					粉粒	黏粒
			粗	中		细	粗		中		细		

从工程地质角度看，划分原则如下：

（1）应符合量变到质变的规律。以 2 mm 粒径为土粒有无毛细水的界限；以 0.074 mm 粒径为土粒有无水联结和有无黏着力的界限；以 0.002 mm 粒径为土粒有无黏着力的界限。

（2）应与现代粒度分析水平相适应。粒径大于 0.074 mm 的土粒，可用筛析法进行颗粒分析；粒径小于 0.074 mm 的土粒，可采用静水沉降法进行颗粒分析。

（3）粒组的界限值服从数学规律，便于记忆。

二、粒度成分的分析方法

一般天然土都由若干个粒组组成，它所包含的各个粒组在土的全部质量中各自占有的比例，称为粒度成分。

组成土体的粒径是大小不同的粒集合体，土粒粒径的大小和级配与土的工程性质紧密相关。土的颗粒分析试验就是测定土的粒径大小和级配状况，为土的分类、定名和工程应用提供依据。对于粒径大于 0.074 mm 的土用筛析法直接测试，粒径小于 0.074 mm 的土用静水沉降法间接测试。

1. 筛析法

将土样通过一组标准筛，对于通过某一筛孔的土粒，可以认为其粒径恒小于该筛的孔径；反之，遗留在筛上的颗粒，可以认为其粒径恒大于该筛孔径，这样即可把土样的大小颗粒按筛孔大小逐级加以分组和分析。砂类土按颗粒级配分类见表 7.11。

表 7.11　砂类土按颗粒级配分类

土的名称	颗粒级配	土的名称	颗粒级配
砾砂	粒径>2 mm 的颗粒占全部土质量的 25%~50%	细砂	粒径>0.1 mm 的颗粒超过全部土质量的 50%
粗砂	粒径>0.5 mm 的颗粒占全部土质量的 50%	粉砂	粒径>0.5 mm 的颗粒不超过全部土质量的 50%
中砂	粒径>0.25 mm 的颗粒占全部土质量的 75%		

2. 沉降分析法

基本原理是 0.002~0.02 mm 粒径的土在水或液体中靠自重下沉时，应作等速运动，运动的规律符合司笃克斯定律。司笃克斯定律认为土粒越大，在静水中沉降的速度越快；反之土粒越小，沉降速度越慢。设土粒为圆球形颗粒，在无限大的水中沉降，它在重力作用下产生的稳定沉降速度为 v，则粒径与沉降速度的平方根成正比：

$$v = \frac{2}{9} R^2 \frac{\rho_s - \rho_w}{\eta} \tag{7.22}$$

式中　v——球形颗粒在液体中的稳定沉降速度（m/s）

　　　R——球形颗粒的半径（m）；

　　　ρ_s，ρ_w——颗粒及液体的密度（t/m³）；

　　　η——液体的动力黏度（Pa·s）。

上式也可写成：

$$d = \sqrt{\frac{18\eta}{\rho_s - \rho_w}} \cdot \sqrt{v} \tag{7.23}$$

式中　d——土粒粒径；

　　　其余符号意义同前。

在进行粒度成分分析时，先把一定质量的干土制成一定体积的悬液，搅拌均匀后各种粒径的土在悬液中分布是均匀的，各种粒径在悬液中的浓度在不同深处都是相等的。静置一段时间后悬液中不同粒径的颗粒以相应的速度在水中沉降，较粗颗粒沉降较快，细颗粒沉降慢，这样悬液中各段的密度有不同程度的减小，粒度成分发生变化（见图 7.6）。利用这一基本现象可用比重计法分别测出各粒级的粒径大小。

三、粒度成分的表示方法

经过试验分析，知道了土样中各粒组的相对含量之后，就可用一定的方法将它表示出来。

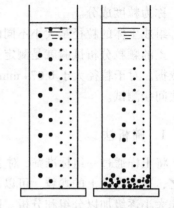

图 7.6　土粒在悬液中的沉降示意图

1. 表格法

以列表的形式直接表达各粒组的百分含量，见表 7.12。

表 7.12　土的粒度成分表格法

粒组/mm		粒度成分（以质量百分比计）		
		土样 a	土样 b	土样 c
砾粒	10~5	—	25.0	—
	5~2	3.1	20.0	—
	2~1	6.0	12.3	—
砂粒	1~0.5	14.4	8.0	—
	0.5~0.25	41.5	6.2	—
	0.25~0.1	26.0	4.9	8.0
	0.10~0.05	9.0	4.6	14.4
粉粒	0.05~0.01	—	8.1	37.6
	0.01~0.005	—	4.2	11.1
黏粒	0.005~0.002	—	5.2	18.9
	<0.002	—	1.5	10.0

2. 累积曲线法

它是一种比较完善的图示方法。通常用半对数坐标纸绘制，以土粒粒径尺寸的常用对数作为横坐标，小于某一粒径尺寸的粒组累计相对含量的百分比为纵坐标，将经过筛分法或沉降法所得到的粒度成分分析结果，绘制在这个半对数坐标纸上，就得到了粒度成分的累积曲线图（见图 7.7）

从累积曲线图上可以看出：曲线平缓，表明土的粒度成分混杂，大小粒组都有，各粒组的相对含量都差不多；曲线坡度较陡，表明土粒比较均匀，斜率最大线段处所包括的粒组在土样中的含量最多，成为具有代表性的粒组。

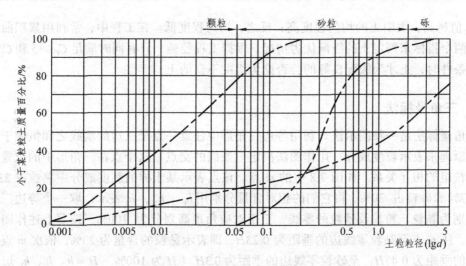

图 7.7　土颗粒成分累积曲线

（1）累积曲线的用途。

① 从累积曲线的形态及分布的粒组区间可判断土的粒度成分的级配特征。

② 利用累积曲线可以求得有关土粒的级配指标、不均匀系数 C_U 和曲率系数 C_C。

③ 通过累积曲线可以查知各粒组的相对含量，给土进行命名。

（2）土粒的级配指标。

① 不均匀系数 C_U。不均匀系数反映土粒大小不同组的分布情况，它是限定粒径 d_{60} 与有效粒径 d_{10} 的比值：

$$C_U = \frac{d_{60}}{d_{10}} \tag{7.24}$$

式中　C_U——土的不均匀系数；

　　　d_{10}——有效粒径，在累积曲线上，累积含量为 10% 时所对应在横坐标上的粒径值（mm）；

　　　d_{60}——限定粒径，在累积曲线上，累积含量为 60% 时所对应在横坐标上的粒径值（mm）。

不均匀系数 C_U 可反映土的粗细情况和级配情况，C_U 值越大，曲线越平缓，表明土粒大小的分布范围大，土的级配良好；C_U 值越小，曲线越陡，表明土粒大小相似，土的级配不好。一般认为 $C_U<5$ 时，属于均匀粒土，其级配不良；$C_U \geqslant 5$ 的土为不均粒土，级配良好。在实际工作中，仅用 C_U 来判别土粒级配的好坏是不够的，还必须分析曲率系数 C_C。

② 曲率系数 C_C：

$$C_C = \frac{(d_{30})^2}{d_{10} d_{60}} \tag{7.25}$$

式中　C_C——累积曲线的曲率系数；

　　　d_{30}——在累积曲线上，累积含量为 30% 所对应在横坐标上的粒径值（mm）；

　　　其余符号意义同前。

C_C 值越高,表明土的均匀程度高;反之,均匀程度低。在工程中,常利用累积曲线法及其中的两个指标来判定土的级配优劣情况。根据工程经验,只有同时满足 $C_C \geqslant 5$ 和 $C_C = 1 \sim 3$ 这两个条件时,土才为级配良好的,否则为级配不良的土。

3. 三角坐标法

三角坐标法是一种图示法。利用等边三角形中任意一点至三边的垂线之和恒等于三角形之高的原理来表示粒度成分。用作图法决定三条线的交点,这个点在三角形中的位置,就表示 3 个粒组的相互关系。如图 7.8 中的 m 点,该点表示某土样的黏度成分中黏粒占 23%、粉粒占 47% 和砂粒占 30%。将它们的相对含量分别用 h_1、h_2、h_3 表示,取一个等边三角形的三边分别为黏粒、粉粒及砂粒的零线,至于对应角顶高划分为 100%,按照上述作图法找出交点 m,从 m 点至黏粒零线边的垂距为 $0.23H$,即表示黏粒的含量为 23%,依次 m 点至粉粒零线边的垂距为 $0.47H$,至砂粒零线边的垂距为 $0.3H$(H 为 100%,$H = h_1$、h_2、h_3)。

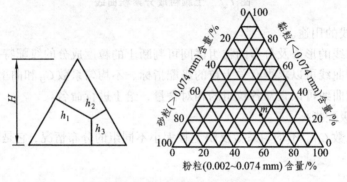

图 7.8 三角坐标表示粒度成分

三角坐标法的优点很多,能在同一张坐标图上,用若干点表示若干个土样的粒度成分,供我们分析比较。三角坐标法在道路工程、水利工程中是常用的方法。

第四节 土的工程分类与野外鉴别

土是自然界地质历史的产物,它的成分、结构和性质千变万化,其工程性质也千差万别,即便是组成结构和成分很相近的土,由于沉积深度或所经历的年代不同,土的工程性质、地质性质也可能相差很大。为了便于区分、鉴别,工程上常根据土的物理力学性质进行分类或定名。

一、土的分类原则和分类方法

1. 分类原则

粗粒土按粒度成分及级配特征;细粒土按塑性指数和液限,即塑性图法;有机土和特殊土则分别单独各列为一类。对定出的土名给以明确含义的文字符号,既可一目了然,又可便于查找,还可为计算机检索土质试验资料提供条件。

因此在介绍土的工程分类方法之前，应先认识和熟悉国内外通用的表示土类名称的文字代号（见表7.13）。

表7.13　工程土的分类符号

符号特征\土类	巨粒土（石）	粗粒土	细粒土	有机土
成　分	B—漂石 C_b—卵石	G—砾石 S—砂	F—细粒土 C—黏土 M—粉土 O—有机质土	P_t
级配或土性		W—良好级配 P—不良级配 P_u—均匀级配 P_g—阶段级配	V—很高液限 H—高液限 I—中液限 L—低液限	—

（1）土类名称可用一个基本符号表示。

（2）当由两个基本代号构成时，第一个代号表示土的主成分，第二个代号表示副成分（的液限或土的级配）。例如：

  GM   粉土质砾石
  GP   不良级配砾石
  ML   低液限粉土
  S-M   微含粉土砂（两个字母间用短线连接，表示微含）

（3）当由三个基本代号构成时，第一个代号表示土的主成分，第二代号表示液限高低或级配的好坏，第三个代号表示土中所含次要成分。例如：

  GHC   高液限含黏土砾石
  CLM   粉质低液限黏土
  SP-M 微含粉土不良级配的砂

2. 分类方法

土的分类方法有《公路桥涵地基与基础设计规范》和《公路土工试验规程》。本节仅介绍后者。

二、《公路土工试验规程》中土的分类

根据土类、土组和土名的次序区分，首先按相应的粒级含量超过50%来划分土类。对于混合土类，其中粒级含量小于5%为不含，5%~15%为微含，15%~50%为含量界限。对于细粒土类，按液限划分为低、中、高、很高4级。对已知土样应在试验室进行分类试验。用土的颗粒大小分析试验，确定各粒组的含量；用液、塑限测定仪测定土的液限、塑

限，并计算出塑性指数。对土的野外鉴别，可用眼看、手摸、嗅觉对土进行概略区分，最后将土分类、命名。

1. 工程土分类的总体系

巨粒土、粗粒土、细粒土和特殊粒土的分类标准如图7.9所示。

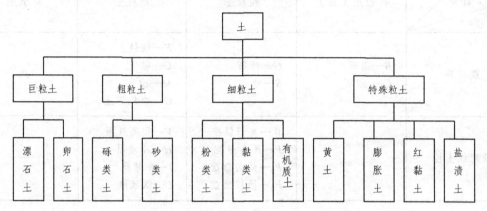

图7.9 土分类总体系

2. 巨粒土分类

（1）试样中巨粒组质量多于总质量50%的土称巨粒土，分类体系见图7.10。

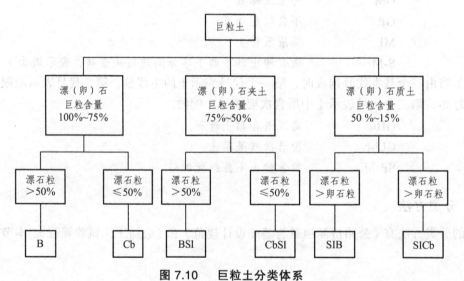

图7.10 巨粒土分类体系

（2）巨粒土可分为两类：一类是巨粒组质量多于总量75%的土称漂（卵）石；另一类巨粒组质量为75%~50%的土称漂（卵）石类土。

3. 粗粒土分类

试样中颗粒组质量大于总质量50%的土称为粗粒土，客观存在包括砾类土和砂类土，见图7.11、图7.12。

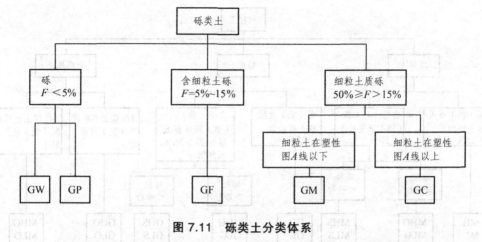

图 7.11　砾类土分类体系

注：砾类土分类体系中的砾石换成角砾，G 换成 G_a，即构成相应的角砾分类体系。

粗粒土主要以土的粒度和粒度成分划分。粒径大于 0.074 mm、小于 60 mm 的土必须占总土质量的 50% 以上。粗粒土是一种无凝聚的土，如砾类土和砂类土。凡粒径在 2~60 mm，含量在 50% 以上的土称为砾类土；粒径在 0.074~2 mm，含量在 50% 以上的土称为砂类土。如在粗粒土中含有细粒土，可按其含量的多少分含、微含、不含。粗粒土命名还应按级配状况来定土名，凡土的不均匀系数 $C_U \geqslant 5$ 且曲率系数 $C_U = 1~3$ 的粗粒称作级配良好，不能同时满足这两个条件的粗粒称作级配不良。对粗粒土中所含细粒土的性质也应进行分析，只有这样才能准确划分粗粒土类。

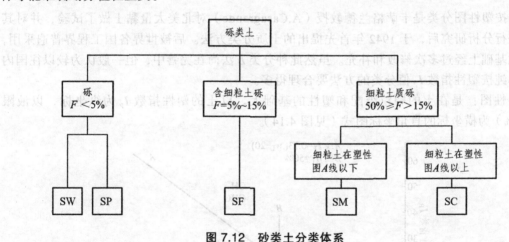

图 7.12　砂类土分类体系

注：需要时，砂可进一步细分为粗砂、中砂和细砂。

4. 细粒土分类

试样中细粒组质量多于总质量 50% 的土称为细粒土，主要成分是粉粒和黏粒，有时还含有有机质，见图 7.13。

在细粒土中，首先可以按粗粒土含量的多少分为含、微含、不含砾（砂）土；其次按细粒土的性质不同可分为不同液限的黏土或粉土。另外，细粒土还可按塑性图来命名、分类。

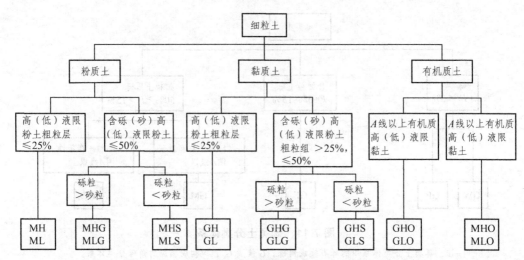

图 7.13　细粉土分类体系

土中有机质包括未完全分解的动植物残骸和完全分解的无定形物质。后者多呈黑色、青黑色或暗色，有臭味，有弹性和海绵感，借目测、手摸及嗅觉来判别。当不能判定时，可采用下列方法：将试样在 105 ℃～110 ℃ 的烘箱中烘烤，若烘烤 24 h 试样的液限小于烘烤前的 3/4，则该试验土为有机质土。当需要清楚有机质含量时，按有机质含量试验进行。

三、按塑性图分类

土按塑性图分类是卡萨格兰德教授（A.Casagrande）对北美大量黏土做了试验，并对其资料进行分析研究后，于 1942 年首先提出的土质分类方法。后被世界各国工程界普遍采用，并在此基础上经过多次修改和补充。虽然此种分类方法尚在完善中，但一般认为较以往国内外只单纯按塑性指数 I_P 值分类的方法要合理得多。

塑性图：是在土的颗粒级配和塑性的基础上，以土的塑性指数 I_P 为纵坐标，以液限 W_L（％）为横坐标的直角坐标图式（见图 4.14）。

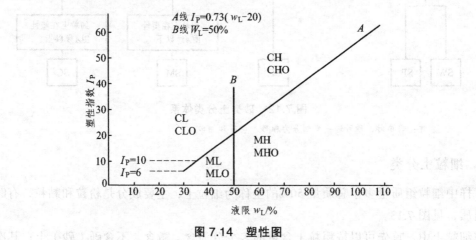

图 7.14　塑性图

在图中，用几条直线将直角坐标系分割成若干区域，不同的区域代表着不同性质的土类。

目前，世界各国在坐标图中对直线方程的取值的标准尚未统一，我国各部门的取值也不完全一样。

A 线方程：$I_P = 0.73(w_L - 20)$，将直角坐标图分为 C（黏土）区与 M（粉土）区。

B 线方程：$w_L = 50$（％），将坐标图按液限高低分割成两个区域，即由左至右分为：L（低液限）区、H（高液限）区；

在 L（低液限）区内，以 $I_P = 10$ 的水平线作为 C（黏性土）区与 M（粉性土）的分界线。

凡是用液塑限联合测定仪测定土的液限、塑限，并计算出相应的塑性指数，都可以根据这些数据，在塑性图上找到土样在图中的位置；再根据它在图中区域，可查知某一土样的土类或土名。

四、土的野外鉴别

在公路路线勘测过程中，除了在沿路线按需要采集一些土样带回实验室测试其有关技术指标外，还常常要在现场用目测、手触或借助简易工具和试剂及时直观地对土的性质和状态作出初步鉴定。其目的是为选线、设计和编制工程预算，提供第一手资料。对此，要求我们要在现场勘测时做到：第一，对取样土层的宏观情况作出较详细的描述和记录，并对其土层的基本性质作出初步判别；第二，对所取土样应直观地作出肉眼鉴别描述，并定出土名，以供室内试验后定名参考。

1. 野外现场记录及鉴别简易试验方法

（1）土的现场记录。

在取土时，应宏观上对土层进行描述并作详细记录。其内容包括：

① 取样日期、地点或里程（桩号）、方向或左右位置、沉积环境。

② 土层的地质时代、成因类型和地貌特征。

③ 取样深度及层位、何级阶地、阴阳边坡。

④ 取样点距地下水位的高度和毛细水带的位置，季节和天气（晴、阴、雨、雪等）。

⑤ 取样土层的结构、构造、密实和潮湿程度或易液化程度等。

⑥ 取样土层内夹杂物含量及分布。

⑦ 取样时土的状态（原状或扰动）。

（2）土的简易鉴别方法。

土的简易鉴别方法是用目测法代替筛分法确定土的颗粒组成及特征，用干强度、手捻、韧性和摇振反应等定性方法代替用液限仪测定细粒土的塑性。

① 手搓试验。将含水量略大于塑限的湿土块在手中揉捏均匀，再在手掌上搓成土条，根据土条不断裂而能达到的最小直径可区分为：能搓成 $\phi > 3.0$ mm 土条即断裂者为塑性低，能搓成 $\phi = 1 \sim 3.0$ mm 土条而不断的为塑性中等，$\phi < 1.0$ mm 土条为塑性高。

② 手捻试验。将稍湿或硬塑的小土块在手中揉捏，然后用拇指和食指将土捻成片状，根据手感和土片光滑度可分为：手感滑腻、无砂、捻面光滑者为塑性高；稍有滑腻、有砂类、捻面稍有光泽者为塑性中等；稍有黏性、砂感强、捻面粗糙者为塑性低。

③ 干强度试验。对于风干的土块,根据手指捏碎或掰断时用力的大小,可分为:很难或用力才能捏碎或掰断者为干强度高,稍用力即可捏碎或掰断者为干强度中等,易于捏碎或捻成粉末者为干强度低。

当土中含有高强度水胶结物质或碳酸钙时(如黄土),将使其具有较高的干强度,因此需辅以稀盐酸反应来鉴别。方法是用 2∶1(水∶浓盐酸)的稀盐酸滴在土块上,泡沫很多,且持续时间较长,表示含多量碳酸盐,如无泡沫出现,表示不含碳酸盐。

④ 韧性试验。将含水量略大于塑限的湿土块在手中揉捏均匀,在手掌上搓成 $\phi=3.0$ mm 左右的土条,再揉成团。根据难易程度将土区分为:能搓成土团,再成条,捏而不碎者为韧性高;可揉成团,捏而碎者为韧性中等;勉强或不能揉成团,稍捏或不捏即碎者为韧性低。

⑤ 摇振试验。将软塑至流动的小土块,团成小球状放在手上反复摇晃,并用另一手击振该手掌,土中自由水析出土球表面,呈现光泽;用两根手指捏土球,放松后又被吸入,光泽消失。根据水分析出和消失的快慢,可区分为:反应快,水分析出和消失迅速;反应中等,水分析出和消失中等;无反应,土球于击振后无析水现象。

⑥ 盐渍土的简单定性试验。取土数克,捏碎,放入试管中,加水 10 余毫升,用手堵住管口,摇荡数分钟后过滤,取滤液少许,分别放入另外几个试管中。用下列方法鉴定溶盐的种类:

a. 在试管中滴入 1∶1 的水∶浓硝酸(HNO_3)和 10%硝酸银($AgNO_3$)溶液各数滴,如有白色沉淀($AgCl$)出现时,则土中有氯化物盐类存在。

b. 在试管中加入 1∶1 的水∶浓盐酸(HCl)和 10%氯化钡($BaCl_2$)溶液各数滴,如有白色沉淀($BaSO_4$)出现时,则土中有硫酸盐类存在。

c. 在试管中加入酚酞指示剂 2~3 滴,如呈现樱桃红色,则土样中碳酸盐类存在。

2. 野外对土的基本描述和鉴别

(1)对土的基本描述。

在野外用肉眼鉴别土时,要针对不同土类所规定的内容进行描述,见表 7.14。

表 7.14 土的野外描述

土的分类	描述内容
碎石类土	名称、颜色、颗粒成分、颗粒风化程度、磨圆度、充填物成分、性质及含量、密实程度、潮湿程度
砂类土	名称、颜色、结构及构造、颗粒成分、粒径组成、颗粒形状、密实程度、潮湿程度
黏性土	名称、结构及构造、夹杂物性质及含量、密实程度、潮湿程度

(2)土的野外鉴别。

① 碎石类土和砂类土野外鉴别,见表 7.15。

表 7.15 碎石类及砂类土野外鉴别

鉴别方法	大块碎石类土		砂类土				
	卵（碎）石土	圆（角）砾石土	砾砂	粗砂	中砂	细砂	粉砂
颗粒粗细	一半以上颗粒接近和超过蚕豆粒大小	一半以上颗粒接近和超过小高粱粒大小	约有一半以上颗粒接近和超过小高粱粒大小	约有一半以上颗粒接近和超过细小米粒大小	约有一半以上颗粒接近和超过鸡冠花子粒大小	颗粒粗细程度较精制食盐稍粗，与粗玉米粉近似	颗粒粗细程度较精制食盐稍细，与小米粉近似
干燥时状况	颗粒完全分散	颗粒完全分散	颗粒完全分散	颗粒完全分散，有个别胶结	颗粒基本分散，有局部胶结（胶结部分一碰即散）	颗粒大部分散少量胶结（胶结部分稍加碰撞即散）	颗粒少部分散，大部分胶结（稍加压力亦可分散）
湿润时用手拍击	表面无变化	表面无变化	表面无变化	表面无变化	表面偶有水印	表面有水印	表面有显著水印
黏着感	无黏着感	无黏着感	无黏着感	无黏着感	无黏着感	偶有轻微黏着感	有轻微黏着感

注：所列分类标准适用于纯净的砂、卵石。

② 碎石类土密实程度鉴别，见表 7.16。

表 7.16 碎石类土密实程度鉴别

密实程度	骨架和充填物	天然陡坡和开挖情况	钻探情况
密实	骨架颗粒交错紧贴，孔隙填满，充填物密实	天然陡坡较稳定，坎下物较少；镐挖掘困难，用撬棍方能松动，坑壁稳定，从坑壁取出大颗粒处，能保持凹面形状	钻进困难，冲击钻探时，钻杆、吊锤跳动剧烈，孔壁较稳定
中密	骨架颗粒疏密不均，部分不连续，孔隙填满，充填物中密	天然陡坡不易陡立，或陡坎下堆积物较多，但大于粗颗粒安息角；镐可以挖掘，坑壁有掉块现象，从坑壁取出大颗粒处，砂类土不易保持凹面形状	钻进较难，冲击钻探时，钻杆、吊锤跳动不剧烈，孔壁有坍塌现象
松散	多数骨架颗粒不接触，而被充填物包裹，充填物松散	不能形成陡坎，天然坡接近于粗颗粒的安息角；锹可以挖掘，坑壁易坍塌，从坑壁取出大颗粒后，砂类土即塌落	钻进较容易，冲击钻探时，钻杆稍有跳动，孔壁易坍塌

③ 砂类土潮湿程度野外鉴别，见表 7.17。

表 7.17 砂类土潮湿程度野外鉴别

潮湿程度	稍 湿	潮 湿	饱 和
试验指标	$S_r \leqslant 0.5$	$0.5 < S_r \leqslant 0.8$	$S_r > 0.8$
感性鉴定	呈松散状,手摸时感到潮	可以勉强握成团	空隙中的水可自由渗出

④ 黏性土的野外鉴别,见表 7.18。

表 7.18 黏性土的野外鉴别

土 类	用手搓捻时的感觉	用放大镜及肉眼观察搓碎的土	干时土的状况	潮湿时将土搓捻的情况	潮湿时用小刀削切的情况	潮湿土的情况	其他特征
黏 土	极细的均匀土块很难用手捏碎	均质细粉末看不见砂粒	坚硬、用锤能打碎,碎块不会散落	很容易搓成细于 0.5 mm 的长条,易滚成小球	光滑表面,上面上看不见砂粒	黏塑的、滑腻的、粘连的	干时光泽,有细狭条纹
亚黏土	没有均质的感觉,感到有砂粒,土块容易被压碎	从它的细粉末可以清楚看到砂粒	用锤击和手压土块容易击开	能搓成比黏土较粗的短土条,能滚成小球	可以感觉到有砂粒存在	塑性的弱黏结性	干时光泽暗沉,条纹较黏土粗而宽
粉质亚黏土	砂粒的感觉少,土块容易压碎	砂粒很少,可见很多细粉粒	用锤击和手压土块容易击开	不能搓成很长的土条,搓成的土条容易破裂	土面粗糙	塑性的弱黏结性	干时光泽暗淡,条纹粗而宽
亚砂土	土质不均匀,能清楚地感觉到砂粒的存在,稍用力土块即被压碎	砂粒多于黏粒	土块容易散开,用手压或用铲子铲起丢掷土块,土块易散落成大屑	几乎不能搓成土条,滚成的土球容易开裂和散落	—	无塑性	
黏 土	有干面似的感觉	砂粒少,粉粒多	—	不能搓成土球和土条	—	成流体状	

⑤ 黏性土潮湿程度野外鉴别,见表 7.19。

表 7.19 黏性土潮湿程度野外鉴别

试验指标 潮湿程度 名称	$I_L < 0$	$0 \leqslant I_L < 1$	$I_L \geqslant 1$
	半干硬状态	可塑状态	流塑状态
黏砂土	扰动后不易握成团,一摇即散	扰动后能握成团,手摇时土表稍出水,手中有湿印,用手捏之水即吸回	手摇有水流出,土体塌流成扁圆形
砂黏土	扰动后一般不能捏成饼,易成碎块和粉末	扰动后能捏成饼,手摇数次不见水,但有时可稍见	扰动后手摇表层出水,手上有明显湿印
黏 土	扰动后能捏成饼,边上多裂纹	扰动后,两手相压土成饼状,黏于手掌,揭掉后掌中有湿痕	扰动后手捏有明显湿痕,并有土黏于手上

复习思考题

1. 什么是土的三相体系？土的相系组成对土的状态和性质有何影响？
2. 什么叫粒度成分和粒度分析？简述筛分法和沉降分析法的基本原理。
3. 为什么要对土进行工程分类？工程分类的原则是什么？有哪些分类方案？
4. 说出下面分类符号的具体名称：GM、ML、MHO、CLO。
5. 简述在野外对土样的可塑性状态、潮湿程度、干强度等性质的简易鉴别方法。
6. 试比较土中各种水的特征。
7. 试比较表示土的粒度成分的累计曲线法和三角坐标法。
8. 测试界限含水量的意义是什么？
9. 有一砂土试样，经筛分后各颗粒粒组含量如下：

粒粒/mm	<0.075	0.075~0.1	0.1~0.025	0.25~0.5	0.5~1.0	>1.0
含量/%	8.0	15.0	42.0	24.0	9.0	2.0

试确定砂土的名称。

10. 某土样已测得其液限 $w_L=35\%$，塑限 $w_P=20\%$，请利用塑性图查知该土的符号，并给该土定名。
11. 某土样经粒度分析得知：砂粒占 20%，粉粒占 10%，试用三角图法定出该土样的名称。

第八章 无机结合料稳定材料

无机结合料稳定材料常用作路面基层材料,是在粉碎或原状的土(或砂砾)中掺入一定量的无机胶结材料和适量的水,经拌和、压实与养生后,得到的具有较高后期强度,整体性和水稳定性均较好的材料。

根据基层材料无机结合料的不同,稳定材料分为稳定土和稳定砂砾。由于采用不同的无机胶结材料,其又可分为水泥稳定类、石灰稳定类、综合稳定类、工业废渣稳定类(主要是石灰粉煤灰稳定类)。

由于无机结合料稳定材料耐磨性差,具有较大的变形能力,刚度介于柔性路面材料和刚性路面材料之间,故常将这类材料称为半刚性材料,以此修筑的基层或底基层亦称半刚性基层(或底基层)。

第一节 无机结合料稳定材料的组成

无机结合料稳定材料是指通过无机胶结材料将松散的集料黏结成为具有一定强度的整体材料。即在粉碎或原状松散的集料(土、碎石或砂砾)中,掺入一定量的无机结合材料(水泥、石灰或工业废渣等)和水,经拌和得到的混合料在压实与养生后,其抗压强度符合规定要求的材料。

无机结合料稳定材料具有稳定性好、抗冻性能强、结构本身自成板体等优点,但耐磨性差,因此被广泛用于路面结构的基层或底基层。

一、无机结合稳定材料的分类

无机结合料稳定材料的种类很多,其物理、力学性质各有特点,其分类方法也不尽相同。

(1)按结合料中集料分类。根据无机结合料稳定材料组成的集料材料将其分为两大类:① 稳定土类;② 稳定粒料类。在粉碎或原状松散的土中掺入一定量的无机结合材料形成的称为稳定土类,如水泥稳定土等);在松散的碎石或砂砾中掺入一定量的无机结合材料形成的称为稳定粒料类,如水泥稳定碎石、水泥稳定砂砾等。

(2)按结合料中稳定材料分类。按无机胶结材料的种类不同,稳定材料可分为4大类:① 用水泥稳定的混合料称为水泥稳定类,如水泥稳定土、水泥稳定砂砾等;② 用石灰稳定的混合料称为石灰稳定类,如石灰稳定土等;③ 同时用水泥和石灰稳定的混合料称为综合稳定类,如综合稳定土、综合稳定砂砾;④ 用一定量的石灰和工业废渣稳定的混合料称为石灰工业废渣稳定类。

无机结合料稳定材料在使用时应根据结构要求、掺加剂和原材料的供应情况及施工条件进行综合技术、经济比较后选用。本章着重介绍无机结合料稳定土类材料。

二、无机结合料稳定土组成材料及要求

1. 土

土的矿物成分对无机结合料稳定土性质有着重要影响。试验表明，除有机质或硫酸盐含量高的土以外，各类砂砾土、砂土、粉土和黏土都可以用作无机结合料稳定材料。一般规定，用于稳定土的液限不大于40，塑性指数不大于20。级配良好的土用作无机结合稳定料时，既可以节约无机结合料的用量，又可以取得满意的效果。重黏土中黏土颗粒含量多，不易粉碎、拌和，用石灰稳定时，容易造成路面缩裂。粉质黏土的稳定效果最佳。用水泥稳定重黏土时，同样因不易粉碎、拌和，会造成水泥用量过高，经济性差。

（1）水泥稳定土。

凡能被经济粉碎的土都可用于水泥稳定，但稳定效果各不相同。试验和生产证明，用水泥稳定砂性土效果最佳，不但强度高而且水泥用量较少。其次是粉性土和黏性土，重黏土不宜单独用水泥来稳定。

① 二级或二级以下公路。

a. 底基层。单个颗粒的最大粒径不应超过53 mm，颗粒组成应满足表8.1的要求。土的均匀系数应大于5，细粒土的液限不应超过37.5，塑性指数不应超过17；宜采用均匀系数大于10，塑性指数小于12的土；对于塑性指数大于17的土，宜采用石灰稳定类或用水泥和石灰综合稳定。

表8.1 用作底基层时水泥稳定土的颗粒组成范围

筛孔尺寸/mm	53	4.75	0.5	0.074	0.002
通过质量百分比/%	100	50~100	17~100	0~50	0~30

注：① 表中筛孔为方孔，如用圆孔筛，则最大粒径可为所列数值的1.2~1.25倍，下同；
② 此规定是针对细粒土而言，对中粒土和粗粒土，如小于0.5 mm的颗粒含量在30%以下，塑性指数可稍大。

b. 基层。单个颗粒的最大粒径不应超过40 mm，颗粒组成应满足表8.2要求。

表8.2 用作基层时水泥稳定土的颗粒组成范围

筛孔尺寸/mm	通过质量百分比/%	筛孔尺寸/mm	通过质量百分比/%
37.5	100	1	10~55
19	55~100	0.5	6~45
9.5	40~100	0.25	3~36
4.75	30~90	0.075	0~30
2	18~68		

② 高速公路和一级公路。

a. 底基层。单个颗粒的最大粒径不应超过 40 mm，颗粒组成应满足表 8.3 的要求。土的均匀系数应大于 5，细粒土的液限不应超过 25，塑性指数不应超过 6；对中粒土和粗粒土，如小于 0.5 mm 的颗粒含量在 30% 以下，塑性指数可稍大。

表 8.3　用作底基层时水泥稳定土的颗粒组成范围

筛孔尺寸/mm	通过质量百分比/%	筛孔尺寸/mm	通过质量百分比/%
37.5	100	4.75	30~55
26.5	90~100	2	15~35
19	75~90	0.5	10~20
9.5	50~70	0.075	0~7

注：集料中 0.5 mm 以下细土有塑性指数时，小于 0.074 的颗粒含量不应超过 5%；细土无塑性指数时，小于 0.074 的颗粒含量不应超过 7%。

b. 基层。单个颗粒的最大粒径不应超过 30 mm，土的均匀系数应大于 5，细粒土的液限不应超过 25，塑性指数不应超过 6，颗粒组成应满足表 8.4 的要求。

表 8.4　用作基层时水泥稳定土的颗粒组成范围

筛孔尺寸/mm	通过质量百分比/%	筛孔尺寸/mm	通过质量百分比/%
26.5	100	2	15~30
19	90~100	0.5	10~20
9.5	60~80	0.075	0~7
4.75	30~50		

注：集料中 0.5 mm 以下细土有塑性指数时，小于 0.074 的颗粒含量不应超过 5%；细土无塑性指数时，小于 0.074 的颗粒含量不应超过 7%。

（2）石灰稳定土。

砂性土、粉性土、黏性土都可以用石灰来稳定。一般说来：黏土颗粒的活性强，表面积大，表面能量也较大，故掺入石灰等活性材料后，所形成离子交换作用、碳酸化作用、结晶作用和火山灰作用都比较活跃，故适当的增大土的塑性指数对材料强度有利。重黏土虽然黏土颗含量多，由于不易粉碎和拌和，稳定效果反而会差些，而且容易产生缩裂。如土的塑性指数偏小，则施工时难于碾压成型。因此，宜采用塑性指数为 15~20 的黏土以及含有一定数量黏性土的中粒土或粗粒土用作石灰稳定土。对于硫酸盐含量超过 0.8% 或腐殖质含量超过 10% 的土，对强度有明显影响的，不宜直接采用。

① 石灰稳定土用做高速公路和一级公路的底基层时，颗粒的最大粒径不应超过 37.5 mm；用于其他等级公路时，颗粒的最大粒径不应超过 53 mm。

② 石灰稳定土用作基层时，颗粒的最大粒径不应超过 37.5 mm。石灰稳定土不宜作为高等级公路的基层。

③ 石灰工业废渣稳定土。宜采用塑性指数为 15~20 的黏土（亚黏土），有机质含量不超过 10%，最大粒径不应大于 15 mm。

2. 无机结合料

（1）水泥。

各类水泥都可以用于稳定土，水泥的矿物成分和分散度对其稳定效果有明显影响。对同一种土，硅酸盐水泥比铝酸盐水泥稳定效果好。在水泥矿物成分相同、硬化条件相似的情况下，其强度随水泥比表面积和活性的增大而提高。稳定土的强度还与水泥用量有关，一般说来：水泥剂量越大，稳定土的强度越高；但过多的水泥用量，虽获得了较高的强度，但在经济上不一定合理，在效果上也不明显，而且容易开裂。所以，水泥用量不存在最佳水泥用量，而存在一个经济用量。通常在保证土的性质能起根本变化，且能保证稳定土达到所规定的强度和稳定性的前提下，取尽可能低的水泥用量。

（2）石灰。

各种化学组成的石灰均可用于稳定土，但石灰质量应符合要求，石灰的质量标准见第二章。

石灰中产生黏结性的有效成分是活性氧化钙和氧化镁。它们的含量是评价石灰质量的主要指标，其含量越多，活性越高，质量也越好。有效氧化钙和氧化镁含量的测定方法，按我国现行行业标准《公路工程无机结合料稳定材料试验规程》规定，有效氧化钙含量采用中和滴定法测定，氧化镁含量采用络合滴定法测定。

石灰剂量对石灰土强度影响显著，石灰剂量较低（3%～4%）时，石灰主要起稳定作用，土的塑性、膨胀性、吸水量减小，使土的密实度、强度得到改善。随着剂量的增加，强度和稳定性均提高，但剂量超过一定范围时，强度反而降低。石灰的最佳剂量，对黏性土和粉性土为干土重的8%～16%，对砂性土为干土重的10%～18%。剂量的确定应根据结构层技术要求进行混合料组成设计。

由于石灰剂量对石灰土强度影响显著，所以稳定土中石灰的剂量是我们的一个重要控制指标。常见的水泥或石灰剂量测定方法有EDTA滴定法和钙电极快速测定法。

① EDTA滴定法。本方法适用于在工地快速测定水泥或石灰稳定土中水泥和石灰的剂量，并可用以检查拌和的均匀性。用于稳定的土可以是细粒土，也可以是中粒土和粗粒土。本方法不受水泥和石灰稳定土龄期（7 d以内）的影响。工地水泥和石灰稳定土含水量的少量变化（±2%），实际上不影响测定结果。本方法进行一次剂量测定，只需要10 min。

② 钙电极快速测定法。此法适用于测定新拌石灰土中石灰剂量的测定。它是根据不同掺灰剂量的石灰土，经氯化铵溶液作用后，所生成氯化钙的量是不同的，而钙离子选择电极（见图8.1）能够将不同量的钙离子以电位（mV）的形式在仪器上显示出来。根据不同的掺灰量有不同的电位值，用事先配制的标准曲线（见图8.2）便可以找出相应的掺灰量。

在剂量不大的情况下，钙质石灰比镁质石灰稳定土的初期强度高，镁质石灰稳定土在剂量大时后期强度优于钙质石灰稳定土。

（3）工业废渣。

① 粉煤灰。粉煤灰是火力发电厂排出的废渣，属硅质或硅铝质材料，其本身不具有或有很小的黏结性，但它以细分散状态与水和消石灰或水泥混合，可以发生反应形成具有黏结性的化合物。所以石灰粉煤灰可用来稳定各种粒料和土，又称二灰土。

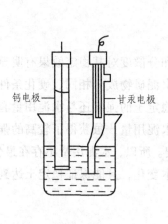
图 8.1　测试示意图

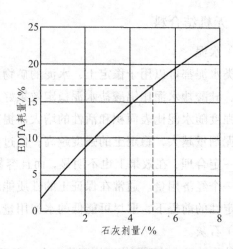
图 8.2　标准曲线

粉煤灰中 SiO_2、Al_2O_3 和 Fe_2O_3 的总含量应大于 70%，烧失量不应超过 20%；其比面积宜大于 2 500 cm²/g。干和湿粉煤灰都可以应用，湿粉煤灰的含水量不宜超过 35%，干粉煤灰如堆积在空地上应加水，防止其飞扬而造成污染。使用时，应将凝固的粉煤灰块打碎或过筛，同时清除有害杂质。

② 煤渣。煤渣是煤经锅炉燃烧后的残渣，主要成分是 SiO_2 和 Al_2O_3，其松干密度为 700～1 100 kg/m³。煤渣的最大粒径不应大于 30 mm，颗粒组成宜有一定级配，且不宜含杂质。

3. 水

水分是稳定土的一个重要组成部分，其技术指标符合水泥混凝土用水标准，一般饮用水均满足要求。水分以满足稳定土形成强度的需要，同时使稳定土在压实时具有一定的塑性，以达到所需要的压实度。水分还可以使稳定土在养生时具有一定的湿度。最佳含水量用标准击实试验确定。

第二节　无机结合料稳定材料的技术性质

一、无机结合料稳定材料的强度形成原理

在土中掺入适量的石灰或水泥，在最佳含水量下拌和均匀并压实，使无机结合料与土发生一系列的物理、化学作用而逐渐形成强度。石灰与土之间的物理与化学作用大致可分为四个方面：离子交换作用、结晶作用、碳酸化作用和火山灰作用。水泥与土之间产生的物理与化学作用也可分为四个方面：硬凝作用、离子交换作用、化学激发作用、碳酸化作用。

1. 石灰稳定土强度形成原理

(1) 离子交换作用。土的微小颗粒具有一定的胶体性质,一般都带有负电荷,表面吸附着一定数量的钠、氢、钾等低价阳离子(Na^+、H^+、K^+)。石灰是一种强电解质,在土中加入石灰和水后,石灰在溶液中电离出来的钙离子(Ca^+)就与土中的钠、氢、钾离子产生离子交换作用,原来的钠(钾)土变成钙土,土颗粒表面所吸附的离子由一价变成二价,减小了土颗粒表面吸附水膜的厚度,使土粒相互之间更为接近,分子引力随着增加,单个土粒聚成小团粒,组成一个稳定结构。通过离子交换作用,使土粒凝聚而增强了黏聚力,提高了土的水稳性。它在初期发展迅速,使土的塑性降低,最佳含水量增加和最大密度减小。

$$\boxed{土}{}^{Na^+}_{K^+} + Ca^{2+} \longrightarrow \boxed{土}\, Ca^{2+} + Na^{2+}(或\, K^+) \quad (8.1)$$

(2) 结晶作用。熟石灰掺入土中,由于水分较少,只有少部分离解与土进行离子交换作用,绝大部分饱和的 $Ca(OH)_2$ 在灰土中自行结晶。熟石灰与水作用生成熟石灰结晶网格,其化学反应式为

$$Ca(OH)_2 + nH_2O \longrightarrow Ca(OH)_2 \cdot nH_2O \quad (8.2)$$

由于结晶作用,把土粒胶结成整体,使石灰土的整体强度得到提高。

(3) 火山灰作用。熟石灰的游离 Ca^{2+} 与土中的活性氧化硅 SiO_2 和氧化铝 Al_2O_3 作用生成含水的硅酸钙和含水的铝酸钙,它们在水分作用下能够逐渐硬结,其反应式为

$$xCa(OH)_2 + SiO_2 + nH_2O \longrightarrow xCaO \cdot SiO_2(n+1)H_2O \quad (8.3)$$

$$xCa(OH)_2 + Al_2O_3 + nH_2O \longrightarrow xCaO \cdot Al_2O_2(n+1)H_2O \quad (8.4)$$

上述所形成的熟石灰结晶网格和硅酸钙、含水的铝酸结晶都是胶凝物质,具有水硬性并能在固体和水两种环境下发生硬化反应。这些胶凝物质在土微粒团外围形成一层稳定保护膜,填充颗粒空隙,使颗粒间产生结合料,减少了颗粒间的空隙与透水性,同时提高密实度,这是石灰土获得强度和水稳定性的基本原因,但这种作用比较缓慢。

(4) 碳酸化作用。灰土中的 $Ca(OH)_2$ 与空气中的 CO_2 作用,生成 CaO_3 结晶,其化学反应式为

$$Ca(OH)_2 + CO_2 + nH_2O \Longleftrightarrow CaCO_3 + (n+1)H_2O \quad (8.5)$$

$CaCO_3$ 是坚硬的结晶体,它与其生成的复杂盐类把土粒胶结起来,从而大大提高了土的强度和整体性。结晶作用和碳酸化作用使石灰土的后期整体性、强度和稳定性得到提高。

由于石灰与土发生了一系列的相互作用,从而使土的性质发生根本的改变。在初期,主要表现为土的结团、塑性降低、最佳含水量增大和最大密实度减小等,后要表现为结晶结构的形成,从而提高其整体性、强度和稳定性。

2. 水泥稳定土强度形成原理

在利用水泥来稳定土的过程中,水泥、土和水之间发生了多种非常复杂的作用,从而使

土的性能发生了明显的变化。这些作用如下：

① 化学作用：如水泥颗粒的水化、硬化作用，有机物的聚合作用，以及水泥水化产物与黏土矿物之间的化学作用等。

② 物理化学作用：如黏土颗粒与水泥及水泥水化产生物之间的吸附作用，微粒的凝聚作用，水及水化产物的扩散、渗透作用，水化产物的溶解、结晶作用等。

③ 物理作用：如土块的机械粉碎作用，混合料的拌和、压实作用等。

现就其中的一些主要作用过程介绍如下：

（1）硬凝反应。

硬凝反应也是水泥的水化反应。在水泥稳定土中，首先发生的是水泥自身的水化反应，从而产生具有胶结能力的水化产物，这是水泥稳定土强度的主要来源。水泥的水化过程前面章节已详细讲述过了。

水泥水化生成的水化产物，在土的孔隙中相互交织搭接，将土颗粒包覆连接起来，使土逐渐丧失了原有的塑性等性质，并且随着水化产物的增加，混合料也逐渐坚固起来。但水泥稳定土中水泥的水化与水泥混凝土中水泥的水化之间还有所不同。这是因为：

① 土具有非常高的比表面积和亲水性；

② 水泥稳定土中的水泥含量少；

③ 土对水泥的水化产物具有强烈的吸附性；

④ 在一些土中常存在酸性介质环境。

由于这些特点，在水泥稳定土中，水泥的水化硬化条件较混凝土中差得多。特别是由于黏土矿物对水化产物中的 $Ca(OH)_2$ 具有极强的吸附和吸收作用，使溶液中的碱度降低，从而影响了水泥水化产物的稳定性；水化硅酸钙中 C/S 会逐渐降低析出 $Ca(OH)_2$，从而使水化产物的结构和性能发生变化，进而影响到混合料的性能。因此在选用水泥时，在其他条件相同情况下，应优先选用硅酸盐水泥，必要时还应对水泥稳定土进行"补钙"，以提高混合料中的碱度。

（2）离子交换作用。

土中的黏土颗粒由于颗粒细小、比表面积大，因而具有较高的活性。当黏土颗粒与水接触时，黏土颗粒表面通常带有一定量的负电荷，在黏土颗粒周围形成一个电场，这层带负电荷的离子就称为电位离子。带负电的黏土颗粒表面，吸引周围溶液中的正离子，如 K^+、Na^+ 等，而在颗粒表面形成了一个双电层结构，这些与电位离子电荷相反的离子就称为反离子。在双电层中电位离子形成了内层，反离子形成外层。靠近颗粒的反离子与颗粒表面结合较紧密，当黏土颗粒运动时，结合较紧密的反离子将随颗粒一起运动，而其他反离子将不产生运动。由此在运动与不运动的反离子之间便出现了一个滑移面。

由于在黏土颗粒表面存在着电场，因此也存在着电位，颗粒表面电位离子形成的电位称为热力学电位 φ，滑动面上的电位称为电动电位 ξ。由于反离子的存在，离开颗粒表面越远电位越低，经过一定的距离电位将降低为零，此距离称为双电层厚度。由于各个黏土颗粒表面都具有相同的双电层结构，因此黏土颗粒之间往往间隔着一定的距离。

在硅酸盐水泥中，硅酸三钙和硅酸二钙占主要部分，其水化后所生成的氢氧化钙所占的比例也较高，可达水化产物的 25%。大量的氢氧化钙溶于水以后，在土中形成了一个富含 Ca^{2+} 的碱性环境。当溶液中富含 Ca^{2+} 时，因为 Ca^{2+} 的电价高于 Na^+、K^+ 等离子，因此与电位离子的吸引力较强，从而取代了 Na^+、K^+，成为反离子；同时 Ca^{2+} 的双电层电位的降低速度加快，因而使电动电位减小、双电层的厚度降低，使黏土颗粒之间的距离减小，相互靠拢，导致土的凝聚，从而改变土的塑性，使土具有一定的强度和稳定度。这种作用就称为离子交换作用。

（3）化学激发作用。

钙离子的存大不仅影响到了黏土颗粒表面双电层的结构，而且在这种碱性溶液环境下，土本身的化学性质也将发生变化。

土的矿物组成基本上都属于硅铝酸盐，其中含有大量的硅氧四面体和铝氧八面体。在通常情况下，这些矿物具有比较高的稳定性，但当黏土颗粒周围介质的 pH 增加到一定程度时，黏土矿物中的部分 SiO_2 和 Al_2O_3 活性将被激发出来，与溶液中的 Ca^{2+} 进行反应，生成新的矿物，这些矿物主要是硅酸钙和铝酸钙系列。这些矿物的组成和结构与水泥的水化产物都有很多类似之外，并且同样具有胶凝能力。生成的这些胶结物质包裹着黏土颗粒表面，与水泥的水化产物一起，将黏土颗粒凝结成一个整体。因此，氢氧化钙对黏土矿物的激发作用，将进一步提高水泥稳定土的强度和水稳定性。

（4）碳酸化作用。

水泥水化生成的 $Ca(OH)_2$，除了可与黏土矿物发生化学反应外，还可进一步与空气中的 CO_2 发生碳化反应并生成碳酸钙晶体。其反应式见式（8.5）。

碳酸钙生成过程中产生体积膨胀，也可以对土的基体起到填充和加固作用；只是这种作用相对来讲比较弱，并且反应过程缓慢。

二、无机结合料稳定材料的技术性质和技术标准

无机结合料稳定材料应用广泛，由于其耐磨性差，在路面工程中一般不用于路面面层，主要作为路面基层材料。为满足行车、气候和水文地质的要求，稳定材料必须具备一定的强度，抗变形能力和水稳定性。

1. 强　度

在柔性路面结构中，由于路面层厚度较满，传给基层的荷载应力大，基层是承受车辆荷载作用的主要结构，一般称为承重层。它要求无机结合稳定材料具有足够的强度。

若面层系水泥混凝土路面，由于刚性板块传递给基层的应力已经很小，基层并非是主要承重作用；但却是保证基整体强度、防止水泥混凝土板产生开裂、唧泥和错台的重要支承层次，同时对延长路面使用寿命也有明显作用。因此要求基层材料具有适当的强度，而最重要的是要求材料强度均匀、整体性好，表面密实平整，透水性小。

无机结合稳定材料的抗压强度采用的是饱水状态下的无侧抗压强度。

（1）试件尺寸。

无机结合稳定材料的抗压强度试件采用的都是高：直径 = 1：1 的圆柱体，不同颗粒大小

的土应采用不同的试件尺寸见表8.5。

表 8.5 无机结合稳定材料无侧限抗压强度试件尺寸

土的颗粒大小	颗粒最大粒径/mm	试件尺寸（直径×高）/mm
细粒土	≤5	50×50
中粒土	≤25	100×100
粗粒土	≤40	150×150

试件制备时，尽可能用静力压实法制备等干密度的试件。

（2）强度标准。

不同的公路等级、稳定剂类型和路面结构层次无机结合稳定土的抗压强度标准也不一样，详见表8.6。

表 8.6 无机结合稳定土抗压强度标准

稳定剂类型	结构层位	二级和二级以下公路/MPa	高级和一级以下公路/MPa
水泥稳定类	基层	2.5~3	3~5
	底基层	1.5~2	1.5~2.5
石灰稳定类	基层	≥0.8	—
	底基层	0.5~0.7	≥0.8
二灰混合料	基层	0.6~0.8	0.8~1.1
	底基层	≥0.5	≥0.6

2. 密 度

密度是材料单位体积的质量，是衡量材料内部紧密程度的指标。密度越大材料越致密，其空隙越小、耐久性和强度就越高。无机结合稳定材料的密度往往用压实度来表示。

（1）压实度。

压实度是指土或其他筑路材料在施加外力作用下，能获得的密实程度。它等于材料干密度与最大干密度的比值。

压实的实质是通过外力做功，克服材料之间的内摩擦力和黏结力，使材料颗粒产生位移并互相靠近，从而提高其密度。水的含量变化较大程度上影响结合料的性质，对所能达到的密实度起着非常重要的作用。

（2）含水量。

含水量是材料中所含水分的质量与干燥材料质量的比值。

适量的水在颗粒之间起着润滑作用，使材料的内摩擦阻力减小，有利于材料的压实；过多的水分，虽然能继续减小材料的内摩擦阻力，但单位材料中空气的体积逐渐减少到最低程度，而水的体积却不断在增加。由于水是不可压缩的，因此在相同的压实功作用下难以改变材料颗粒的相对位置，故压实效果较差。另外，使用过程中，由于自由水的蒸发，在材料中留下大量的孔隙，从而降低了材料的密度和耐久性。当水分含量过少时，由于材料颗粒间缺乏必要的水分润滑，使材料的内摩擦阻力加大，增加了压实的难度；同时因为材料含水量过低，材料的可塑性变差，其塑性变形的能力降低。

用等量的机械功去压实无机结合稳定材料，可以得到的最大密度，此时的含水量值称为最佳含水量。

无机结合稳定材料的最佳含水量和最大干密度都是通过标准击实试验得到的。

3. 力学特性

无机结合稳定材料的力学特性包括应力-应变关系、疲劳特性、收缩（温度和干缩）特性。

（1）无机结合稳定材料的应力-应变特性。

无机结合稳定材料的重要特点之一是强度和模量随龄期而不断增长，逐渐具有一定的刚性。一般规定水泥稳定类材料设计龄期为 3 个月，石灰或石灰粉煤灰（简称二灰）稳定类材料设计龄期为 6 个月。

半刚性材料应力-应变特性试验方法有顶面法、粘贴法、夹具法和承载板法等。试件有圆柱体试件和梁式（分大、中、小梁）试件。试验内容有抗压强度、抗压回弹模量、劈裂强度和劈裂模量、抗弯拉强度和抗弯拉模量等。

由于材料的变异性和试验过程的不稳定性，同一种材料不同的试验方法、同一种试验方法不同的材料及同一种试验的方法不同龄期试验结果存在差异性。通过各种试验方法的综合比较，认为抗压试验和劈裂试验较符合实际。表 8.7 给出了水泥稳定碎石抗压强度（R）、抗压回弹模量（E_p）、劈裂强度（σ_{sp}）和劈裂模量（E_{sp}）与龄期之间的关系。表 8.8 则为石灰粉煤灰稳定碎石的测试结果。

表 8.7 水泥稳定碎石的力学特性指标与龄期的关系

力学参数/MPa	28 d	90 d	180 d	28 d/180 d	90 d/180 d
R	4.49	5.57	6.33	0.71	0.88
E_p	2093	3097	3872	0.54	0.80
σ_{sp}	0.413	0.634	0.813	0.51	0.78
E_{sp}	533	926	1 287	0.41	0.72

表 8.8 石灰粉煤灰稳定碎石的力学特性指标与龄期的关系表

力学参数/MPa	28 d	90 d	180 d	28 d/180 d	90 d/180 d
R	3.10	5.75	8.36	0.37	0.69
E_p	1 086	1 993	2 859	0.38	0.70
σ_{sp}	0.219	0.536	0.913	0.41	0.59
E_{sp}	359	960	1720	0.37	0.56

无机结合料稳定材料的应力-应变特性与原材料的性质、结合料的性质和剂量及密实度、含水量、龄期、温度等有关。

（2）无机结合料稳定材料疲劳特性。

在重复荷载作用下，材料的强度与其静力极限强度相比则有所下降。荷载重复作用的次数越多，这种强度下降亦大，即疲劳强度越小。材料从开始到出现疲劳破坏的荷载作用次数称之为材料的疲劳寿命。

材料的抗压强度是材料组成设计的主要依据，由于无机结合料稳定材料的抗拉强度远小于其抗压强度，材料的抗拉强度是路面结构设计的控制指标。

抗拉强度试验方法有直接抗拉试验、间接抗拉试验和弯拉试验。常用的疲劳试验有弯拉疲劳试验和劈裂疲劳试验。

无机结合料稳定材料的疲劳寿命主要取决于受拉应力与极限弯拉应力之比 σ_f/σ_s，即通常所说的应力水平。原则上，当 $\sigma_f/\sigma_s < 50\%$，无机结合料稳定材料可经受无限次重复加荷而无疲劳破裂，但是，由于材料的变异性，实际试验时，其疲劳寿命要小得多。在一定应力条件下，材料的疲劳寿命取决于材料的强度和刚度。强度越大刚度越小，其疲劳寿命就越长。

由于材料的不均匀性，无机结合料稳定材料的疲劳特性还与材料试验的变异性有关。

（3）无机结合料稳定材料的干缩特性。

无机结合料稳定材料经拌和压实后，由于水分挥发和混合料内部的水化作用，混合料的水分会不断减少。由此发生的毛细管作用、吸附作用、分子间引力的作用、材料矿物晶体或凝胶体间层间水的作用和碳化收缩作用等，都会引起无机结合料稳定材料体积的收缩。

描述材料干缩特性的指标主要有干缩应变、干缩系数、干缩量、失水量、失水率和平均干缩系数。

干缩应变（ε_d）：水分损失引起的试件单位长度的收缩量（$\times 10^{-6}$）。

干缩系数：失水时，试件单位失水率的干缩应变（$\times 10^{-6}$）。

平均干缩系数（α_d）试件失水量时，试件的干缩应变与试件的失水率之比（$\times 10^{-6}$）。

失水量：试件失去水分的质量（g）。

失水率：试件单位质量的失水量（%）。

干缩量：水分损失时试件的收缩量（10^{-3} mm）：

$$\varepsilon_d = \Delta l / l \tag{8.6}$$

$$\alpha_d = \varepsilon_d / \Delta w \tag{8.7}$$

式中　Δl——含水量损失 Δw 时，试件的整体收缩量；
　　　l——试件的长度。

无机结合料稳定材料的干缩特性（最大干缩应变和平均干缩系数）的大小与结合料的类型、剂量、被稳定材料的类别、粒料含量、小于 0.5 mm 的细颗粒的含量、试件含水量和龄期等有关。

对稳定粒料类，3 类半刚性材料的干缩特性的大小次序为：石灰稳定类 > 水泥稳定类 > 石灰粉煤灰稳定类。

对于稳定细粒土，三类半刚性材料的收缩性材料的收缩性的大小排列为：石灰土＞水泥土和水泥石灰土＞石灰粉煤灰土。

石灰稳定土比水泥稳定土容易产生干缩裂缝。对于含细粒土较多的无机结合料稳定土，常以干缩为主，故应加强初期养护，保证稳定土表面潮湿，降低干缩裂缝的危害。

（4）半刚性材料的温度收缩特性。

半刚性材料是由固相（组成其空间骨架原材料的颗粒和其间的胶结物）、液相（存在于固相表面与空隙中的水和水溶液）和气相（存在于空隙中的气体）组成，所以半刚性材料的外观胀缩性是三相在不同温度下收缩性的综合效应的结果。一般气相大部分与大气贯通，在综合效应中影响较小，可以忽略。原材料中砂粒以上颗粒的温度收缩系数较小，粉粒以下的颗粒温度收缩性较大。

半刚性材料温度收缩的大小与结合料的类型与剂量、被稳定材料的类别、粒料含量、龄期等有关。试验结果表明：

石灰土砂砾（16.7×10^{-6}）＞悬浮式石灰粉煤灰粒料（15.3×10^{-6}）＞密实式石灰粉煤灰粒料（11.4×10^{-6}）和水泥砂砾（5%～7%水泥剂量为10×10^{-6}～15×10^{-6}）。

半刚性基层一般在高温季节修建，成型初期基层内部含水量较大，且尚未被沥青面层封闭，基层内部的水分必然要蒸发，从而发生由表及里的干燥收缩；同时，环境温度也存在昼夜温度差。因此，修建初期的半刚性基层同时受到干燥收缩和温度收缩的综合作用，必须注意养生保护。早期养生良好的无机结合料稳定土易于成形，早期强度高，可以减少裂缝的产生。

经过一定龄期的养生，半刚性基层上铺筑沥青面层后，基层内相对湿度略有增大，使材料的含水量趋于平衡，这时半刚性基层的变形以温度收缩为主。

（5）裂缝防治措施。

① 改善土质。稳定土用土越黏，则缩裂越严重。所以采用黏性较小的土，或在黏性土中掺入砂土、粉煤灰等，以降低土的塑性指数。

② 控制含水量及压实度。稳定土因含水量过多而产生的干缩裂缝显著，压实度小时产生的干缩比压实度大时严重。因此，稳定土压实时的含水量比最佳含水量略小为宜，并尽可能达到最佳压实效果。

③ 掺加粗料。掺入一下数量（掺入量60%～70%）的粗粒料，如砂、碎石、砾石等，使混合料满足最佳组成要求，可以提高其强度和稳定性，减少裂缝的产生，同时可以节约结合料和改善碾压时的拥挤现象。

4. 水稳定性和抗冻稳定性

稳定类基层材料除具有适当的强度，能承受设计荷载以外，还应具备一定的水稳定性和冰冻稳定性；否则，稳定类基层由于面层开裂、渗水或者两侧路肩渗水将使稳定土含水量增加，强度降低，从而使路面过早破坏。在冰冻地区，冰冻将加剧这种破坏。评价材料的水稳定性和抗冻性可用浸水强度和冻融循环试验。影响水稳定性和冰冻稳定性的主要因素如下：

（1）土类。细土含量多，塑性指数大的土，水稳定性抗冻性能差。

（2）稳定剂种类和剂量。石灰粉煤灰粒料和水泥粒料的水稳定性最佳。当稳定剂剂量不足时，胶结作强用弱，透水性大，强度达不到要求，其稳定性也差。

（3）密实度。密实度大时，透水能力降低，水稳定性增强。

（4）龄期。由于某些稳定剂如水泥、石灰或二灰的强度形成需要一定的时间，因此这类稳定土其水稳定性随龄期的增长而增强。

5. 影响无机结合料稳定材料强度的因素

（1）土质。对于石灰稳定土和石灰粉煤灰稳定土，可用亚砂土、亚黏土、粉土类和黏土类土，石灰土或二灰土的强度是随土的塑性指数增大而增大的趋势，但塑性指数过大的重黏土不易黏碎，且易产生收缩裂缝。故规范规定：用与石灰稳定土的土，其塑性指数为10%~20%的黏性土较适宜，而不适宜使用塑性指数10以下的低塑性土。

（2）稳定剂品种及用量。当采用石灰做稳定剂时，必须测定石灰中有效的氧化钙和氧化镁的含量，宜用技术等级Ⅲ级以上的石灰以提高石灰稳定土的强度。

用水泥稳定土时，硅酸盐水泥要比铝酸盐水泥效果好一些，且不宜采用快硬或早强水泥。

水泥稳定土的强度随水泥剂量增加而增加，石灰稳定土的强度则不是这种规律，一般存在一最佳石灰剂量值，超过或低于此值，石灰稳定土强度则降低。

在二灰土中，粉灰土的品质、用量将决定其强度。当粉煤灰中小于0.045 mm颗粒含量，SiO_2及SiO_2+RO（R指Ca^{2+}或Mg^{2+}）$SiO_2+Al_2O_3$含量、碱含量较多，烧失量又较低时，火山灰作用较强。另外，若二灰土中石灰与粉煤灰比例大致在1:4~1:2时，二灰土的强度较高。对于同样含量的粉煤灰，被稳定材料中细料的含量增加和塑性指数增大，石灰用量也随之增加。

（3）含水量。在一般情况下，用最佳含水量时压实的干密度较大的试件的强度也高，因此实际施工中尽可能达到最佳含水量，并注意控制养护中水分的蒸发，以保证某些稳定剂的正常水化。

（4）密实度。密实度越大，材料有效的受荷面积越大，强度越高，受水影响的可能性减小。密实度应通过选材和合适的施工工艺综合控制。

（5）施工时间长短的影响。施工时间长短的影响主要针对水泥稳定土而言，水泥稳定土从开始加水拌和到完全压实的时间要尽可能短，一般不超过6 h；若碾压或湿拌的时间拖长，水泥就会产生部分结硬，影响水泥稳定土的压实度，导致水泥稳定强度损失。

（6）养生条件。稳定土的强度发展需要适当的温度，必须在潮湿的条件下养护，否则其强度显著下降。同时，养生温度越高，强度增长越快。

第三节　无机结合料稳定材料的组成设计

稳定类材料组成设计，也称混合料设计，即根据对某种稳定材料规定的技术要求，选择合适的原材料、掺配用料（需要时），确定结合料的种类和剂量及混合料的最佳含水量。稳定类材料组成设计是路面结构设计的重要组成部分。

混合料组成设计所要求达到的目标：满足设计强度要求，抗裂性达到最优，且便于施工。混合料组成设计的基本原则：结合料剂量合理，尽可能采用综合稳定以及集料应有一定级配。

结合料剂量太低不能形成半刚性材料，剂量太高则刚度太大，容易脆裂。采用综合稳定时，水泥可提高早期强度，石灰可使刚度不太大，掺入一定的粉煤灰可以降低其收缩系数。集料的级配以集料靠拢而不紧密为原则，其空隙让无机结合料填充，形成各自发挥优势的稳定结构。

由于无机稳定类材料的种类很多，不可能作全面介绍。因此，这里主要介绍常用的石灰、水泥稳定土的组成设计。其他类型的混合料设计可参照此方法。

1. 设计依据与标准

稳定土设计，目前的依据有强度、耐久性。

各种混合料的强度标准（7 d）建议值见表 8.6。关于耐久性标准，鉴于现行冻融试验方法所建立的试验条件与稳定层在路面结构中所能遇到的环境条件相比，更为恶劣。因此，我国《公路路面基层施工技术规范》规定：混合料进行设计时，仅采用一个设计标准，即无侧限抗压强度。

2. 原材料试验

原材料试验主要包括基础材料和稳定剂性质试验。主要进行下列试验：

（1）颗粒分析；
（2）液限和塑性指数；
（3）相对密度；
（4）击实试验；
（5）压碎值；
（6）有机质含量（必要时做）；
（7）硫酸盐含量（必要时做）；
（8）稳定剂性质试验。

3. 混合料配合比设计步骤

（1）选定不同的石灰或水泥剂量，制备同一种土样的混合料试件若干，规范建议剂量见表 8.9、表 8.10。

表 8.9　初拟配合比时规范建议的水泥剂量

层 位	土 类	水泥剂量				
基 层	中、粗粒土	3	4	5	6	7
	塑性指数小于 12 的细粒土	5	7	8	9	11
	其他细粒土	8	10	12	14	16
底基层	中、粗粒土	3	4	5	6	7
	塑性指数小于 12 的细粒土	4	5	6	7	9
	其他细粒土	6	8	9	10	12

表 8.10 初拟配合比时规范建议的石灰剂量

层 位	土 类	石灰剂量				
基 层	砂砾土和碎石土	3	4	5	6	7
	塑性指数小于 12 的黏性土	10	12	13	14	16
	塑性指数大于 12 的黏性土	5	7	9	11	13
底基层	塑性指数小于 12 的黏性土	8	10	11	12	14
	塑性指数大于 12 的黏性土	5	7	8	9	11

（2）确定各种混合料的最佳含水量和最大干（压实）密度，至少应做三个不同剂量的混合料的击实试验，即最小剂量、中等剂量和最大剂量。

（3）按规定压实度，分别计算不同石灰或水泥剂量的试件应有的干密度。

（4）按最佳含水量和计算所得的干密度制备试件。进行强度试验时，作为平行试验的最少试件数量应不小于表 8.11 的规定。如试验结果的偏差系数大于表中规定的值，则应重做试验，并找出原因，加以解决；如不能降低其偏差系数，则应增加试件数量。

表 8.11 最少试件数量

试件数量 土 类	偏差系数		
	< 10%	10% ~ 15%	15% ~ 20%
细粒土	6	9	
中粒土	6	9	13
粗粒土		9	13

（5）试件在规定温度下保温养生 6 d，浸水 24 h 后，按《公路工程无机结合料稳定材料试验规程》进行无侧限抗压强度试验，并计算试验结果的平均值和偏差系数。

（6）选定石灰或水泥的剂量。根据试验结果和表 8.6 的强度标准，选定合适的石灰或水泥剂量，此剂量试件室内试验结果的平均抗压强度 $\bar{R}$ 应符合公式（8.8）的要求：

$$\bar{R} \geqslant \frac{R_d}{1 - Z_a C_v} \tag{8.8}$$

式中　R_d ——设计抗压强度（MPa）；
　　　C_v ——试验结果的偏差系数（以小数计）；
　　　Z_a ——保证率系数（高速公路和一级公路应取保证率 95%，此时即 $Z_a = 1.645$；一般公路应取保证率 90%，即 $Z_a = 1.282$）。

（7）工地实际采用水泥的剂量应比室内试验确定的剂量多 0.5% ~ 1.0%，采用集中厂拌法施工时，可只增加 0.5%；采用路拌法施工时，宜增加 1%。

（8）水泥的最小剂量应符合表 8.12 的规定。

表8.12 水泥的最小剂量

土 类 \ 拌和方法	路拌法	集中厂拌法
中粒土和粗粒土	4%	3%
细粒土	5%	4%

(9)综合稳定土和其他无机稳定类材料的组成设计与上述步骤相同。

【例 8.1】 某新建二级公路,因地处潮湿地带,选用石灰土作为底基层。设计强度要求 7 d 龄期的饱水强度为 0.7 MPa,试设计石灰剂量。

解 根据现场采集的土样筛分和试验得 w_L = 33.34%、I_P = 12.31%,确定为中液限土。

通过击实试验求得石灰剂量分别为 8%、10%、11%、12%、14%的最佳含水量及对应的最大干密度见表 8.13。

表8.13 不同石灰剂量的最佳含水量和最大干密度

石灰剂量/%	最佳含水量/%	最大干密度/(g/cm³)	石灰剂量/%	最佳含水量/%	最大干密度/(g/cm³)
8	10.91	1.839	12	12.56	1.848
10	11.38	1.85	14	13.35	1.818
11	11.84	1.854			

在按所求得的最佳含水量 w_0、最大干密度 ρ_d 的制备满足施工压实度的石灰剂量分别为 8%、10%、11%、12%、14%的试件,每组 6 个,并按规范要求进行保湿养生 6 d,浸水 1 d,然后进行抗压试验,并将计算结果列于表 8.14。

表8.14 不同石灰剂量的抗压强度

试件编号 \ 石灰剂量	8	10	11	12	14
1	0.616	0.642	0.758	0.698	0.590
2	0.588	0.652	0.728	0.708	0.572
3	0.632	0.690	0.753	0.669	0.566
4	0.626	0.672	0.782	0.656	0.618
5	0.590	0.664	0.747	0.693	0.607
6	0.568	0.624	0.769	0.632	0.584
平均值	0.603	0.657	0.756	0.676	0.589

由表列计算结果知:当石灰剂量为 11% 时的平均抗压强度最高。故验算该组 6 个试件的相关情况,然后判断是否还要补做试件:

$$\bar{R} = 0.756 \text{ MPa}; \quad \sigma_{n-1} = 0.018\ 6 \text{ MPa}; \quad C_v = 0.024\ 6$$

因为系二级公路，应取保证率为 95%，$Z_a = 1.645$；依据设计强度要求 $R_d = 0.7$ MPa，代入式（8.8）得

$$\frac{R_d}{1-Z_a C_v} = \frac{0.7}{1-6.45\times 0.024\ 6} = 0.73 < \bar{R} = 0.756$$

结果表明，满足表 8.7、表 8.12 及式（8.8）满足要求，故就强度选择，灰土的石灰剂量为 11%。但就剂量的选用，不能单纯地追求高强度，还应全面考虑材料费用、施工成本和拌和机具等条件来最后确定。

复习思考题

1. 何谓无机结合料稳定类材料？它是如何分类的？
2. 稳定土材料具有什么特点？
3. 无机结合材料有哪些类型？
4. 简述石灰稳定土和水泥稳定土的强度形成原理。
5. 对组成稳定土的材料有什么要求？
6. 试述无机结合料稳定类材料的收缩性。
7. 如何防治无机结合料稳定材料的开裂？
8. 如何提高无机结合料稳定材料的水稳性和抗冻性？
9. 简述石灰稳定土组成设计的步骤。

第九章 沥青材料

沥青材料是由极其复杂的高分子碳氢化合物和这些碳氢化合物的非金属（氧、硫、氮）衍生物所组成的混合物。其中碳占80%~87%，氢占10%~15%，氧、硫氮小于0.3%，此外还有少量的金属元素。沥青在常温下一般呈固体或半固体，也有少数品种的沥青呈黏性液体状态，可溶于二硫化碳、四氯化碳、三氯甲烷和苯等有机溶剂，颜色为黑褐色或褐色。

沥青材料的品种很多，按其在自然界获得的方式不同，可分为地沥青和焦油沥青两大类。

1. 地沥青

指由地下原油演变或加工而得到的沥青，又分为天然沥青和石油沥青。

（1）天然沥青是指由于地壳运动使地下石油上升到地壳表层聚集或渗入岩石空隙，再经过一定的地质年代，轻质成分挥发后的残留物。

（2）石油沥青则是将石油原油分馏出各种产品后的残渣加工而成的。我国天然沥青很少，故石油沥青是使用量最大的一种沥青材料。

2. 焦油沥青

焦油沥青是干馏有机燃料（煤、页岩、木材料等）所收集的石油再经加工而得到的一种沥青材料，按干馏原料的不同，焦油沥青可分为煤沥青、页岩沥青、木沥青和泥岩沥青。工程上常用的焦油沥青是煤沥青。

沥青材料是这类材料的总称。它具有良好的憎水性、黏结性和塑性，可用以防水、防潮，因而广泛地应用于道路和水利工程。通常所讲的沥青是石油沥青，其他沥青都要在沥青两字前加上名称以示区别，如煤沥青、页岩沥青等。在道路建筑中最常用的主要是石油沥青和煤沥青两类，其次是天然沥青。

第一节 石油沥青

一、石油沥青的分类和产生

1. 石油沥青生产工艺概述

从油井开采出来的石油，一般简称原油，它是由分子量大小不等的多种烃类（环烃、烷烃和芳香烃）组成的复杂混合物。炼油厂将原油分馏而提取汽油、煤油、柴油和润滑油等石油产品后所剩的残渣，再进行加工或制得各种不同的石油沥青。其生产工艺流程简况可见图9.1。

在常压塔中收集的常压重油，能否直接加工成沥青，主要决定于原油的稠度。我国大多数油井开采的原油，稠度均较低，所得的常压重油通常需要进入减压塔作减压蒸馏后，再进入氧化塔或深拔装置或溶剂脱沥青装置，经过进一步加工才能得到沥青。但也有少数油井开采的原油稠度较大，其常压重油稠度也较大，直接进行减压蒸或深拔后即可得到直馏沥青。

常用的石油沥青主要是由氧化装置、溶剂脱沥青装置或深拔装置所产生的黏稠沥青。为了改善黏稠沥青的使用性能，还可采取各种方式将其加工成液体沥青、调和沥青、乳化沥青、混合沥青和其他改性沥青等。

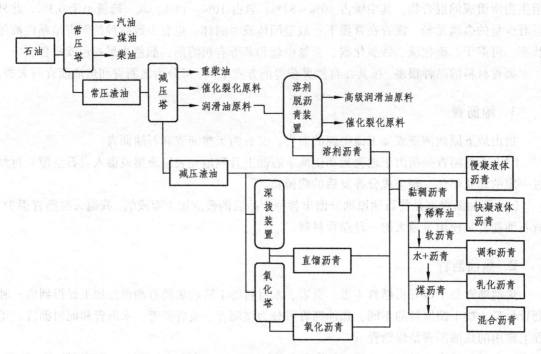

图9.1 石油沥青生产工艺流程

2. 石油沥青的分类

可根据不同的情况对石油沥青进行分类，各种分类方法都有各自的特点和使用价值。

（1）按原油的成分分类。

原油是生产石油沥青的原材料。在炼油时所采用的原油成分不同，炼油后所得到的沥青成分也不相同。按原油所含烃类成分或硫酸含量的不同可划分为几种基本类型。

原油的分类一般是根据"关键馏分特性"和"含硫量"，可分为石蜡基原油、环烷基原油和中间基原油。

① 石蜡基沥青。也称多蜡沥青，它是由含大量烷烃成分的石蜡基原油提炼而得。这种沥青因原油中含有大量烷烃，因此在沥青中其含量一般大于5%，有的高达10%及以上。蜡在常温下往往以结晶体存在，降低了沥青的黏结性和温度稳定性；表现为软化点高、针入度小、延度低，但抗老化性能较好。如果用丙烷脱蜡，仍然可得到延度较好的沥青。

② 环烷基沥青。也称沥青基沥青，由沥青基石油提炼而得的沥青。它含有较多的环烷烃

基芳香烃,所以此种沥青的芳香性高。含蜡量一般小于2%,沥青的黏结性和塑性匀较高。目前我国所产的环烷基沥青较少。

③ 中间基沥青。也称混合基沥青,中间基沥青是有蜡质介于石蜡基石油和环烷基石油之间的原油提炼而得。所含烃类成分和沥青的性质一般均界于石蜡基沥青和环烷基沥青之间。

我国石油油田分布广,但国产石油多属石蜡基和中间基原油。

(2) 按加工方法分类。

① 直馏沥青。也称残留沥青,用直馏的方法将石油在不同沸点温度得到的馏分(汽油、煤油、柴油)取出之后,最后残留的黑色液体状产品。符合沥青标准的,称为直馏沥青;不符合沥青标准,针入度大于300,含蜡量大的称为渣油。在一般情况下,低稠度原油生产的直馏沥青,其温度稳定性不足,还需要进行氧化处理才能达到黏稠石油的性质指标。

② 氧化沥青。将常压或减压重油,或低稠直馏沥青在250 ℃ ~ 300 ℃高温下吹入空气,经过数小时氧化可获得常温下为半固体或固体状的沥青。氧化沥青具有良好的温度稳定性。在道路工程中使用的沥青,氧化程度不能太深,有时也称为半氧化沥青。

③ 溶剂沥青。这种沥青是对含蜡量较高的重油采取萃取工艺,提炼出润滑油原料后所余的残渣。在溶剂萃取过程中,一些石蜡成分溶解在萃取溶剂中随之被拔出,因此,溶剂沥青中石蜡成分相对减少,其性质较由石蜡基原油生产的渣油或氧化沥青有很大的改善。

④ 裂化沥青。在炼油过程中,为增加出油率,对蒸馏后的重油在隔绝空气和高温下进行热裂化,使碳链较长的烃分子转化为碳链较短的汽油、煤油等。裂化后所得到的裂化残渣,称为裂化沥青。裂化沥青具有硬度大、软化点高、延度小,没有足够的黏度和温度稳定性,不能直接用于道路上。

(3) 按沥青在常温下的稠度分类。

根据用途的不同,要求石油沥青具有不同的稠度,一般可分为黏稠沥青和液体沥青两大类。黏稠沥青在常温下为半固体或固体状态。如按针入度分级时,针入度 < 40 为固体沥青,针入度在 40 ~ 300 的呈半固体,而针入度 > 300 者为黏性液体状态。

(4) 按用途分类。

① 道路石油沥青。主要含直馏沥青,是石油蒸馏后的残留物或残留物氧化而得的产品。

② 建筑石油沥青。主要含氧化沥青,是原油蒸馏后的重油经氧化而得的产品。

③ 普通石油沥青。主要含石蜡基沥青,它一般不能直接使用,要掺配或调和后才能使用。

液体沥青在常温下多呈黏性液体或液体状态,根据凝结速度的不同,可按标准黏度分级划分为慢凝液体沥青,中凝液体沥青和快凝液体沥青3种类型。在生产应用中,常在黏稠沥青中掺入一定比例的溶剂,配制的稠度很低的液体沥青,称为稀释沥青。

二、石油沥青的组成和结构

1. 元素组成

石油沥青是由多种碳氢化合物及其非金属(氧、硫、氮)的衍生物组成的混合物。它的分子表达通式为 $C_nH_{2n+a}O_bS_cN_d$。化学组成主要是碳(80% ~ 87%)、氢(10% ~ 15%),其次是非烃元素，如氧、硫、氮等（<3%）。此外，还含有一些微量的金属元素，如镍、钒、铁、锰、镁、钠等，但含量都极少，为几个至几十个 ppm（百万分之一）。

由于石油沥青的化学组成结构的复杂性，许多元素分析结果非常近似的石油沥青，它们的性质却相差很大。这主要是沥青中所含烃类基属的化学结构不同。近来的一些研究结果表明，石油沥青中所含碳原子和氢原子的数量之比（称为碳氢比，C/H），在一定程度上能说明沥青结构单元中组成烃类基属含量的大致比例，从而可间接地了解石油沥青化学组成结构的概貌。

2. 石油沥青的化学组分

目前的分析技术尚难将沥青分离为纯粹的化合物单体。为了研究石油沥青化学组成与使用性能之间的联系，从工程角度出发，将沥青所含烃类化合物中化学性质相近的成分归类分析，从而划分为若干组，称为"沥青化学组分"，简称"组分"。

将沥青分为不同组分的化学分析方法称为组分分析法。组分分析是利用沥青在不同有机溶剂中的选择性溶解或在不同吸附剂上的选择性吸附等性质。

沥青组分划分方法较多。早年，丁·马尔库松（德国）就提出将石油沥青分离为沥青酸、沥青酸酐、油分、树脂、沥青质、沥青碳和似碳物等组成的方法；后来经过许多研究者的改进，美国的 L.R 哈巴尔德和 K.E 斯坦费尔德完善为三组分分析法；再后 L.W. 科尔贝特（美国）又提出四组分分析法。

（1）三组分分析法。

石油沥青的三组分分析法是将石油沥青分离为油分、树脂、沥青质三个组分。因我国富产石蜡基和中间基沥青，在油分中往往含有蜡，故在分析时还应将油蜡分离。这种分析方法称为溶解-吸附法。

溶解-吸附法的优点是组分分解明确，组分含量能在一定程度上说明沥青的路用性能，其分析示意图见图 9.2。但是它的主要缺点是分析流程复杂，分析时间长。

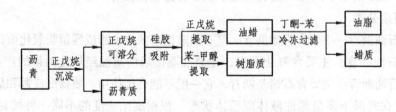

图 9.2 三组分分析法石油沥青分析流程图

按三组分分析法所得各组分的性状见表 9.1。

（2）四组分分析法。

由科尔特（L.W.Corbete）首先提出，该法可将沥青分为如下 4 种成分：

① 沥青质。沥青中不溶于正庚烷而溶于甲苯中的物质。

② 饱和分。亦称饱和烃，沥青中溶于正庚烷，吸附于 Al_2O_3 谱柱下，能为正庚烷或石油醚溶解脱附的物质。

③ 环烷芳香烃。亦称芳香烃，沥青经上一步骤处理后，为甲苯所溶解脱附的物质。

表 9.1　石油沥青三组分分析法的各组分的性状

组分\性状	外观特征	平均分子量 M_w	碳氢比 C/H	物化特征
油分	淡黄色透明液体	200~700	0.5~0.7	几乎可溶解于大部分有机溶剂,具有光学活性,常发现有荧光,相对密度为0.910~0.925
树脂	红褐色黏稠半固体	800~3 000	0.7~0.8	温度敏感性高,熔点低于100 ℃,相对密度大于1.00
沥青质	深褐色固体末微粒	1 000~5 000	0.8~1.0	加热不溶化,分解为硬焦炭使沥青呈黑色

④ 极性芳香分。亦称胶质,沥青经上一步骤处理后能为苯-慢乙醇或苯-甲醇所溶解脱附的物质。

对于多蜡沥青,还可将饱和环烷芳香分用丁酮-苯混合溶液冷冻分离出蜡。石油沥青四组分分析法示图见图9.3。

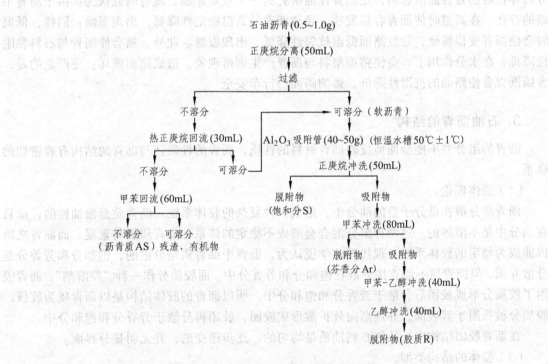

图 9.3　四组分分析法石油沥青分析流程

按四组分分析法所得各组分的性状列见表9.2。

沥青的化学组分与沥青的物理、力学性质有着密切的关系,主要表现为沥青组分及其含量的不同将引起沥青性质趋向性的变化。一般认为:油分使沥青具有流动性;树脂使沥青具有塑性,树脂中含有少量的酸性树脂(即地沥青酸和地沥青酸酐),是一种表面活性物质,能增强沥青与矿质材料表面的吸附性;沥青质能提高沥青的黏结性和热稳定性。

表 9.2 石油沥青四组分分析法的各组分的性状

性状 组分		外观特征	平均分子量 M_w	碳氢比 C/H	物化特征
沥青质		深褐色固体末微粒	1 000~5 000	<1.0	提高热稳定性和黏滞性
饱和分	相当油分	无色黏稠液体	300~1 000	<1.0	赋予沥青流动性
芳香分		茶色黏稠液体			
胶质		红褐色至黑褐色黏稠半固体	500~1 000	≈1.0	赋予胶体稳定性,提高黏附性及可塑性
蜡(石蜡和地蜡)		白色结晶	300~1 000	<1.0	破坏沥青结构的均匀性,降低塑性

(3)沥青的含蜡量。

蜡在常温下呈白色晶体存在于沥青中,当温度达到 45 ℃ 就会由固态转变为液态。蜡组分的存在对沥青性能的影响,是沥青性能研究的一个重要课题。现有研究认为:由于沥青中蜡的存在,在高温时使沥青容易发软,导致沥青的高温稳定性降低,出现车辙;同样,低温时会使沥青变得脆硬,导致路面低温抗裂性降低,出现裂缝。此外,蜡会使沥青与石料黏附性降低,在水分作用下,会使路面集料与沥青产生剥落现象,造成路面破坏;更严重的是,含蜡沥青会使路面的抗滑性降低,影响路面的行车安全。

3. 石油沥青的结构

沥青的组分并不能全面地反映沥青材料的性质,沥青的性质还与沥青的结构有着密切的联系。

(1)胶体理论。

沥青质分散在低分子量的油分中,形成一种复杂的胶体系统。沥青质是憎油性的,而且在油分中是不溶解的。这两种组分混合会形成不稳定的体系,沥青质极易絮凝。而沥青之所以能成为稳定的胶体系统,现代胶体学说认为,沥青中沥青质是分散的,饱和分和芳香分是分散介质,但沥青质不能直接分散在饱和分和芳香分中。而胶质分作一种"胶溶剂",沥青吸附了胶质分形成胶团后分散于芳香分和饱和分中。所以沥青的胶体结构是以沥青质为胶核,胶质分被吸附于其表面,并逐渐向外扩散形成胶团,胶团再分散于芳香分和饱和分中。

在沥青胶团结构中,从核心到油质是均匀的、逐步递变的,并无明显分界面。

(2)胶体的结构类型。

由于沥青中各组分的化学组成和相对含量的不同,可以形成不同的胶体结构。沥青的胶体结构,可以分为下列 3 个类型:

① 溶胶型结构。沥青质含量较少(<10%),油分及树脂含量较多,胶团外薄膜较厚,胶团相对运动较自由,如图 9.4(a)所示。这种结构沥青黏滞性小、流动性大、塑性好,开裂后自行越合能力强,但温度稳定性较差,是典型液体沥青结构的特征。

② 溶-凝胶型结构。当沥青质含量适当时(15%~25%),又含适量的油分及树脂。胶团

的浓度增加，胶团间具有一点的吸引力，它介于溶胶型结构和凝胶型结构之间，称为溶-凝胶型结构，如图9.4（b）所示。这类沥青在高温时温度稳定性好，低温时的变形能力也好，现代高级路面所用的沥青，都应属于这类胶体结构类型。

③ 凝胶型结构。油分及树脂含量较少，沥青质含量较多（>30%），胶团外膜较薄，胶团靠近团聚，胶团相互吸引力增大，相互移动困难，如图9.4（c）所示。这种结构的特点是弹性和黏性较高，温度敏感性较小，流动性、塑性较低。

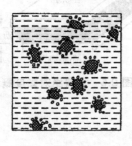 

（a）溶胶型结构　　　（b）溶-凝胶型结构　　　（c）凝胶型结构

图 9.4　沥青的胶体结构示意图

（3）胶体结构类型的判定。

沥青的胶体结构与其路用性能有着密切的关系。为工程使用方便，通常采用针入度指数法划分其胶体结构类型（见表9.3）。

表9.3　沥青的针入度指数和胶体结构类型

沥青的针入度指数	沥青胶体结构类型	沥青的针入度指数	沥青胶体结构类型	沥青的针入度指数	沥青胶体结构类型
<−2	溶液	−2～+2	溶凝胶	>+2	凝胶

三、石油沥青的技术性质

用于沥青路面的沥青材料，应具备下列主要技术性质：

1. 黏滞性（黏性）

黏滞性是指沥青在外力作用下抵抗变形的能力。它反映了沥青内部组分阻碍其相对流动的特性。沥青受到外力作用后表现的变形，是由于沥青中组分胶团发生变形或胶团之间产生相互位移所致。

各种石油沥青的黏滞性变化范围很大，黏滞性的大小与组分和温度有关。当沥青质含量较高，又含有适量的树脂、少量的油分时，则黏滞性较大。在一定温度范围内，当温度升高时，黏滞性随之降低；反之则增大。

黏滞性是与沥青路面力学性质联系最密切的一种性质。在现代交通条件下，为防止路面出现车辙，沥青黏度的选择是首要考虑的参数，沥青的黏滞性通常用黏度表示。

(1) 沥青的绝对黏度（亦称动力黏度）。

如果采用一种剪切变形的模型来描述沥青在沥青与矿质材料的混合料中的作用，可取一对互相平行的平面，在两平面之间分布有一沥青薄膜，薄膜与平面的吸附力远大于薄膜内部胶团之间的作用力。当下层平面固定，外力作用于顶层表面发生位移时（见图9.5），按牛顿定律可得到式（9.1）：

$$F = \eta \cdot A \frac{v}{d} \quad (9.1)$$

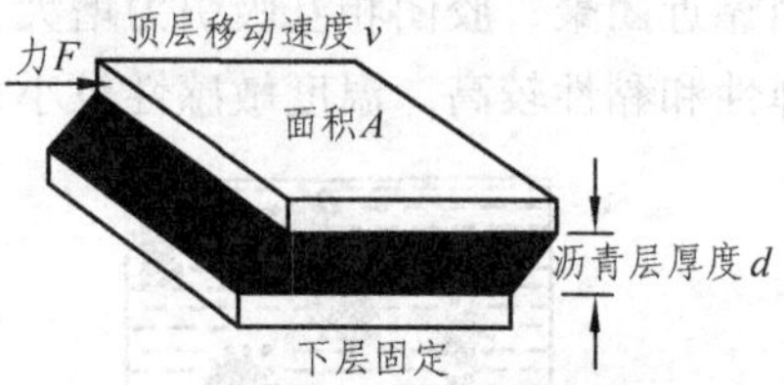

式中　F——移动顶层平面的力，即等于沥青薄膜内部胶团抵抗变形的能力（N）；
　　　A——沥青薄膜层的面积（cm^2）；
　　　c——顶层位移的速度（m/s）；
　　　d——沥青膜的厚度（cm）；
　　　η——反映沥青黏滞性的系数，即绝对黏度（Pa·s）。

图 9.5　沥青绝对黏度概念图

由式（9.1）得知，当相邻接触面积大小和沥青薄膜厚度一定时，欲使相邻平面以速度v发生位移所用的外力与沥青黏度成正比。

当令$\tau = F/A$，$\gamma = v/d$时，可将式（9.1）改写为

$$\eta = \frac{\tau}{\gamma} \quad (9.2)$$

式中　τ——剪应变（沥青薄膜层单位面积上所受的剪切力，N/cm^2）；
　　　γ——剪变率（位移速度在d方向的变化率，s^{-1}）。

(2) 沥青的相对黏度。

沥青的相对黏度，也称为条件黏度，它反映了沥青材料在温度条件下表现出的性质。

① 针入度。针入度是测定黏稠石油沥青黏结性的常用技术指标，采用针入度仪测定（见图9.6）。沥青的针入度是在规定的温度和时间内，附加一定质量的标准针垂直灌入试样的深度，以 0.1 mm 表示。试验条件以$P_{T, m, t}$表示其中p为针入度，T为试验温度，m为荷载重，t为贯入时间。针入度值越小，表示黏度越大。

现行《公路工程沥青及沥青混合料试验规程》规定：标准针和针连杆组合件的总质量为（50 ± 0.05）g，另加（50 ± 0.05）g 的砝码一个，试验时总质量（100 ± 0.05）g，试验温度为25 ℃（当计算针入度指数 $P.I.$ 时可采用（15 ℃、30 ℃、25 ℃ 或 5 ℃），标准针为贯入时间 5 s。例如：某沥青在上述条件时测得针入度为 65（0.1 mm），可表示为

$$p(25\ ℃,\ 100\ g,\ 5\ s) = 65(0.1\ mm)$$

我国现行使用的黏稠沥青技术标准中，针入度是划分沥青技术等级的主要指标。针入度值越大，表明沥青越软（稠度越小）。

② 黏度。黏度又称黏滞度，是测定液体沥青黏结性的常用技术指标。

黏度是指沥青试样在规定温度下，通过规定孔径，流出 50 mL 试样所需的时间，以 s 为单位。我国目前采用道路标准黏度计测定（见图9.7）。

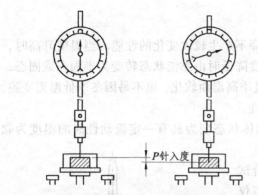
图9.6　针入度法测定黏稠沥青针入度示意图

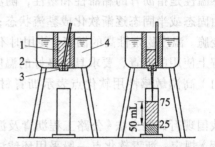
图9.7　标准黏度计测定液体沥青示意图
1—沥青试样；2—活动球塞；3—流孔；4—水

根据《公路工程沥青及沥青混合试验规程》规定：液体状态的沥青材料，在标准黏度计中，于规定的温度条件下（20 ℃、25 ℃、30 ℃、或60 ℃），通过规定的流孔直径（3 mm、4 mm、5 mm及10 mm）流出50 mL体积沥青所需的时间（s），以$C_{T,d}$表示。其中C为黏度，T为试验温度，d为流孔直径。例如，某沥青在60 ℃时，自5 mm孔径流出50 mL沥青所需时间为100 s，表示为$C_{60,5} = 100$ s。在相同温度和相同流孔条件下流出时间越长，表示沥青黏度越大。

我国液体沥青是采用黏度来划分技术等级的。

2. 塑　性

塑性是指沥青在外力作用下发生变形而不被破坏的能力。

影响塑性大小的因素与沥青的组分及温度有关。沥青中树脂含量多，油分及沥青质含量适当，则塑性较大。当温度升高，塑性增大，沥青膜层越厚则塑性越高；反之，塑性越差。在常温下，塑性好的沥青不易产生裂缝，并能减少摩擦时的噪声。同时，它对于沥青在温度降低时抵抗开裂的性能有着重要影响。

现行《公路工程沥青及沥青混合试验规程》规定：沥青的塑性用延度表示，用延度仪测定（见图9.8）。沥青延度是将沥青试样制成"∞"字形标准试模（中间最小截面为1 cm²）在规定速度5 cm/min和规定温度25 ℃或15 ℃下拉断时的长度，以cm表示。

沥青的延度越大，塑性越好，其柔性和抗断裂性能越好。

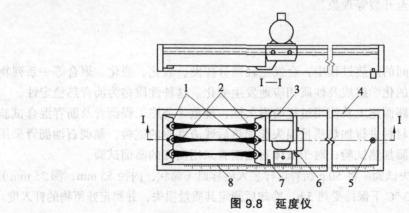
图9.8　延度仪

3. 温度稳定性（感温性）

感温性是指沥青的黏滞性和塑性，随温度升降不产生较大变化的性能。当温度升高时，沥青由固态或半固态逐渐软化成黏流状态；当温度降低时由黏流状态转变为半固态或固态，甚至变脆。温度稳定性高的沥青，使用时不易因夏季高温而软化，也不易因冬季低温而变脆。在工程上使用的沥青，要求具有良好的温度稳定性。

（1）高温敏感性用软化点表示沥青材料由固体状态变为具有一定流动性时的温度为软化点。

我国现行试验方法《公路工程沥青及沥青混合试验规程》规定：沥青软化点一般采用环球法软化点仪测定（见图9.9）。即将沥青式样装入规定尺寸的铜环内（内径18.9 mm），式样上放置标准的钢球（重3.5 g）浸入水或甘油中，以规定的升温速度（5 ℃/min）加热，使沥青软化下垂至规定距离时的温度（以℃表示）。软化点越高，表明沥青的耐热性越好，即温度稳定性越好。

针入度是在规定温度下，沥青的条件黏度，而软化点则是沥青达到规定条件黏度时的温度。软化点既是反映沥青材料感温性的一个指标，也是沥青黏度的一种量度。

针入度、延度、软化点是评价黏稠石油沥青路用性能最常用的经验指标，所以通称"三大指标"。

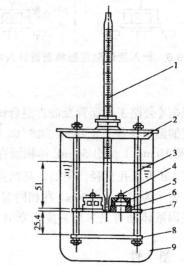

图9.9 软化点试验仪（尺寸单位：mm）
1—温度计；2—上盖板；3—立杆；4—钢球；
5—钢球定位环；6—金属环；7—中层板；
8—下层板；9—烧杯

（2）低温抗裂性用脆点表示。脆点是指沥青材料由黏稠状态转变为固体状态达到条件脆裂时的温度。

《公路工程沥青及沥青混合料试验规程》规定采用弗拉斯法测定沥青脆点。脆点试验是将沥青试样均匀涂在金属片上，置于有冷却设备的脆点仪内，摇动脆点仪的曲柄，使涂有沥青的金属片产生重复弯曲，随制冷剂温度降低，沥青薄膜温度也逐渐降低，当沥青薄膜在规定弯曲条件下，产生断裂时的温度，即为脆点，见图9.10、图9.11。

在工程实际应用中，要求沥青具有较高的软化点和较低的脆点，否则容易发生沥青材料夏季流淌或冬季变脆甚至开裂等现象。

4. 加热稳定性

沥青在加热或长时间的加热过程中，会发生轻馏分挥发、氧化、裂化、聚合等一系列物理及化学变化，使沥青的化学组成及性质相应地发生变化。这种性质称为沥青热稳定性。

为了解沥青材料在路面施工及使用过程的耐久性，规范《公路工程沥青及沥青混合试验规程》规定：要对沥青材料进行加热质量损失和加热后残渣性质的试验，黏稠石油沥青采用蒸发损失试验、沥青薄膜加热试验；对于液体石油沥青采用沥青的蒸馏试验。

（1）沥青的蒸发损失试验。将50 g沥青试样装入盛样皿（筒状，内径55 mm，深35 mm）中，置于烘箱内，在163 ℃下保持受热5 h，冷却后测定其质量损失，并测定残留物的针入度。

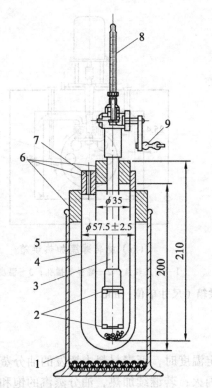 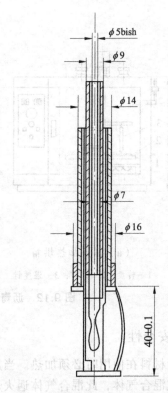

图 9.10 弗拉斯脆点仪（尺寸单位：mm）   **图 9.11 弯曲器**（尺寸单位：mm）

1—外筒；2—夹钳；3—硬塑料管；4—真空玻管；5—试样管；
6—橡胶管；7—通冷却液管道；8—温度计；9—摇把

沥青经加热损失试验后，由于沥青中轻质馏分挥发，不稳定成分发生氧化、聚合等作用，导致残留物性能与原始材料性能有很大的差别。主要表现为针入度减小，软化点升高和延度降低。

在沥青的蒸发损失试验中，沥青试样的厚度约为 21 mm，受热时与空气接触面积较小，只有表面薄层的沥青发生氧化，而在实际使用沥青时，往往需要将沥青与矿料在较高的温度下拌和均匀。这就是说：实际使用的沥青呈薄膜状分布，沥青与空气的接触面积较大，所以对道路黏稠石油沥青采用沥青薄膜加热试验。

（2）沥青薄膜加热试验。3.2 mm 厚的试样在规定温度条件下，经规定时间加热，测定试验前后沥青质量和性质的变化。

该法是将 50 g 沥青试样装入盛样皿（内径 140 mm，深 9.5~10 mm）内，使沥青成为厚约 3.2 mm 的沥青薄膜。沥青薄膜在 163 ℃ 的标准薄膜加热烘箱（见图 9.12）中加热 5 h 后，取出冷却，测定其质量损失，并按规定的方法测定残留物的针入度、延度等技术。

（3）液体石油沥青蒸馏试验。蒸馏试验是将沥青在标准曲颈蒸馏器（见图 9.13）内加热测定。选择馏出阶段较接近，同时具有相同物理、化学性质的馏分含量，以占试样体积百分比表示。除非有特殊要求，各馏分蒸馏的标准切换温度为 225 ℃、316 ℃、360 ℃。通过此试验可了解液体石油沥青含各温度范围内轻质挥发油的数量，并可根据对残留物的性质测定预估液体沥青在道路路面中的性质。

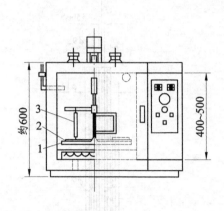
（a）薄膜加热烘箱
1—转盘；2—试样；3—温度计

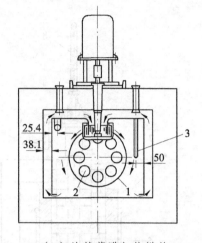
（b）旋转薄膜加热烘箱
1—垂直转盘；2—盛样瓶插孔；3—温度计

图9.12　沥青薄膜加热烘箱（尺寸单位：mm）

5. 安全性

沥青材料在使用时必须加热。当加热至一定温度时，沥青材料中挥发的油分蒸汽与周围空气组成混合气体，此混合气体遇火焰则发生闪火；若继续加热，油分蒸汽的饱和度增加。由于此种蒸汽与空气组成的混合气体遇到火焰极易燃烧，而引起火灾或导致沥青烧坏，为此必须测定沥青的闪点和燃点。

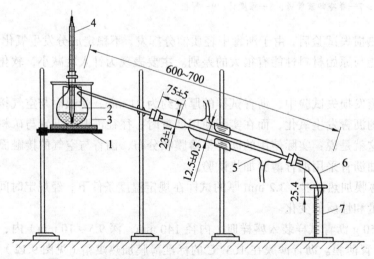

图9.13　液体石油沥青蒸馏试验（尺寸单位：mm）

1—调节加热器；2—蒸馏烧杯；3—保温罩；4—温度计；5—冷凝管；6—牛角管；7—量筒

（1）闪点（闪火点）。加热沥青挥发的可燃气体与空气组成混合气体在规定条件下与火接触，产生闪光时的沥青温度（°C）常采用开口杯式闪点仪测定（见图9.14）。

（2）燃点（着火点）。指沥青加热产生的混合气体与火接触能持续燃烧5 s以上时的沥青温度（°C）。

闪点、燃点温度一般相差 10 °C 左右。《公路工程沥青及沥青混合料试验规程》中用克利夫兰开口杯式闪点仪测定（见图 9.14）。

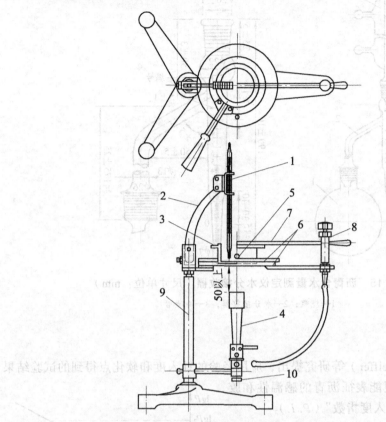

图 9.14　克利夫兰开口杯闪点仪（尺寸单位：mm）

1—温度计；2—温度计支架；3—金属试验收杯；4—加热器具；5—试验标准球；6—加热板；
7—实验火焰喷嘴；8—调节开关；9—加热板支架；10—加热调节器

6. 溶解度

沥青的溶解度是指沥青在三氯乙烯中溶解的百分比（即有效物质含量）。那些不溶解的物质为有害物质（沥青碳，似碳物），它会降低沥青的性能，应加以限制。

7. 含水量

沥青几乎不溶于水，具有良好的防水性能。但沥青材料不是绝对不含有水分的，水在纯沥青中的溶解度一般为 0.001～0.019。

如沥青中含有水分，施工中挥发太慢，影响施工速度，所以要求沥青中含水量不宜过多。在加热过程中，如水分过多，易产生"溢锅"现象，引起火灾，使材料损失。所以，在熔化沥青时应加快搅拌速度，促进水分蒸发，控制加热温度。

沥青的含水量用沥青含水量测定仪测定（见图 9.15）。液体沥青可直接抽提；黏稠沥青需加挥发性溶剂（二苯甲等）以助水分蒸发。含水量以抽提出的水分占沥青重量的百分比表示。水分如小于 0.025 mL（二十分刻度的半格）时，则认为是痕迹。

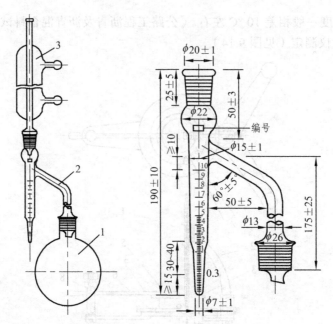

图 9.15 沥青含水量测定仪水分接收器（尺寸单位：mm）

1—烧瓶；2—水分接收器；3—冷凝管

8. 针入度指数

荷兰学者普费（Pfeiffer）等研究提出，应用经验的针入度和软化点得到的试验结果，找出其中的变化规律以便能表征沥青的感温性和胶体结构的指标，称"针入度指数"（$P.I.$）。

沥青在不同温度下的针入度值，若以针入度的对数为纵坐标，以温度为横坐标，可得到如图9.16所示的直线关系，以式（9.3）表示：

$$\lg P = AT + K \tag{9.3}$$

式中 A——针入度温度感应性系数，由针入度和软化点确定；

K——截距。

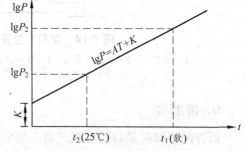

图 9.16 针入度-温度关系图

根据试验研究认为，各种沥青达到软化点（T_m）温度时，此时的针入度恒等于800（1/10 mm），因此斜率A可由式（9.4）表示：

$$A = \frac{\lg 800 - \lg P(25\ ℃,\ 100\ g,\ 5\ s)}{T_{软} - 25} \tag{9.4}$$

沥青针入度指数$P.I.$是针入度和软化点的函数。针入度、温度感应性系数（A）与针入度指数（$P.I.$）的关系可按式（9.5）绘制成诺模图9.17。

$$P.I. = \frac{30}{1 + 50A} - 10 \tag{9.5}$$

针入度指数可将沥青划分为三种胶体结构，见表9.3。

9. 劲 度

劲度模量也称刚度模量，是表示沥青黏性和弹性联合效应的指标。大多数沥青在变形时呈现黏-弹性。当变形量较小，荷载作用时间较短时，以弹性形变为主；反之，以黏性形变为主。

范·德·波尔在论述黏-弹性材料（沥青）的抗变形能力时，以荷载作用时间（t）和温度（T）作用应力（σ）与应变（ε）之的函数，即在一定荷载作用时间和温度条件下，应力与应变的比值称为劲度模量s_b（简称劲度）。故劲度模量可表示为

$$s_b = \left(\frac{\sigma}{\varepsilon}\right)_{t,T} \tag{9.6}$$

沥青的劲度（s_b）与温度（T）、荷载作用时间（t）和沥青流变类型（针入度指数$P.I.$）等参数有关，如式（9.7）：

$$s_b = f(T, t, P.I.) \tag{9.7}$$

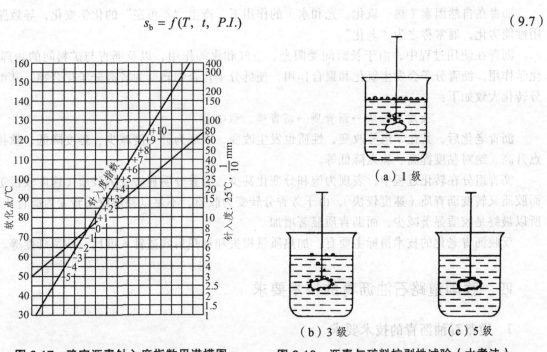

图 9.17　确定沥青针入度指数用诺模图　　图 9.18　沥青与矿料抗剥性试验（水煮法）

10. 黏附性

黏附性是路用沥青重要性能之一。它直接影响沥青路面的使用质量和耐久性。沥青裹覆石料后的抗水性（即抗剥性）不仅与沥青的性质有密切关系，而且与集料性质有关。当采用一种固定的沥青时，不同矿物成分的石料的剥落度也有所不同。从碱性、中性直至酸性石料，随着SiO_2含量的增加，剥落度亦随之增加。为保证沥青混合料的强度，在选择石料时应优先考虑利用碱性石料；当地缺乏碱性石料必须采用酸性石料时，可掺加各种抗剥剂以提高石料与沥青的黏附性。

对沥青与石料黏附性的试验方法,《公路工程沥青及沥青混合料试验规程》规定,采用水煮法(见图9.18)和水浸法。

浸煮后,观察矿料颗粒上沥青膜的剥落程度,并按表9.4评定其黏附等级。

表9.4 沥青与集料的黏附性等级

试验后石料表面上沥青膜剥落情况	黏附性等级
沥青膜完全保存,剥落面积百分比接近于0	5
沥青膜少部分为水所移动,厚度不均匀,剥落面积百分比少于10%	4
沥青膜局部明显为水所移动,但还基本留在石料表面上,剥落面积百分比少于30%	3
沥青膜大部分为水所移动,局部保留在石料表面上,剥落面积百分比大于30%	2
沥青膜完全为水所移动,石料基本裸露,沥青完全浮于水面上	1

11. 老 化

沥青在自然因素(热、氧化、光和水)的作用下,产生"不可逆"的化学变化,导致路用性能劣化,通常称之为"老化"。

沥青在使用过程中,由于长时间受阳光、空气和水的作用,以及沥青与矿料间的物理-化学作用,沥青分子会发生氧化和聚合作用,使低分子化合物转变为较高分子化合物。其组分转化大致如下:

油质→树脂→沥青质→沥青碳、似碳物

沥青老化后,其化学组分改变,性质也发生改变,表现为针入度减少、延度降低、软化点升高、绝对黏度提高、脆点降低等。

沥青组分在转化过程中,表现为饱和分变化甚少,芳香分明显转变为胶质(速度较慢),而胶质又转变沥青质(速度较快),由于芳香分转变为胶质,不足以补偿胶质转变为沥青质,所以最终是胶质显著减少,而沥青质显著增加。

反映沥青老化的技术指标主要有:加热质量损失和加热后残渣针入度比、残留延度等。

四、我国道路石油沥青的技术要求

1. 道路石油沥青的技术要求

道路石油沥青的质量应符合表9.5的要求。经建设单位同意,沥青的$P.I.$值、60 ℃动力黏度,10 ℃延度可作为选择性指标。

表9.5 道路石油沥青的适用范围

沥青等级	适用范围
A级沥青	各个等级的公路,适用于任何场合和层次
B级沥青	① 高速公路、一级公路沥青下面层及以下的层次,二级及二级以下公路的各个层次; ② 用做改性沥青、乳化沥青、改性乳化沥青、稀释沥青的基质沥青
C级沥青	三级及三级以下公路的各个层次

在《公路沥青路面施工技术规范》(JTG F40—2004)中修订了沥青等级划分方法,并增补了沥青的技术指标,以全面地、充分地反映沥青的技术性能。在这个标准中,以沥青路面的气候条件为依据,在同一个气候分区内根据道路等级和交通特点再将沥青分为 1~3 个不同的针入度等级;在技术指标中增加了反映沥青感温性的指标——针入度指数 P.I.,沥青高温性能指标 60 ℃动力黏度,并选择 10 ℃延度指标评价沥青的低温性能,有关技术要求见表 9.6。

表 9.6 道路石油沥青技术要求(JTG F10—2003)

指标	等级	160号	130号	110号			90号					70号③					50号③	30号
适用的气候分区①		注④	注④	2-1	2-2	2-3	1-1	1-2	1-3	2-2	2-3	1-3	1-4	2-2	-3	2-4	1-4	注⑥
针入度(25 ℃,100 g,5 s)(0.1 mm)		140~200	120~140	100~120			80~100					60~80					40~60	20~40
针入度指数 P.I.②,③	A								−1.5~+1.0									
	B								−1.8~+1.0									
软化点(R&B)℃,不小于	A	38	40	43			45					44		46			45	49	55
	B	36	39	42			43					42		44			43	46	53
	C	35	37	41			42							43				45	50
60 ℃动力黏度(Pa·s),不小于	A	—	60	120			160					140		180			160	200	260
10 ℃延度③/cm,不小于	A	50	50	40			45	30	20	30	20	0	5	5		0	5	15	—
	B	30	30	30			30	20	15	20	15	5	0	0		5	0	20	—
15 ℃延度/cm,不小于	A、B																		
	C	80	80	60			50					40					40	40
闪点(COC)/℃,不小于		230										260						
含蜡量(蒸馏法)/%,不大于	A								2.2									
	B								3.0									
	C								4.5									
溶解度/%,不小于									99.5									
15 ℃密度/(g/cm)³									实测记录									
薄膜加热试验(旋转薄膜加热功当量试验)后																		
质量变化/%,不大于									±0.8									

续表 9.6

指标	等级	160号	130号	110号	90号	70号⑤	50号⑤	30号
残留针入度比/%，不小于	A	48	54	55	57	61	63	65
	B	45	50	52	54	58	60	62
	C	40	45	48	50	54	58	60
10 ℃残留延度/cm，不小于	A	12	12	10	8	6	2	—
	B	10	10	8	6	4	2	—
15 ℃残留延度/cm，不小于	C	40	36	30	20	15	10	—

注：① 试验方法按照现行《公路工程沥青及沥青混合料试验规程》（JTJ 052—2000）规定的方法执行。用于仲裁试验时，求取针入底指数 $P.I.$ 的 5 个温度与针入度相关系数不得小于 0.997。
② 经建设单位同意，表中的针入度指数 $P.I.$、60 ℃动力黏度、10 ℃延度作为选择性指标；也可作为施工质量检验指标。
③ 30号沥青仅适用于沥青稳定基层。130号和160号沥青除寒冷地区可直接在中低级公路上直接应用外，通常用于乳化沥青、稀释沥青、改性沥青的基质沥青。
④ 70号沥青可根据需要，要求供应商提供针入度范围为 60～70 或 70～80 的沥青，50号沥青可要求提供针入度范围为 40～50 或 50～60 的沥青。
⑤ 老化试验以 TFOT 为准，也可以 RTFOT 代替。

2. 道路液体石油沥青的技术标准

道路用液体石油沥青的技术要求，按液体沥青的凝固速度而分为快凝、中凝、慢凝 3 个等级，快凝的液体石油沥青又划分为 3 个标号。除黏度外，对蒸馏的馏分及残留物性质、闪点和含水分等提出相应的要求。技术要求见表 9.7。

表 9.7 道路液体石油沥青技术要求

试验项目		快凝			中凝					慢凝					试验方法
		AL(R)-1	AL(R)-2	AL(M)-1	AL(M)-2	AL(M)-3	AL(M)-4	AL(M)-5	AL(M)-6	AL(S)-1	AL(S)-2	AL(S)-3	AL(S)-4	AL(S)-5	AL(S)-6	
黏度/s	$C_{25,5}$	<20	—	<20	—	—	—	—	—	<20	—	—	—	—	—	T0621
	$C_{60,5}$	—	5～15	—	5～15	16～25	26～40	41～100	101～200	—	5～15	16～25	26～40	41～100	101～200	
蒸馏（体积）/%	225 ℃前	>20	>15	<10	<7	<3	<2	<0	0	—	—	—	—	—	—	T0632
	315 ℃前	>35	>30	<35	<25	<17	<14	>8	<5	—	—	—	—	—	—	
	360 ℃前	>45	>35	<50	<35	<30	<25	<20	<15	<40	<35	<25	<20	<15	<5	
蒸馏后残留物性质	针入度（25 ℃，100 g，5 s）(1/10 mm)	60～200	60～200	100～300	100～300	100～300	100～300	100～300	100～300	—	—	—	—	—	—	T0604
	延度 25 ℃/cm，大于	60	60	60	60	60	60	60	60	—	—	—	—	—	—	T0605
	浮漂度（50 ℃）/s	—	—	—	—	—	—	—	—	<20	>20	>30	>40	>45	>45	T0631

续表

试验项目	快凝			中凝					慢凝						试验方法
	AL(R)-1	AL(R)-2	AL(M)-1	AL(M)-2	AL(M)-3	AL(M)-4	AL(M)-5	AL(M)-6	AL(S)-1	AL(S)-2	AL(S)-3	AL(S)-4	AL(S)-5	AL(S)-6	
闪点（TOC）/°C 大于	30	30	65	65	65	65	65	65	70	70	100	100	120	120	TO633
含水量/%，不大于	0.2	0.2	0.2	0.2	0.2	0.2	0.2	0.2	2.0	2.0	2.0	2.0	2.0	2.0	TO612

第二节 其他品种沥青

一、煤沥青

煤沥青（俗称柏油）是用煤在隔绝空气的条件下干馏，制取炼焦和制煤气的副产品——煤焦油——炼制而成。根据煤干馏的温度不同，而分为高温煤焦油（700 ℃以上）和低温煤焦油（450 ℃～700 ℃）两类。路用煤沥青主要是由炼焦或制造煤气得到的高温煤焦油加工而得。

1. 煤沥青的化学组成和结构特点

（1）煤沥青的化学组成。

煤沥青的组成主要是芳香族碳氢化合物及其氧、硫和氮的衍生物的混合物，其元素组成主要为 C、H、O、S 和 N。煤沥青的化学结构极其复杂，有环结构上带有侧链的，但侧链很短。对煤沥青化学组分的研究，与就石油沥青研究方法相同，也是采用选择性溶解等方法将煤沥青划分为几个化学性质相近且与路用性能有一定联系的组分进行研究。我国主要采用葛氏法，其流程如图 9.19 所列。煤沥青组分如下：

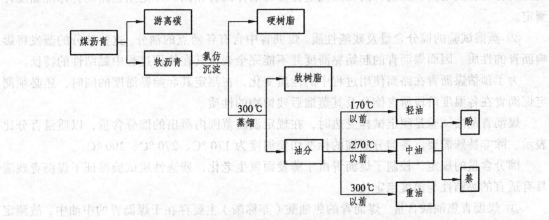

图 9.19 B.O.葛列米尔德的煤沥青化学组分分析

① 游离碳。又称自由碳，是高分子有机化合物的固态碳质微粒，不溶于任何有机溶剂，具有足够的稳定性，只有在高温下才能溶解。在煤沥青中含有游离碳能增强沥青的黏滞性、提高其热稳定性。但游离碳超过一定含量时，沥青的低温脆性亦随之增加。煤沥青中游离碳相当于石油沥青中的沥青质，但颗粒比沥青质大得多。

② 树脂。

a. 硬树脂：固态晶体结构，在沥青中能增强其黏滞性，也类似石油沥青中的沥青质。

b. 软树脂：赤褐色黏塑状物质，溶于氯仿，稳定性较低。能使煤沥青具有塑性，类似于石油沥青中的树脂。

③ 油分。主要由液体未饱和的芳香族碳氢化合物所组成，与石油沥青中的油分类似，使煤沥青具有流动性。在油分中包含萘油、蒽油和酚油等。当蒽油含量小于15%时，可溶于油分中；当其含量大于15%，温度低于10 ℃时，由于萘油变成晶体，使煤沥青的稠度增加。萘在常温下易挥发，所以对煤沥青的技术性质有不良的影响。蒽油含量在15%~25%时，同样能降低煤沥青的黏滞性；若超过此含量，蒽油结晶，也使煤沥青的黏度增加。蒽油有毒，能引起呼吸道黏膜和皮肤发炎、疼痛。

此外，煤沥青中含少量的碱性物质（吡啶、喹啉等）和酸性物质（主要是酚）。酚有毒且易与碱作用生成易溶于水的酚盐，能降低沥青的水稳定性，故酚在煤沥青中的含量越少越好。煤沥青中的酸碱物质都属表面活性物质，相当于石油沥青中的沥青酸与沥青酸酐，但其活性物质含量高于石油沥青。所以煤沥青表面活性比石油沥青高，与石料的黏附力较好。

（2）煤沥青的结构。

煤沥青和石油沥青相类似，也是复杂的胶体分散系，其中游离碳和硬树脂组成的胶体微粒为分散相，油分为分散介质；而软树脂为保护物质，它吸附于固态分散胶粒周围，逐渐向外扩散，并溶解于油分中，使分散系形成稳定的胶体物质。

2. 煤沥青的技术性质与技术标准

（1）煤沥青的技术性质。

① 黏度。表示煤沥青的稠度。煤沥青组分中油分含量减少、固态树脂及游离碳量增加时，则煤沥青的黏度增高。煤沥青的黏度测定方法与液体沥青相同，亦是用道路沥青标准黏度计测定。

② 蒸馏试验的馏分含量及残渣性质。煤沥青中含有各沸点的油分，这些油分的蒸发将影响沥青的性质。因而煤沥青的起始黏滞度并不能完全表达其在使用过程中黏结性的特征。为了预估煤沥青在路面使用过程中的性质变化，在测定其起始黏滞度的同时，还必须测定煤沥青在各温度阶段所含馏分及其蒸馏后残留物的性质。

煤沥青蒸馏试验是测定试样受热时，在规定温度范围内蒸出的馏分含量，以质量百分比表示。除非特殊需要，各馏分蒸馏的标准切换温度为170 ℃、270 ℃、300 ℃。

馏分含量的规定，控制了煤沥青由于蒸发而发生老化，残渣性质试验保证了煤沥青残渣具有适宜的黏结性与温度稳定性。

③ 煤沥青焦油酸含量。煤沥青的焦油酸（亦称酚）主要存在于煤沥青的中油中，故测定煤沥青中酚的含量是通过测定试样总的蒸馏馏分与碱性溶液氢氧化钠作用，使 C_6H_5OH 与氢

氧化钠形成水溶性酚盐（C_6H_5ONa），根据酚钠体积求算出煤沥青中酚的含量，以体积百分比表示。

焦油酸溶解于水，易导致路面强度降低，同时它有毒，因此对其在沥青中的含量必须加以限制。

④ 含萘量。萘在煤沥青中低温时易结晶析出，使煤沥青产生假黏度而失去塑性，同时常温下易升华，并促使"老化"加速，降低煤沥青的技术性质。此外，萘有毒，故对其含量应加以限制。煤沥青的萘含量是取酚含量测定后的无酚中油，在低温下使萘结晶，然后与油分离而获得"粗萘"。萘含量即以粗萘占煤沥青的质量百分比表示。

⑤ 甲苯不溶物。煤沥青的甲苯不溶物含量，是试样在规定的甲苯溶剂中不溶物（游离碳）的含量，用质量百分比表示。

⑥ 含水分。与石油沥青一样，在煤沥青中含有过量的水分会使煤沥青在施工加热时发生许多困难，甚至导致材料质量的劣化和火灾。煤沥青含水量的测定方法与石油沥青相同。

（2）煤沥青的技术标准。

根据煤沥青在工程中应用要求的不同，按照稠度可划分为软煤沥青（液体、半固体的）和硬煤沥青（固体的）两大类。道路工程主要应用的是软煤沥青，用于道路的软煤沥青又按其黏度和有关技术性质分为9个标号，其技术要求见表9.8。

表9.8 道路用煤沥青技术要求

试验项目		T-1	T-2	T-3	T-4	T-5	T-6	T-7	T-8	T-9	试验方法
黏度/s	$C_{30,5}$ $C_{30,10}$ $C_{50,10}$ $C_{60,10}$	5~25	26~70	5~25	26~50	51~120	121~200	10~75	76~200	35~65	TO621
蒸馏试验馏出量/%	170℃前，不大于	<3	<3	<3	<2	<1.5	<1.5	<1.0	<1.0	<1.0	T0641
	270℃前，不大于	<20	<20	<20	<15	<15	<15	<10	<10	<10	
	300℃前，不大于	5~15	15~35	<30	<30	<25	<25	<20	<20	<15	
300℃蒸馏残渣软化点（环球法）℃		30~45	30~45	35~65	35~65	35~65	35~65	40~70	40~70	40~70	T0606
水分，不大于，%		1.0	1.0	1.0	1.0	1.0	0.5	0.5	0.5	0.5	T0612
甲苯不溶物，不大于，%		20	20	20	20	20	20	20	20	20	T0646
含萘量，不大于，%		5	5	5	4	4	3.5	3	2	2	T0645
焦油酸含量，不大于，%		4	4	3	3	2.5	2.5	1.5	1.5	1.5	T0642

（3）煤沥青在技术性质上与石油沥青的差异。

① 煤沥青的温度稳定性差。煤沥青是较粗的分散系，同时可溶性树脂含量较多，受热易软化，温度稳定性差。因此，加热温度和时间要严格控制，更不宜反复加热，否则易引起性质急剧恶化。

② 煤沥青的大气稳定性差。由于煤沥青中含有较多不饱和碳氢化合物，在热、阳光、氧气等长期综合作用下，使煤沥青的组分变化较大，易老化变脆。

③ 煤沥青塑性较差。因煤沥青含有较多的游离碳，而使塑性降低，所以在使用时易因受力变形而开裂。

④ 煤沥青与矿质材料表面黏附性能好 煤沥青组分中含酸、碱性物质较多，它们都是极性物质，赋予煤沥青较高的表面活性和较好的黏附力，对酸、碱性石料均能较好地黏附。

⑤ 煤沥青防腐性能好。由于煤沥青中含有酚、蒽、萘油等成分，所以防腐性好，故宜用于地下防水层及防腐材料。

⑥ 煤沥青含有对人体有害成分较多，臭味较重。

3. 煤沥青与石油沥青的鉴别

如前所述，煤沥青的技术性能与石油沥青类似，但另有不同的特性，因而使用要求有一定区别。如煤油沥青加热温度一般应低于石油沥青，加热时间宜短不宜长等。在通常情况下，煤沥青不能与石油沥青混用，否则会因两者在物理化学性质上的差异而导致出现絮凝结快现象。因此，在储存和加工时必须将这两种沥青严格区分开来。为使在工地条件下区别鉴认这两种沥青，根据两种沥青的某些特性提出了煤沥青与石油沥青的简易鉴别方法见表9.9。

表9.9 石油沥青和煤沥青的简易鉴别方法

鉴别方法	石油沥青	煤沥青
相对密度	接近1.0	1.25~1.28
燃烧	烟少，无色，有松香味，无毒	烟多，黄色，臭味大，有毒
气味	常温下无刺激性气味	常温下有刺激性臭味
颜色	呈辉亮褐色	浓黑色
溶解试验	可溶于汽油或煤油	难溶于汽油或煤油
锤击	韧性较好，不易碎	韧性差，较脆
大气稳定性	较高	较低
抗腐蚀性	差	强

二、乳化沥青

1. 概 述

乳化沥青是将黏稠沥青加热至流动状态，再经高速离心、搅拌及剪切等机械作用，使沥青形成细小的微粒（2~5 μm），然后使用沥青微粒状态均匀地溶于乳化剂和稳定剂的水溶液之中，形成水包油（O/W）型乳浊液。由于乳化剂和稳定剂的作用，从而使沥青乳液形成均匀稳定的分散系，其外观为茶褐色，在常温下具有较好的流动性。

（1）乳化沥青的优点。

① 可冷态施工，节约能源。黏稠沥青通常要加热至160 ℃~180 ℃施工，而乳化沥青可以在常温下进行喷洒、贯入或拌和摊铺，现场无需加热，简化了施工程序，操作简便，节约了能源。

② 潮湿基层上使用，能直接与湿集料拌和，黏结力不会减低。而用其他沥青施工，必须在干燥的基层或干燥的集料拌和才能保证有足够的黏结力。
③ 无毒、无臭、不燃、施工安全，可保护环境，减少污染。
④ 节约能源，降低成本，增加结构沥青。
（2）乳化沥青的缺点。
① 稳定性差，储存期不超过半年，储存期过长容易引起凝聚分层，储存温度在 0 ℃ 以上。
② 乳化沥青修筑路面成型期较长，最初应控制车辆的行驶速度。

基于乳化沥青以上的性质，乳化沥青不仅适用于铺筑路面，而且在路堤的边坡保护、层面防水、金属材料表面防腐等工程中得到广泛应用。

2. 乳化沥青的组成材料

乳化沥青主要由沥青、乳化剂、稳定剂和水等组成。
（1）沥青。

沥青是乳化沥青组成的主要材料，占 55% ~ 70%，沥青的性质将直接决定乳化沥青成膜性能和路用性质。在选择作为乳化沥青用的沥青时，首先要考虑它的易乳化性。一般说来，相同油源和工艺的沥青，针入度较大者易于形成乳液。但针入度的选择，应根据乳化沥青在路面工程中的用途来决定。另外，沥青中活性组分的含量对沥青乳化难易性有直接关系，通常认为沥青中沥青酸总量大于 1% 的沥青，采用通用乳化剂和一般工艺即易于形成乳化沥青。

（2）乳化剂。

乳化沥青的性质极大程度上依赖于乳化剂的性能，是乳化沥青形成的关键材料。沥青乳化剂是表面活性剂的一种类型，从化学结构上考察，它是一种"两亲性"分子，分子的一部分具有亲水作用，而另一部分具有亲油性质。这两个基因具有使互不相溶的沥青与水连接起来的特殊功能。在沥青、水分散体系中，沥青微粒被乳化剂分子的亲油基吸引，此时以沥青微粒为固体核，乳化剂包裹在沥青颗粒表面形成吸附层。乳化剂的另一端与水分子吸引，形成一层水膜，它可机械地阻碍颗粒的聚集。

乳化剂按其亲水基在水中是否电离，而分为离子型和非离子型两大类。其分类如下：
① 阴离子型乳化剂。这类乳化剂的明显特征是由带长链的有机阴离子与一种碱类（即皂类）构成的盐。阴离子型沥青乳化剂溶于水中时，能电离为离子或离子胶束，且与亲油基的亲水基团相连，带有阴（或负）电荷的乳化剂（见图 9.20）。

$$乳化剂\begin{cases}离子型\begin{cases}阳离子型\\阴离子型\\两性离子型\end{cases}\\非离子型\end{cases}$$

阴离子沥青乳化剂最主要的亲水基团有羟酸盐（如 COONa）、硫酸酯盐（如 OSO_3Na）、磺酸盐（SO_3Na）等 3 种。
② 阳离子型乳化剂。阳离子型沥青乳化剂是在溶于水中时，能电离为离子或离子胶束，

且与亲油基的亲水基团相连接，带有阳（或正）电荷的乳化剂（见图9.20）。

阳离子型沥青乳剂按其化学结构，主要有季铵盐类、烷基胺类、酰胺类、咪唑啉类、环氧乙烷二胺类和胺化木质素类等。

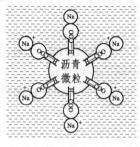 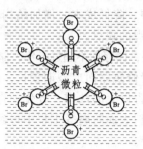

（a）阴离子乳液　　　　　　　（b）阳离子乳液

图9.20　阴离子和阳离子乳液结构示意图

③ 两性离子型乳化剂。两性离子型沥青乳化剂是在水中溶解时，电离成离子或离子胶束，且与亲油基的亲水基团相连接，即带有阴电荷又带有阳电荷的乳化剂。

两性离子型沥青乳化剂按其两性离子的亲水基团的结构和特性，主要分为氨基酸型、甜菜型和咪唑啉型等。

④ 非离子型乳化剂。非离子型沥青乳化剂是在水中溶解时，不能离解成离子或离子胶束，而是依赖分子所含的羟基（—OH）和醚链（—O—）等作为亲水基团的乳化剂。

非离子型乳化剂根据亲水基团的结构可分为醚基类、脂基类、酰胺类和杂环类等，但应用最多的为环氧乙烷缩合物和一元醇或多元醇的缩合物。

目前我国常用于乳化沥青的乳化剂示例，见表9.10。

表9.10　我国各种不同乳化剂类型表

乳化剂类型	乳化剂名称
阴离子型	十二烷磺酸
阳离子型	十六烷基三甲基溴化铵
	十八烷基三甲基氯化铵
	十八叔胺二硝酸季氯盐
	十七烷基二甲基苄基氯化铵
两性离子型	氨基酸型两性乳化剂
非离子型	辛基酚聚氧乙烯醚

（3）稳定剂。

为防止已经分散的沥青乳液在储存期彼此凝聚，以及在施工喷洒或拌和的机械作用下有良好的稳定性，必要时加入适量的稳定剂。稳定剂可分为两类：

① 有机稳定剂。常用的有聚乙烯醇、聚丙烯酰胺、羟甲纤维素钠、糊精、MF废液等。这类稳定剂可提高乳液的储存稳定性和施工稳定性。

② 无机稳定剂。常用的有氯化钙、氯化镁、氯化铵和氯化铬等。这类稳定剂可提高乳液的储存稳定性。

稳定剂对乳化剂协同作用必须通过试验来确定，并且稳定剂的用量不宜过多，一般为沥青乳液的 0.1%～0.15%为宜。

（4）水。

水是乳化沥青的主要组成部分。水在乳化沥青中起着润湿、溶解及引导化学反应的作用。所以要求乳化沥青中的水应当纯净，不含其他杂质，一般要求用每升水中氧化钙含量不得超过 80 mg，否则对沥青的乳化性能将有很大的影响，并且要多消耗乳化剂。水的用量一般为总量的 30%～70%。

3. 乳化沥青的形成机理

根据乳状液理论，由于沥青与水这两种物质的表面张力相差较大，将沥青分散于水中，则会因表面张力的作用使已分散的沥青颗粒重新聚集结成团块。欲使已分散的沥青能稳定均匀地存在（实际上是悬浮）于水中，必须使用乳化剂，以降低沥青与水之间的表面张力差。沥青能够均匀稳定地分散在乳化剂水溶液中的原因主要是：

（1）乳化剂有降低界面能的作用。由于沥青与水的表面张力相差较大，在一般情况下是不能互溶的，但当加入一定量的乳化剂后，乳化剂能规律地定向排列在沥青和水的界面上。乳化剂属表面活跃物质，具有不对称的分子结构，分子一端是极性基因，是亲水的；另一端是非极性基因，是亲油的。所以当乳化剂加入沥青与水组成的溶液中，乳化剂分子吸附在沥青-水界面上，形成吸附层，从而降低了沥青和水之间的表面张力差，如图 9.21 所示。

（2）增强界面膜的保护作用。乳化剂分子的亲油基吸附在沥青微滴的表面，在沥青-水界面上形成界面膜，此界面膜具有一定的强度，对沥青微滴起保护作用，使其在相互碰撞时不易聚结。

（3）界面电荷稳定作用。乳化剂溶于水后发生离解，当亲油基吸附于沥青时，使沥青微滴带有电荷（阳离子乳化沥青带正电荷，见图 9.22），此时在沥青-水界面上形成扩散双电层。由于每个沥青微滴都带有相同电荷，且有扩散双电层的作用，故水-沥青体系成为稳定体系。

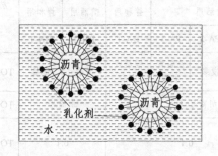
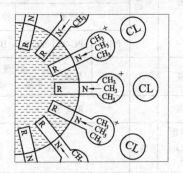

图 9.21 乳化剂在沥青微粒表面形成界面膜　　图 9.22 阳离子乳化沥青的界面电荷

综上所述，沥青乳液能形成稳定的分散体系，主要是由于乳化剂降低了体系的界面能，增强界面膜的保护作用和促进界面电荷形成的作用。

4. 乳化沥青技术性质与技术要求

乳化沥青在使用中，与砂、石集料拌和成型后，在空气中逐渐脱水，水膜变薄，使沥青微粒靠拢，将乳化剂薄膜挤裂而凝成连续的沥青黏结膜层。成膜后的乳化沥青具有一定的耐热性、黏结性、抗裂性、韧性及防水性。乳化沥青品种及适用范围见表 9.11。

表 9.11 乳化沥青品种及适用范围

分 类	品种及代号	适用范围
阳离子乳化沥青	PC-1	表处、贯入式路面及下封层用
	PC-2	透层油及基层养生用
	PC-3	黏层油用
	BC-4	稀浆封层或冷拌沥青混合料用
阴离子乳化沥青	PA-1	表处、贯入式路面及下封层用
	PA-2	透层油及基层养生用
	PA-3	黏层油用
	BA-1	稀浆封层或冷拌沥青混合料用
非离子乳化沥青	PN-2	黏层油用
	BN-1	与水泥稳定集料同时使用（基层路拌或再生）

道路用乳化石油沥青技术要求，见表 9.12。

表 9.12 道路用乳化石油技术要求

试验项目	单位	品种及代号										试验方法
		阳离子				阴离子				非离子		
		喷洒用			拌和用	喷洒用			拌和用	喷洒用	拌和用	
		PC-1	PC-2	PC-3	BC-1	PA-1	PA-2	PA-3	BA-1	PN-2	BN-1	
破乳速度		快裂	慢裂	快裂或中裂	慢裂或中裂	快裂	慢裂	快裂或中裂	慢裂或中裂	慢裂	慢裂	T0658
粒子电荷		阳离子（+）				阴离子（-）				非离子		T0653
筛上残留物（1.18 mm），不大于	%	0.1				0.1				0.1		T0652
黏度 恩格拉黏度 E_{25}		2~10	1~6	1~6	2~30	2~10	1~6	1~6	2~30	1~6	2~30	T0622
黏度 道路标准黏度计 $C_{25,3}$	s	10~25	8~20	8~20	10~60	10~25	8~20	8~20	10~60	8~20	10~60	T0621

续表

试验项目	单位	品种及代号										试验方法
		阳离子				阴离子				非离子		
		喷洒用			拌和用	喷洒用			拌和用	喷洒用	拌和用	
		PC-1	PC-2	PC-3	BC-1	PA-1	PA-2	PA-3	BA-1	PN-2	BN-1	
蒸发残留物	残留分含量不小于	%	50	50	50	55	50	50	50	55	50	55	TO651
	溶解度，不小于	%	97.5				97.5				97.5		TO607
	针入度（25 ℃）	0.1 mm	50~200	50~300		45~150	50~200	50~300		45~150	50~300	60~300	TO604
	延度（15 ℃）不小于	cm	40				40				40		TO605
与粗集料的黏附性，裹覆面积，不大于			2/3			—	2/3			—	2/3	—	TO654
与粗、细粒式集料拌和试验			—			平均	—			平均	—		TO659
水泥拌和试验的筛上剩余，不大于		%	—			—	—			—	—	3	TO657
常温储存稳定性：1 d，不大于，5 d，不大于		%	1 5				1 5				1 5		TO655

5. 乳化沥青的生产

沥青乳液的制备可以采用各种设备，但其主要流程基本相同，如图 9.23 所示。一般由下列 5 个主要部分组成。

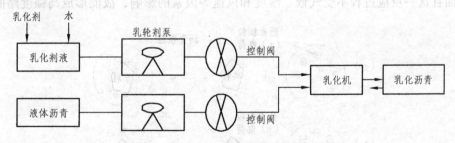

图 9.23 制备乳化沥青的工艺流程示意图

（1）乳化剂水溶液的调制：在水中加入需要数量的乳化剂和稳定剂，将水温调节至乳化剂和稳定剂溶解所需的温度，使其在水中充分溶解。

（2）沥青加热及储存。

（3）沥青与水比例控制机构。

（4）乳化常用设备为胶体磨或其他同类设备。

（5）乳化成品储存。

6. 乳化沥青在集料表面的分裂机理

分裂是指从乳液中分裂出来的沥青微滴在集料表面聚结成一层连续的沥青薄膜，这一过程称为分裂（俗称破乳）。

路用沥青乳液要有足够的稳定性，以保证在运输和洒布过程中不致过早分裂；另外，乳液洒布在路面上遇到集料时，则应立即产生分裂。乳液产生分裂的外观特征是它的颜色由棕褐色变成黑色，此时的乳化液还含有水分，需待水分完蒸发后，才能产生黏结力。

路用沥青乳液的分裂速度，与水的蒸发速度、集料表面性质以及洒布和碾压作用等因素有关。

（1）蒸发作用。

乳化沥青洒于路上，随即产生蒸发作用。蒸发快慢与气温、风速及路面环境等有关，和普通水的蒸发现象一样，在温度较高及有风的条件下，水分蒸发快；通常在开阔的路面比有树荫遮路面蒸发快。此外，还与洒布速度和压力有关。一般情况下，当沥青乳液中水分蒸发到沥青乳液的80%~90%时，乳液即开始凝结。碾压应力，也促使了沥青的凝结。

在水分蒸发的初期，乳液的分裂是可逆的，即当遇到雨水时，能使乳液再乳化；遇到大雨时其至可使乳液从路上冲走。但是在完全分裂后，沥青微粒变成一层沥青膜时，则不再受雨水的影响。

在寒冷潮湿的条件下，分裂不完全的乳液，在行车作用下，则易引起破坏。当乳液完全形成一层黑色的薄膜后，它黏结在集料表面形成一层薄膜，与热拌沥青几乎无差别。

（2）乳液与集料表面的吸附作用。

在水分逐渐蒸发，乳液分裂凝聚的同时，沥青与矿料表面还有吸附作用。沥青与矿料的吸附除依靠分子间的作用力产生的物理吸附外，还有二者之间的电性吸附。如前所述，沥青乳液中乳化剂的一端为亲油基与沥青吸附，另一端的亲水基则伸入水中。当它与集料相遇时，由于产生离子吸附，使集料表面迅速牢固的形成一层沥青薄膜，其中水分子立即排除（见图9.24），而且这一反应过程不受气候、湿度和风速等因素的影响，故能形成高强度路面。

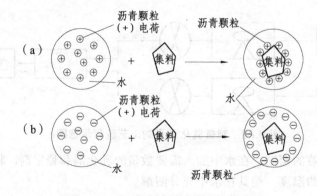

图9.24 沥青乳液的分裂过程示意图

（1）阴离子乳液（沥青微滴带负电荷）与带正电荷碱性集料（石灰石、玄武石等）具有较好的黏结性。

（2）阳离子乳液（沥青微滴带正电荷）与带负电荷的酸性集料（花岗岩、石英石等）具有较好的黏结性，同时与碱性集料也有较好的亲和力。

由于乳化沥青的分裂需经一定时间才能彻底完成，路面初期强度不高，因此，必须限制车辆行驶速度和行驶路线，以保证路面的整体和强度的形成。

7. 乳化沥青的应用

乳化沥青用于修筑路面，不论是阳离子型乳化沥青或阴离子型乳化沥青有两种施工方法：
（1）洒布法：如透层、黏层、表面处治或灌入式沥青碎石路面。
（2）拌和法：如沥青碎石或沥青混合料路面。

三、再生沥青

再生沥青是将已经老化的沥青，经掺加再生剂后使其恢复到原有（甚至超过原来）性能的一种沥青。

1. 沥青材料的老化

沥青材料的老化是沥青材料在使用中受到自然因素（氧、光、热和水等）的作用，随时间而产生"不可逆"的化学组成结构和物理-力学性能变化的过程。

（1）化学组分的变化。沥青是由多种化学结构极其复杂的化合物组成的混合物，为便于研究，将其分离为几种组分，这种方法称为"化学沉淀法"。该法是将沥青分离为沥青质、氮基、第一酸性分、第二酸性分和链烷分等5个组分。

沥青在自然因素作用后，就会导致沥青组分"移行"，即沥青质显著增加，氮基和第一酸性分减少，第二酸性分稍有减少，链烷分变化很少，甚至几乎没有变化。现列举国产沥青的一个示例见表9.13。

表9.13 老化沥青和再生沥青的化学组分变化事例

沥青种类	化学组分				
	链烷分 P	第二酸性分 A2	第一酸性分 A1	氮基 N	沥青质 At
原始沥青	21.9	29.1	13.1	24.9	11.0
老化沥青	20.6	21.1	12.4	15.4	30.5
再生沥青	16.5	22.4	7.0	25.1	29.0

（2）物理-力学性质变化。由于沥青组分的移行，因而引起沥青物理-力学性质的变化。通常规律是其针入度变小、延度降低、软化点和脆点升高。表现为沥青变硬、变脆、延伸性降低，导致路面产生裂缝、松散等破坏。同前例沥青老化后物理-力学性质变化见表9.14。

表 9.14 老化沥青和再生沥青技术性质示例

沥青种类	技术性质			
	针入度/0.1 mm	延度/cm	软化点/°C	脆点/°C
原始沥青	106	73	48	-6
老化沥青	39	23	55	-4
再生沥青	80	78	49	-10

2. 沥青再生

（1）沥青再生机理。沥青再生的机理目前采用的理论是"组分调节理论"。该理论是从化学组分移行出发，认为由于组分的移行，沥青老化后，某些组分偏少，各组分间比例不协调，所以导致沥青路用性能降低。如能通过掺加再生剂调节其组分，则沥青将恢复原来的性质。

（2）沥青化学组分调节。从表 9.15 沥青老化后化学组分移动可以看出：由于第一酸性分转变为氮基的数量不足以补偿氮基转变为沥青质的数量，所以氮基数量的显著减少是沥青老化后的主要特征。因此，再生剂必须是以氮基为主的物剂。前例沥青经掺加再生剂和改性剂后，再生沥青的技术性质与原有沥青相近。

表 9.15 聚合物改性沥青技术要求

指 标	单位	SBS 类（Ⅰ类）				SBR 类（Ⅱ类）			EVA、PE 类（Ⅲ类）				试验方法
		Ⅰ-A	Ⅰ-B	Ⅰ-C	Ⅰ-D	Ⅱ-A	Ⅱ-B	Ⅱ-C	Ⅲ-A	Ⅲ-B	Ⅲ-C	Ⅲ-D	
针入度 25 °C, 100 g, 5 s	0.1 mm	>100	80	60	40	>100	80	60	>80	60	40	30	T0604
针入度指数 $P.I.$，不小于		-1.2	-0.8	-0.4	0	-1.0	-0.8	-0.6	-1.0	-0.8	-0.6	-0.4	T0604
延度 5 °C, 5 cm/min, 不小于	cm	50	40	30	20	60	50	40	—				T0605
针软化点，不小于	°C	45	50	55	60	45	48	50	48	52	56	60	T0606
运动黏度[②] 135 °C，不小于	Pa.s					3							T0625 T0619
闪点，不小于	°C	230				230			230				T0611
溶解度，不小于	%	99				99			—				T0607
弹性恢复 25 °C，不小于	%	55	60	65	70	—							T0662

续表

指标	单位	SBS类（Ⅰ类）				SBR类（Ⅱ类）			EVA、PE类（Ⅲ类）				试验方法
		Ⅰ-A	Ⅰ-B	Ⅰ-C	Ⅰ-D	Ⅱ-A	Ⅱ-B	Ⅱ-C	Ⅲ-A	Ⅲ-B	Ⅲ-C	Ⅲ-D	
黏韧性，不小于	N·m	—				5			—				TO624
韧性，不小于	N·m	—				2.5			—				TO624
储存稳定性[②]离析，48h软化点差，不小于	°C	2.5				—			无改性剂明显析出、凝聚				TO661
RTFOT后残留物[4]													
质量变化，不小于	%	±1.0											TO610 TO609
针入度比 25°C，不小于	%	50	55	60	65	50	55	60	50	55	58	60	TO604
延度 5°C 不小于	cm	30	25	20	15	30	20	10					TO605

注：① 表中135°C运动黏度可采用《公路工程沥青及沥青混合料试验规程》（JTJ 052—2000）中的"沥青布氏旋转黏度试验方法（布洛克菲尔德旋转黏度计法）"进行测定。若在不改变改性沥青物理力学性质并符合安全条件的温度下易于泵送和拌和，或经试验证明适当提高泵送和拌和温度时能保证改性沥青的质量，容易施工，可不要求测定。
② 储存稳定性指标适用于工厂生产的成品改性沥青。现场制作的改性沥青对储存稳定性指标可不作要求，但必须在制作后，保持不间断的搅拌或泵送循环，保证使用前没有明显的离析。

四、改性沥青

1. 概 述

随着国民经济的高速发展，国家对交通运输的需求不断提高，现代高等级沥青路面的交通特点是交通密度大、车辆轴载重、荷载作用间歇时间短以及高速和渠化。由于这些特点造成沥青路面高温时易出现车辙，低温则易产生裂缝，抗滑性很快衰降，使用年限不长，出现坑槽、松散等水损坏以及局部龟裂等。为进一步提高沥青材料的路用性能，必须对沥青加以改性，即提高沥青的流变性能，改善沥青与集料的黏附性，提高沥青的耐久性。

改性沥青是指掺加橡胶、树脂、高分子聚合物、磨细的橡胶粉或其他填料等外掺剂（改性剂），或采用对沥青轻度氧化加工等措施，使沥青的性能得以改善。

改性剂是指在沥青中加入天然的或人工的有机或无机材料，并可熔融、分散在沥青中，改善或提高沥青路面性能（与沥青发生反应或裹覆在集料表面上）的材料。

2. 改性沥青的分类及其特性

关于性沥青的分类，国际上尚无统一的标准。从广义划分，根据不同目的所采取改性沥青可汇总于图9.25。

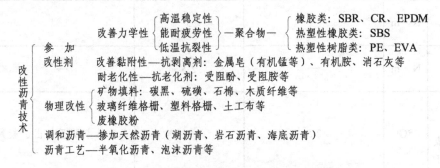

图 9.25　改性沥青的分类

从狭义来说，现在所指的道路改性沥青一般是指聚合物改性沥青。用于改性的聚合物的种类也很多，按照改性剂的不同，一般分为以下几类：

（1）热塑性橡胶类改性沥青。改性剂主要是苯乙烯嵌段，如苯乙烯-丁二烯-苯乙烯（SBS）、苯乙烯-异戊二烯-苯乙烯（SIS）、苯乙烯-聚乙烯/丁基-聚乙烯（SE/BS）等嵌段共聚物。由于它兼具橡胶和树脂两类改性沥青的结构与性质，故也称为橡胶树脂类。SBS由于具有良好的弹性（变形的自恢复性及裂缝的自越性），被广泛地用于路面沥青混合料；SIS主要用于热熔黏结料；SE/BS则应用于抗氧化、抗高温变形要求高的道路。

（2）橡胶类改性沥青。通常称为橡胶沥青，其中使用最多的是丁苯橡胶（SBR）和氯丁橡胶（CR），还有天然橡胶（NR）、丁二烯橡胶（BR）、异戊二烯（IR）、乙丙橡胶（EPDM）、丙烯腈丁二烯共聚物（IIR）、苯乙烯异戊二烯橡胶（SIR）、硅橡胶（SR）、氟橡胶（FR）等。橡胶类改性沥青不仅是世界上最早出现并广泛应用的改性沥青品种，也是我国较早得到研究和推广的品种。其中SBR是世界上应用最广泛的改性沥青之一，尤其是胶乳形式的SBR使用越来越广泛。CR具有极性，常掺入煤沥青中使用，已成为煤沥青的改性剂。

SBR改性沥青最大的特点是低温性能得到改善，以5 °C低温延度作为主要指标。但其在老化试验后，延度严重降低，所以主要适宜在寒冷气候条件下使用。

（3）热塑性树脂类改性沥青。如聚乙烯（PE），聚丙烯（PP），聚氯乙烯（PVC），聚苯乙烯（PS）、乙烯-乙酸乙烯酯共聚物（EVA）、无规聚丙烯（APP）、烯乙基丙烯酸共聚物（EEA）、丙烯腈丁二烯丙乙烯共聚物（NBR）等在道路沥青的改性中均被应用，这一类热性树脂的共同特点是加热后软化，冷却时变硬。此类改性剂的最大特点是使沥青结合料在常温下黏度变大，从而使沥青高温稳定性增加；遗憾的是不能使沥青的混合料的弹性增加，且加热后易离析，再次冷却时产生众多的弥散体。

（4）掺加天然沥青的改性沥青。天然沥青是石油经过历史的长期沉积、变化，在热、压力、氧化、触媒、细菌的综合作用下生成的沥青类物质。通常可掺加的天然沥青有湖沥青、岩石沥青和海底沥青等。

（5）其他改性沥青。

① 多价金属皂化物。多价金属与一元羟酸所形成的盐类称为金属皂。将一定的金属皂溶

解在沥青中，可使其延度增加，脆点降低，明显提高与集料的黏附性能，增加沥青混合料的强度，提高沥青路面的柔性和疲劳强度。

② 炭黑。炭黑是由石油、天然气等碳氢化合物经高温不完全燃烧而生成的高含碳量的粉状物质，在改性好的SBS改性沥青中掺入炭黑综合改性，可使改性沥青的黏度增大，回弹性能提高。

③ 玻纤格栅。将一种自黏结构型的玻璃纤维格栅，用一种专门的摊铺机铺设，铺在沥青混合料层中，耐热、黏接性好。这些格栅对提高改性沥青的高温抗车辙能力及低温抗裂性能都有良好的效果，同时还可防止沥青路面出现反射性裂缝。

3. 我国改性沥青标准

（1）《公路沥青路面施工技术规范》（JTG F40—2004）规定各类聚合物改性沥青的质量应符合表9.15的技术要求。当使用表列以外的聚合物及复合改性沥青时，可通过研究制定相应的技术要求。

（2）关于改性沥青的分类及适用范围。我国目前乃至今后相当长的一段时间内，可能使用的聚合物改性剂主要有 SBS、SBR、EVA、PE，因此将其分为 SBS（属热塑性橡胶类）、SBR（属橡胶类）、EVA 及 PE（热塑性树脂类）3 类。其他未列入的改性剂，可以根据其性质，参照相应的类别执行。

Ⅰ类：SBS 热塑性橡胶类聚合物改性沥青。Ⅰ-A 型及 Ⅰ-B 用于寒冷地区，Ⅰ-C 型用于较热地区，Ⅰ-D 型用于炎热地区及重交通路段。

Ⅱ类：SBR 橡胶类聚合物改性沥青。Ⅱ-A 型用于寒冷地区，Ⅱ-B 型和Ⅱ-C 型用于较热地区。

Ⅲ类：EVA、PE 热塑性树脂类聚合物改性沥青，适用于较热和炎热地区。通常要求软化点温度比最高气温月到达的最高空气温度要高 20 ℃ 左右。

根据沥青改性的目的和要求在选择改性剂时，可做如下初步选择：

① 为提高抗永久变形能力，宜使用热塑性橡胶类、热塑性树脂类改性剂。
② 为提高抗低温开裂能力，宜使用热塑性橡胶类、橡胶类改性剂。
③ 为提高抗疲劳开裂能力，宜使用热塑性橡胶类、橡胶类、热塑性树脂类改性剂。
④ 为提高抗水损害能力，宜使用各类抗剥落剂等外掺剂。

4. 改性沥青的应用和发展

目前，改性沥青可用做排水或吸音磨耗层及下面的防水层；在老路面上做应力吸收膜中间层，以减少反射裂缝，在重载交通道路的老路面上加铺薄或超薄的沥青面层，以提高其耐久性；在老路面上或新建一般公路上做表面处理，以恢复路面的使用性能或减少养护工作量等。在使用改性沥青时，应当特别注意路基、路面的施工质量，以避免产生路基沉降和其他早期破坏；否则，使用改性沥青就达不到应有的效果。

SBS 改性沥青无论在高温、低温、弹性等方面都优于其他改性剂，所以，我国改性沥青的发展方向应该以 SBS 改性沥青作为主要方向。尤其是现在，SBS 的价格比以前有了大幅度的降低，就成本这一项，它就可以和 PE、EVA 竞争。明确这一点对于我国发展改性沥青十分重要。

复习思考题

1. 试说明石油沥青的主要组分与技术性质之间的关系。
2. 我国现行的石油沥青运用化学组分分析方法可将其分离为哪几个组分？国产石油沥青在化学组分上有什么特点？
3. 按流变学观点，石油沥青可划分为哪几种胶体结构？各种胶体结构的石油沥青有何特点？
4. 石油沥青的"三大指标"表征沥青哪些特征？
5. 什么是沥青的"老化"？"老化"后的沥青其性质有哪些变化？
6. 煤沥青在成分和性质上有些什么特点？如何用简易方法识别煤沥青和石油沥青？
7. 试述乳化沥青的形成和分裂的机理。
8. 为了改善沥青的路用性质，可以采用一些什么措施？

第十章 沥青混合料

第一节 概 述

一、沥青混合料的分类

沥青混合料是指经人工合理地选择级配组成的矿质混合料（包括粗集料、细集料和填料），与适量沥青结合料（包括沥青类材料及添加的外掺剂、改性剂等）拌和而成的高级路面材料。其种类繁多，简介如下：

1．按矿料公称最大粒径划分

（1）特粗式沥青混合料：公称最大粒径等于或大于 37.5 mm 的沥青混合料。
（2）粗粒式沥青混合料：公称最大粒径为 26.5 mm 的沥青混合料。
（3）中粒式沥青混合料：公称最大粒径为 16 mm 或 19 mm 的沥青混合料。
（4）细粒式沥青混合料：公称最大料径为 9.5 mm 或 13.2 mm 的沥青混合料。
（5）砂粒式沥青混合料：公称最大粒径小于 9.5 mm 的沥青混合料。

2．按材料组成及结构划分

（1）连续级配沥青混合料：矿料按级配原则，从大到小各级粒径都有，按比例相互搭配组成的沥青混合料。
（2）间断级配沥青混合料：矿料级配组成中缺少一个或几个粒径档次（或用量很少）而形成的沥青混合料。

3．按矿料级配组成及空隙率大小划分

（1）密级配沥青混合料。按密实级配原理设计组成的各种粒径颗粒的矿料与沥青结合料拌和而成，设计空隙率较小（对不同交通及气候情况、层次可作适当调整）的密实式沥青混凝土混合料（以 AC 表示）和密实式沥青稳定碎石混合料（以 ATB 表示）。按关键性筛孔通过率的不同，又可以分为细型、粗型密级配沥青混合料等。粗集料嵌挤作用较好的也称嵌挤密实型沥青混合料。
（2）半开级配沥青混合料。由适当比例的粗集料、细集料及少量填料（或不加填料）与沥青结合料拌和而成，经马歇尔标准击实成型的试件剩余空隙率在 6%～12%的半开式沥青碎石混合料（以 AM 表示）。

（3）开级配沥青混合料。矿料级配主要由粗集料嵌挤组成，细集料及填料较少，设计空隙率为18%的沥青混合料。

4．按制造工艺划分

按制造工艺可划分为热拌沥青混合料、冷拌沥青混合料、再生沥青混合料等。热拌沥青混合料种类见表10.1。

表10.1 热拌沥青混合料种类

混合料类型	密级配			开级配		半开级配	公称最大粒径/mm	最大粒径/mm
	连续级配	间断级配		间断级配				
	沥青混凝土	沥青稳定碎石	沥青玛蹄脂碎石	排水式沥青磨耗层	排水式沥青碎石基层	沥青碎石		
特粗式	—	ATB-40	—	—	ATPB-40	—	37.5	53.0
粗粒式	—	ATB-30	—	—	ATPB-30	—	31.5	37.5
	AC-25	ATB-25	—	—	ATPB-25	—	26.5	31.5
中粒式	AC-20	—	SMA-20	—	—	AM-20	19.0	26.5
	AC-16	—	SMA-16	OGFC-16	—	AM-16	16.0	19.0
细粒式	AC-13	—	SMA-13	OGFC-13	—	AM-13	13.2	16.0
	AC-10	—	SMA-10	OGFC-10	—	AM-10	9.5	13.2
砂粒式	AC-5	—	—	—	—	AM-5	4.75	9.5
设计空隙率/%	3~5	3~6	3~4	>18	>18	6~12	—	—

二、沥青混合料的特点和缺点

沥青混合料是现代高等级道路应用的主要路面材料，具有以下一些特点：

（1）沥青混合料是一种黏弹性材料，具有良好的力学性质，铺筑的路面平整无接缝，振动小，噪声低，行车舒适。

（2）路面平整且有一定的粗糙度，耐磨性好，无强烈反光，有利于行车安全。

（3）施工方便，不需养护，能及时开放交通。

（4）维修简单，旧沥青混合料可再生利用。

但是，沥青混合料路面目前还存在一定的缺点，主要如下：

（1）老化：在长期的大气因素作用下，因沥青塑性降低，脆性增强，黏聚力减小，导致路面表层产生松散，引起路面破坏。

（2）温度稳定性差：夏季高温沥青易软化，路面易产生车辙、波浪等现象；冬季低温时易脆裂，在车辆重复荷载作用下易产生开裂。

三、沥青路面使用性能的气候分区

沥青混合料的物理力学性质与使用环境,如气温和湿度关系密切。因此,在选择沥青胶结料等级,进行沥青混合料配合比设计,检验沥青混合料的使用性能时,应考虑沥青路面工程的环境因素,尤其是温度和湿度条件。

(1) 气候分区指标。采用工程所在地最近 30 年最热月份气温的平均值,作为反映沥青路面在高温和重载条件下出现车辙等流动变形的气候因子,并作为气候分区的一级指标。按照设计高温指标,一级区划分为 3 个区。

采用工程所在地最近 30 年内的极端最低气温作为反映沥青路面由于温度收缩产生裂缝的气候因子,并作为气候区划的二级指标。按照设计低温指标,二级区划分为 4 个区。

采用工程所在地最近 30 年内的年降雨量的平均值,作为反映沥青路面受水影响的气候因子,并作为气候区划的三级指标。按照设计雨量指标,三级区划分 4 个区。

(2) 气候分区的确定。沥青路面使用性能气候分区,由一、二、三级区划组合而成,以综合反映该地区的气候特征,见表10.2。每个气候分区划用 3 个数字表示:第一个数字代表高温分区,第二个数字代表低温分区,第三个数字代表雨量分区,每个数字越小,表示气候因素对沥青路面的影响越严重。例如,我国上海市属于 1-3-1 气候分区,为夏炎热冬冷潮湿区,对沥青混合料的高温稳定性和水稳定性要求较高。

表 10.2 沥青路面使用性能气候分区

气候分区指标		气候分区			
按照高温指标	高温气候区	1		2	3
	气候区名称	夏炎热区		夏热区	夏凉区
	七月份平均最高温度/°C	> 30		20~30	< 20
按照低温指标	低温气候区	1	2	3	4
	气候区名称	冬严寒区	冬寒区	冬冷区	冬温区
	极端最低气温/°C	< -37.5	-37.5~-21.5	-21.5~-9.0	> -9.0
按照雨量指标	雨量气候区	1	2	3	4
	气候区名称	潮湿区	湿润区	半干区	干旱区
	年降雨量/mm	> 1 000	1 000~500	500~250	< 250

第二节 热拌沥青混合料

热拌沥青混合料通常是指将沥青加热至 150 °C ~ 170 °C,矿质集料加热至 160 °C ~ 180 °C,在热态下拌和,并在热态下进行摊铺、压实的混合料,通称"热拌热铺沥青混合料",简称"热拌沥青混合料"。

热拌沥青混合料是沥青混合料中最典型的品种。本节主要详述它的组成结构、技术性质、组成材料和设计方法。

一、沥青混合料的强度理论

1. 沥青混合料的强度理论

沥青混合料是一种由沥青、粗集料、细集料、矿粉以及外加剂所组成的复合材料。其在路面结构中产生破坏的情况，主要是发生在高温时由于抗剪强度不足或塑性变形过大而产生推挤等现象，以及低温时抗拉强度不足或变形能力较差而产生裂缝现象。目前沥青混合料强度和稳定性理论，主要是要求沥青混合料在高温时必须具有一定的抗剪强度和抵抗变形的能力。

沥青混合料的抗剪强度，一般采用库伦理论进行分析。通过三轴剪切试验可求得

$$\tau = c + \sigma \tan \varphi \tag{10.1}$$

式中　τ——沥青混合料的抗剪强度（MPa）；
　　　c——黏聚力（MPa）；
　　　σ——沥青与矿质集料物理、化学交互作用而产生的正应力（MPa）；
　　　φ——大小不同的矿质颗粒间嵌挤、摩擦所形成的内摩阻角（rad）。

由式（7.1）可知，沥青混合料的抗剪强度主要取决于黏聚力 c 和内摩阻角 φ 两个参数。

2. 影响沥青混合料抗剪强度的因素

沥青混合料抗剪强度的影响因素，主要是材料的组成、材料的技术性质，以及外界因素，如车辆荷载、温度、环境条件等。

（1）沥青黏度的影响。

沥青混合料作为一个具有多级空间网络结构的分散系，可看作是各种矿质集料（分散相）分散在沥青（分散介质）中所形成的体系。因此，它的黏聚力与分散相的浓度和分散介质黏度有着密切的关系。在其他因素固定的条件下，沥青混合料的黏聚力 c 是随着沥青黏度的提高而提高的；同时内摩阻角亦稍有提高。因为沥青的黏度即沥青内部沥青胶团相互位移时，其抵抗剪切作用的抗力，所以沥青混合料受到剪切作用时，特别是受到短暂的瞬时荷载时，具有高黏度的沥青能赋予沥青混合料较大的黏滞阻力，因而具有较高的抗剪强度。

（2）沥青与矿料之间的吸附作用。

① 沥青与矿料的物理吸附。沥青材料与矿料之间在分子引力的作用下，形成一种定向多层吸附层，即为物理吸附。该吸附作用的大小，主要取决于沥青中的表面活性物质及矿料与沥青分子亲和性的大小。当沥青表面活性物质含量越多，矿料与沥青分子亲和性越大，则物理吸附作用越强，混合料的黏聚力也就越强。但是，水会破坏沥青与矿料的物理吸附作用，不具备水稳定性。

② 沥青与矿料的化学吸附。沥青中的活性物质与矿料的金属阳离子产生化学反应，在矿料表面构成单分子层的化学吸附层，即为化学吸附。当沥青与矿料形成化学吸附层时，相互之间的黏结力大大提高。

研究表明：沥青与矿粉相互作用后，沥青在矿粉表面产生化学组分的重新排列，在矿粉表面形成一层厚度为 δ_0 的扩散溶剂化膜（见图10.1）。在此膜厚度以内的沥青称为结构沥青，在此膜厚度以外的沥青称为自由沥青。如果矿粉颗粒之间接触处是由结构沥青连接的，会具有较大的黏聚力；若为自由沥青连接，则黏聚力较小。

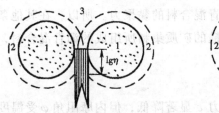

（a）结构沥青连接　　　　（b）自由沥青连接

图 10.1　沥青膜层厚度对黏聚力 c 的影响

1—矿料；2—结构沥青；3—自由沥青

沥青与矿料相互作用不仅与沥青的化学性质有关，而且与矿料的性质有关。试验表明，碱性石料与沥青的化学吸附作用较强，而酸性石料与沥青的化学吸附作用较弱。沥青与矿料的化学吸附比物理吸附要强得多，且同时具有水稳定性。

（3）矿料比面的影响。

在相同的沥青用量条件下，与沥青产生相互作用的矿料表面积越大，则形成的沥青膜越薄，在沥青中结构沥青所占的比例越大，沥青混合料的黏聚力亦越高。所以在沥青混合料配料时，必需含有适量的矿粉，但不宜过多，否则施工时混合料易结团。

（4）沥青用量的影响。

当沥青用量很少时，沥青不足以形成薄膜黏结矿料颗粒。随着沥青用量的增多，结构沥青逐渐形成，沥青较为完满地黏附于矿料表面，使沥青与矿料间的黏结力随着沥青用量的增多而增大。当沥青用量足以形成薄膜并充分黏结在矿料表面时，沥青混合料具有最优的黏聚力。随后，如沥青用量继续增多，则由于沥青过剩，会将矿料颗粒推开，在颗粒间形成未与矿料相互作用的自由沥青，则沥青胶结物的黏结力随着自由沥青的增加而降低，当沥青用量增加至某一用量后，沥青混合料的黏结力主要取决于自由沥青，所以抗剪强度不变。沥青在混合料中不仅起结合料的作用，而且还起着润滑的作用，因此，随着沥青数量的增加，沥青混合料的内摩阻力下降（见图10.2）。

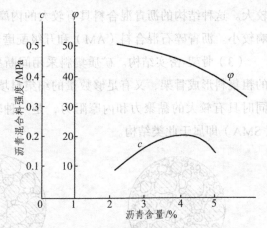

图 10.2　沥青用量对沥青混合料强度的影响

（5）矿料级配、颗粒几何形状与表面特征的影响。

矿料的级配影响矿料在沥青混合料的分布情况，影响矿料颗粒在混合料的相互嵌挤程度,由此对沥青混合料的内摩阻力产生影响。颗粒的几何形状与表面特征同时影响混合料中矿料颗粒间嵌挤作用和相互间的摩擦作用,所以也影响沥青混合料的内摩阻力的大小。通常表面具有棱角、近似正立方体以及具有明显细微凸出的粗糙表面的矿质集料,在碾压后能相互嵌挤锁结而具有很大的内摩阻角。另外,颗粒表面粗糙的矿质集料会加强沥青与矿料间的物理黏结作用,有利于增强沥青混合料的黏聚力。所以,在其他条件相同的表况下,颗粒有棱角、近似立方体、表面粗糙的矿质集料所组成的沥青混合料,具有较高的抗剪强度。

(6)温度和变形速度的影响。

随着温度提高,沥青混合料的黏聚力 c 显著降低,但内摩阻角 φ 受温度变化的影响较小。此外,沥青混合料的黏聚力 c 还随变形速度的增加而显著提高,而 φ 随变形速度的变化很小。

3. 沥青混合料组成结构类型

按照沥青混合料强度构成特性的不同,压实沥青混合料可分为3种类型。

(1)悬浮-密实结构。矿质集料采用连续型密级配,即矿料粒径由大到小连续存在,如图10.3(a)所示。混合料中含有大量细料,而粗颗粒数量较少,相互间没有接触,不能形成骨架,粗颗粒"悬浮"于细颗粒之中,由此矿质集料和沥青组成的沥青混合料密实度较大。这种结构的沥青混合料具有较高的黏聚力,但内摩阻力较小,由于受沥青的影响较大,故高温稳定性较差。常用的沥青混凝土即属于此类结构。

(2)骨架-空隙结构。矿质集料采用连续型开级配,如图10.3(b)所示。粗集料含量较大,可以互相靠拢形成骨架,但细集料很少,不足以填充粗集料之间的空隙,其残余空隙率较大。这种结构的沥青混合料具有较大的内摩阻角,但黏结力较小,路面的性能受温度的影响较小。沥青碎石混合料(AM)和开级配磨耗层沥青混合料(OGFC)属于此类结构。

(3)骨架-密实结构。矿质集料采用间断型密级配,如图10.3(c)所示。既有一定数量的粗集料形成骨架,又有足够数量的细集料填充骨架的空隙,密实度较大。这种沥青混合料同时具有较大的黏聚力和内摩阻力,是一种较为理想的结构类型。沥青玛蹄脂碎石混合料(SMA)即属于此类结构。

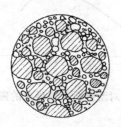 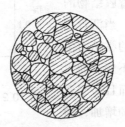 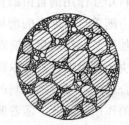

(a)密实-悬浮结构　　　　(b)骨架-空隙结构　　　　(c)密实-骨架结构

图10.3 沥青混合料的典型组成结构

二、沥青混合料的技术性质和技术标准

1. 沥青混合料的技术性质

（1）高温稳定性。

沥青混合料的强度与刚度是随温度升高而显著降低的。在夏季高温季节，路面在行车荷载反复作用下，沥青混合料所具有的抵抗诸如车辙、推移、波浪、壅包、泛油等病害的性能，称为沥青混合料的高温稳定性。

对于沥青混合料高温稳定性的评价，我国现行规范采用的方法是马歇尔试验法和车辙试验法。

① 马歇尔试验法。马歇尔试验是将沥青混合料制成直径为 101.6 mm、高为 63.5 mm 的圆柱体试件，在高温（60 ℃）条件下，保温 30~40 min，然后将试件放置于马歇尔稳定度仪上（见图 10.4），以 50 mm/min ± 5 mm/min 的形变速度加荷，直至试件破坏，同时测定稳定度（MS）、流值（FL）、马歇尔模数（T）三项指标。

稳定度是在规定的加载速率条件下试件破坏前所能承受的最大荷载（kN）；流值是达到最大破坏荷载时试件的垂直变形（以 0.1 mm 计），即

$$T = \frac{MS \cdot 10}{FL} \quad (10.2)$$

式中　T——马歇尔模数（kN/mm）；
　　　MS——稳定度（kN）；
　　　FL——流值（0.1 mm）。

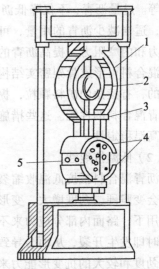

图 10.4　马歇尔稳定度仪
1,2,3—压力传感器；4—压头；5—试件

马歇尔稳定度越大、流值越小，说明高温稳定性越高。而就马歇尔模数，有关学者则认为与车辙深度有一定的相关性，马歇尔模数越大，车辙深度越小。

② 车辙试验。车辙试验的目的是测定沥青混合料的高温抗车辙能力，可供沥青混合料配合比设计的高温稳定性检验。

目前通常是采用轮碾法成型，将沥青混合料制成 300 mm × 300 mm × 50 mm 大小的试件，在 60 ℃ 的温度条件下，让试验轮对板块状试件产生 0.7 MPa 的压强，在同一轨迹上作一定时间的反复行走，形成一定程度的车辙深度，试验过程中记录绘制时间-变形曲线。

通过试验可以得到沥青混合料的动稳定度，其含义是：试件产生单位变形时所需试验轮的行走次数，以次/mm 为单位。动稳定度越大，沥青混合料高温稳定性越好。我国现行规范的计算方法如下：

在试验变形曲线的直线段上，求取 45 min（t_1）、60 min（t_2）的对应车辙变形 d_1 和 d_2。当车辙变形过大，在未到 60 min 变形已达 25 mm，则以达到 25 mm（d_2）时的时间为 t_2，将其前 15 min 的时间为 t_1，此时的变形记为 d_1，则动稳定度 DS 可按下式计算：

$$DS = \frac{(t_2 - t_1) \cdot N}{d_2 - d_1} \cdot C_1 \cdot C_2 \qquad (10.3)$$

式中　d_1——对应于时间 t_1 的变形量（mm）；

　　　d_2——对应于时间 t_2 的变形量（mm）；

　　　C_1——试验机类型修正系数（曲柄连杆驱动试件的变速行走方式1.0，链驱动试验轮等速方式的修正系数为1.5）；

　　　C_2——试件系数（试验室制备宽为300 mm的试件系数为1.0，从路面切割宽为150 mm的试件系数为0.8）；

　　　N——试验轮往返碾压速度，通常为42次/min。

影响沥青混合料高温稳定性的主要因素有沥青的用量，沥青的黏度，矿料的级配、尺寸、形状等。过量沥青，不仅降低沥青混合料的内摩阻力，而且在夏季、秋季容易产生泛油现象。因此，适当减少沥青的用量，可使矿料颗粒更多地以结构沥青的形式相联结，增加混合料的黏聚力和内摩阻力。提高沥青的黏度，可增加沥青混合料的抗剪变能力。采用合理级配的矿料，混合料可形成骨架密实结构，使黏聚力和内摩阻力都较大。在矿料的选择上，应挑选粒径大的，有棱角的矿料颗粒，提高混合料的内摩阻角。另外，还可以加入一些外加剂，来改善沥青混合料的性能。这些措施，均可提高沥青混合料的抗剪强度和减少塑性变形，从而增强其高温稳定性。

（2）低温抗裂性。

沥青混合料抵抗低温收缩裂缝的能力称为低温抗裂性。由于沥青混合料随着温度的降低，通常会变脆硬，劲度增大，变形能力下降，在温度下降所时产生的温度应力和外界荷载应力的作用下，路面内部分应力来不及松弛，应力逐渐累积下来。这些累积应力超过材料的抗拉强度时即发生开裂，从而会导致沥青混合料路面的破坏，所以沥青混合料在低温时应具有较低的劲度和较大的抗变形能力来满足其低温抗裂性能。

一般认为，沥青混合料路面的低温收缩开裂主要有两种形式：一种是由于气温骤降造成材料低温收缩，在有约束的沥青混合料面层内产生温度应力超过沥青混合料在相应温度下的抗拉强度时造成的开裂。另一种形式是低温收缩疲劳裂缝，这是由于在沥青混合料经受长期多次的温度循环后，沥青混合料的极限拉伸应变变小，应力松弛性能降低。这样，就会在温度应力小于其相应温度原始抗拉强度时产生开裂，即经受长期多次的降温循环后材料的抗拉强度降低，变成温度疲劳强度，在温度应力超过此温度疲劳强度就会产生开裂。这种裂缝主要发生在温度变化频繁的温和地区。

沥青混合料的低温抗裂性能可通过低温劈裂试验、直接拉伸试验、弯曲蠕变试验及低温弯曲试验等评价。根据《公路沥青路面施工技术规范》（JTJ F40—2004）规定，沥青混合料配合比设计的低温抗裂性能检验采用的是低温弯曲试验。将轮碾成型后切制的 30 mm（宽）× 35 mm（高）× 250 mm（长）的棱柱体小梁试件，跨径200 mm，按 50 mm/min 的加载速度在跨中施加集中荷载至断裂破坏。由破坏时的最大荷载求得试件的搞弯强度，由破坏时的跨中挠度求得沥青混合料的破坏弯拉应变，两者的比值即为破坏时的弯曲劲度模量。

（3）耐久性。

沥青混合料在路面中长期受到自然因素和重复车辆荷载的作用下，为保证路面具有较长的使用年限，沥青混合料必须具有良好的耐久性。沥青混合料的耐久性有多方面的含义，其中较为重要的是水稳定性、耐老化性和耐疲劳性。

① 沥青混合料的水稳定性。水稳性是指沥青混合料抵抗由于水侵蚀而逐渐产生沥青膜剥离、松散、坑槽等破坏的能力。水稳性差的沥青混合料在有水的情况下，会发生沥青与矿料颗粒表面的局部分离，同时在车辆荷载的作用下会加剧沥青与矿料的剥落，形成松散薄弱块，飞转的车轮带走次剥离或局部剥离的矿料或沥青，从而形成表面的损失，并逐渐形成坑槽，导致路面早期破坏。

影响沥青混合料水稳定性的因素很多，诸如矿料与沥青的性质、其相互之间的交互作用、沥青混合料的空隙率以及沥青膜的厚度等。矿料表面粗糙、洁净、有微孔，可增强其与沥青间的黏附性；沥青的黏度越高，与矿料的黏附力也越大；选择碱性集料可与沥青之间产生强烈的化学吸附作用，使沥青与矿料间遇水不易分离；沥青混合料的空隙率越小，大气水分停留与存储的空间越小，沥青混合料受水分作用时间越小，受水作用产生沥青剥离破坏的可能性就越小。但一般沥青混合料中应残留一定空隙，以备夏季沥青材料膨胀，不致造成路面泛油。

我国现行规范采用浸水马歇尔试验和冻融劈裂试验来检验沥青混合料的水稳定性。浸水马歇尔试验通过测定浸水 48 h 马歇尔试件的稳定度与未浸水的马歇尔试件的稳定度之比值即残留稳定度（%），以此作为评价水稳性好坏的指标。残留稳定度越大，混合料的水稳性越高。冻融劈裂试验测定的是沥青混合料试件在受到水、冻融循环作用前后的劈裂破坏强度之比值即残留强度比，其值越大，沥青混合料在水与冻融循环共同作用下的水稳性越高。

② 沥青混合料的耐老化性。耐老化性是指沥青混合料抵抗由于人为和自然因素作用而逐渐丧失变形能力、柔韧性等各种良好品质的能力。沥青路面在施工中要对沥青反复加热，铺筑好的沥青混合料路面长期处在自然环境中，要经受阳光特别是紫外线作用，这些均会使沥青产生老化，形变能力下降，使路面在温度和荷载作用下容易开裂，从而导致水分下渗的数量增加，加剧路面破坏，缩短沥青混合料路面的使用寿命。

影响沥青混合料老化速度的因素主要有沥青的性质、沥青的用量、沥青混合料的残留空隙率、施工工艺等。沥青化学组分中轻质成分、不饱和烃含量越多，沥青老化速度越快；沥青用量的大小影响沥青混合料内部所分布沥青膜的厚度，特别薄的沥青膜容易老化、容易变脆，使沥青混合料的耐老化性降低；空隙率越大，沥青与空气、水接触的范围越大，越容易产生老化现象；过高的拌和温度、过长时间的加热，会导致沥青的严重老化，路面上会过早的出现裂缝。

③ 沥青混合料的耐疲劳性。沥青混合料在使用期间经受车轮荷载的反复作用，长期处于应力应变交叠变化状态，致使混合料强度逐渐下降。当荷载重复作用超过一定次数以后，在荷载作用下沥青混合料路面内产生的应力超过疲劳强度，沥青混合料路面出现裂缝，即产生疲劳断裂破坏。

沥青混合料的耐疲劳性即混合料在反复荷载作用下抵抗这种疲劳破坏的能力。在相同荷载数量重复作用下，疲劳强度下降幅度小的沥青混合料，或疲劳强度变化率小的沥青混合料，其耐疲劳性好。从使用寿命看，其路面耐久性就高。

（4）抗滑性。

随着现代高速公路的发展，对沥青路面的抗滑性提出了更高要求。为保证长期高速行车的安全，配料时要特别注意粗集料的耐磨光性，应选择硬质有棱角的集料。但表面粗糙、坚硬耐磨的集料多为酸性集料，与沥青的黏附性不好，应掺加抗剥剂或采用石灰水处理集料表面等。

沥青用量对抗滑性的影响非常敏感，沥青用量超过最佳用量时的 0.5% 即可使抗滑系数明显降低。

含蜡量对沥青混合料抗滑性也有明显影响，《公路沥青路面施工技术规范》（JTG F40—2004）中对道路石油沥青的技术要求：A 级沥青含蜡量应不大于 2.2%，B 级沥青不大于 3.0%，C 级则不大于 4.5%。

（5）施工和易性。

沥青混合料应具备良好的施工和易性，使混合料易于拌和、摊铺和碾压。影响沥青混合料施工和易性的因素很多，诸如当地气温、施工条件及混合料性质等。

从混合料材料性质来看，影响沥青混合料施工和易性的是混合料的级配和沥青用量，如粗细集料的颗料大小相距过大，缺乏中间尺寸，混合料容易分层层积（粗粒集中表面，细粒集中底部）；如细集料太少，沥青层就不容易均匀地分布在粗颗粒表面；细集料过多，则使拌和困难。当沥青用量过少或矿粉用量过多时，混合料容易产生疏松不易压实；反之，如沥青用量过多或矿粉质量不好，则容易使混合料黏结成团块，不易摊铺。

2. 热拌沥青混合料的技术标准

《公路沥青路面施工技术规范》（JTG F40—2004）对热拌沥青混合料的马歇尔试验技术标准的规定如表 10.3 所示，并应有良好的施工性能。

表 10.3　密级配沥青混凝土混合料马歇尔试验技术标准

试验指标		单位	高速公路、一级公路				其他等级公路	行人道路
			夏炎热区（1-1、1-2、1-3、1-4 区）		夏热区及夏凉区（2-1、2-2、2-3、2-4、3-2 区）			
			中轻交通	重载交通	中轻交通	重载交通		
击实次数（双面）		次	75				50	50
试件尺寸		mm	$\phi 101.6\ mm \times 63.5\ mm$					
空隙率 VV	深 90 mm 以内	%	3～5	4～6	2～4	3～5	2～4	2～4
	深 90 mm 以下	%	3～6		2～4	3～6	3～6	—
稳定度 MS，不小于		kN	8				5	3
流值 FL		mm	2～4	1.5～4	2～4.5	2～4	2～4.5	2～5

续表

试验指标	单位	高速公路、一级公路				其他等级公路	行人道路
		夏炎热区（1-1、1-2、1-3、1-4区）		夏热区及夏凉区（2-1、2-2、2-3、2-4、3-2区）			
		中轻交通	重载交通	中轻交通	重载交通		
矿料间隙率VMA（%），不小于	设计空隙率/%	相应于以下公称最大粒径（mm）的最小VMA及VFA技术要求（%）					
		26.5	19	16	13.2	9.5	4.75
	2	10	11	11.5	12	13	15
	3	11	12	12.5	13	14	16
	4	12	13	13.5	14	15	14
	5	13	14	14.5	15	16	18
	6	14	15	15.5	16	17	19
沥青饱和度VFA/%		55~70		65~75		70~85	

注：① 重载交通是指设计交通量在1 000万辆以上的路段，长大坡度的路段按重载交通路段考虑。
② 对空隙率大于5%的夏炎热区重载交通路段，施工时应至少提高压实度1个百分点。
③ 当设计的空隙率不是整数时，由内插确定要求的VMA最小值。
④ 对改性沥青混合料，马歇尔试验的流值可适当放宽。

三、沥青混合料组成材料的技术要求

沥青混合料的技术性质决定于组成材料的性质、组成配合的比例和混合料的制备工艺等因素。组成材料的质量是首先需要关注的问题。

（1）沥青材料。沥青路面采用的沥青标号，宜按照公路等级、气候条件、交通条件、路面类型、在结构层中的层位及受力特点、施工方法等，结合当地的使用经验确定。《公路沥青路面施工技术规范》（JTG F40—2004）规定，沥青标号根据道路所属的气候分区可查道路石油沥青技术要求选用。

对高速公路、一级公路，夏季温度高、高温持续时间长、重载交通、山区及丘陵区上坡路段、服务区、停车场等行车速度慢的路段，尤其是汽车荷载剪应力大的层次，宜采用稠度大、60 ℃黏度大的沥青，也可提高高温气候分区的温度水平选用沥青等级；对冬季寒冷的地区或交通量小的公路、旅游公路宜选用稠度小、低温延度大的沥青；对温度日温差、年温差大的地区宜选用针入度指数大的沥青。当高温要求与低温要求发生矛盾，应优先考虑高温性能的要求。

当缺乏所需标号的沥青时，可采用不同标号的沥青掺配，但掺配后的技术指标应符合道路石油沥青的技术要求。

（2）粗集料。沥青混合料用粗集料包括碎石、破碎砾石、筛选砾石、钢渣、矿渣等，但高速公路和一级公路不得使用筛选砾石和矿渣。

粗集料应该洁净、干燥、表面粗糙,质量应符合表10.4的规定。当单一规格集料的质量指标达不到表中要求,而按照集料配合比计算的质量指标符合要求时,工程上允许使用。对受热易变质的集料,宜采用经拌和机烘干后的集料进行检验。

表10.4 沥青混合料用粗集料质量技术要求

指标	单位	高速公路及一级公路		其他等级公路	试验方法
		表面层	其他层次		
石料压碎值,不大于	%	26	28	30	TO316
洛杉矶磨耗损失,不大于	%	28	30	35	TO317
表观相对密度,不小于	—	2.60	2.50	2.45	TO304
吸水率,不大于	%	2.0	3.0	3.0	TO304
坚固性,不大于	%	12	12	—	TO304
针片状颗粒含量(混合料),不大于	%	15	18	20	TO312
其中粒径大于9.5 mm,不大于		12	15		
其中粒径小于9.5 mm,不大于		18	20		
水洗法<0.075 mm颗粒含量,不大于	%	1	1	1	TO310
软石含量,不大于	%	3	5	5	TO320

注:① 坚固性试验根据需要进行。
② 用于高速公路、一级公路时,多孔玄武岩的视密度可放宽至2.45 t/m^3,吸水率可放宽至3%,但必须得到建设单位的批准,且不得用于SMA路面。
③ 对S14即3~5规格的粗集料,针片状颗粒含量可不予要求,<0.075 mm含量可放宽到3%。

粗集料的粒径规格应符合表10.5的要求。

表10.5 沥青混合料用粗集料规格

规格	公称粒径/mm	通过下列筛孔(mm)的质量百分比(%)											
		106	75	63	53	37.5	31.5	26.5	19.0	13.2	9.5	4.75	2.36	0.6
S1	40~75	100	90~100	—	—	0~15	—	0~5						
S2	40~60	—	100	90~100	—	0~15	—	0~5						
S3	30~60	—	100	90~100	—	0.15	—	0~5						
S4	25~50	—	—	100	90~100	—	0~15	—	0~5					
S5	20~40	—	—	—	100	90~100	—	0~15	—	0~5				
S6	15~30	—	—	—	—	100	90~100	—	0~15	—	0~5			

续表

规格	公称料径/mm	通过下列筛孔（mm）的质量百分比（%）											
		106	75	63	53	37.5	31.5	26.5	19.0	13.2	9.5	4.75	2.36	0.6
S7	10~30	—	—	—	—	100	90~100	—	—	—	0~15	0~5	—	—
S8	10~25	—	—	—	—	—	100	90~100	—	0~15	—	0~5	—	—
S9	10~20	—	—	—	—	—	—	100	90~100	—	0~15	—	0~5	—
S10	10~15	—	—	—	—	—	—	—	100	90~100	0~15	—	0~5	—
S11	5~15	—	—	—	—	—	—	—	100	90~100	40~70	0~15	0~5	—
S12	5~10	—	—	—	—	—	—	—	—	100	90~100	0~15	0~5	—
S13	3~10	—	—	—	—	—	—	—	—	100	90~100	40~70	0~20	0~5
S14	3~5	—	—	—	—	—	—	—	—	—	100	90~100	0~15	0~3

高速公路、一级公路沥青路面的表面层（或磨耗层）的粗集料的磨光值应符合表10.6的要求。除SMA、OGFC路面外，允许在硬质粗集料中掺加部分较小粒径的磨光值达不到要求的粗集料时，其最大掺加比例由磨光值试验确定。

粗集料与沥青的黏附性应符合表10.6的要求，当使用不符合要求的粗集料时，宜掺加消石灰、水泥或用饱和石灰水处理后使用，必要时可同时在沥青中掺加耐热、耐水、长期性能好的抗剥落剂，也可采用改性沥青的措施，使沥青混合料的水稳定性检验达到要求。

表10.6 粗集料与沥青的黏附性、磨光值的技术要求

雨量气候区	1（潮湿区）	2（潮湿区）	3（半干区）	4（干旱区）
年降雨量/mm	>1 000	1 000~500	500~250	<250
粗集料的磨光值 PSV，不小于高速公路、一级公路表面层	42	40	38	36
粗集料与沥青的黏附性，不小于高速公路、一级公路表面层	5	4	4	3
高速公路、一级公路的其他层次其他等级公路的各个层次	4	4	3	3

（3）细集料。沥青路面的细集料包括天然砂、机制砂、石屑。细集料应洁净、干燥、无风化、无杂质，并有适当的颗粒级配，其质量应符合表10.7的规定。细集料的洁净程度，天然砂以小于0.075 mm含量的百分比表示，石屑和机制砂以砂当量（适用于0~4.75 mm）或

亚甲蓝值（适用于 0~2.36 mm 或 0~0.15 mm）表示。

表 10.7　沥青混合料用细集料质量要求

项　　目	单位	高速公路、一级公路	其他等级公路	试验方法
表观相对密度，不小于	—	2.50	2.45	T0328
坚固性（>0.3 mm 部分）不大于	%	12	—	T0340
含泥量（小于 0.075 mm 的含量），不大于	%	3	5	T0333
砂当量，不小于	%	60	50	T0334
亚甲蓝值，不大于	g/kg	25	—	T0349
棱角性（流动时间），不小于	s	30	—	T0345

天然砂可采用河砂或海砂，通常宜采用粗、中砂、其规格应符合表 10.8 的规定。热拌密级配沥青混合料中天然砂的用量通常不宜超过集料总量的 20%，SMA 和 OGFC 混合料不宜使用天然砂。

表 10.8　沥青混合料用天然砂规格

筛孔尺寸/mm	通过各筛孔的质量百分比/%		
	粗　砂	中　砂	细　砂
9.5	100	100	100
4.75	90~100	90~100	90~100
2.36	65~95	75~90	85~100
1.18	35~65	50~90	75~100
0.6	15~30	30~60	60~84
0.3	5~20	8~30	15~45
0.15	0~10	0~10	0~10
0.075	0~5	0~5	0~5

石屑是采石场破碎石料通过 4.75 mm 或 2.36 mm 的筛下部分，其规格应符合表 10.9 的要求。机制砂是由制砂机生产的细集料，其级配应符合 SI6 的要求。

表 10.9　沥青混合料用机制砂或石屑规格

规格	公称粒径	通过各筛孔的质量百分比/%							
		9.5	4.75	2.36	1.18	0.6	0.3	0.15	0.075
S15	0~5	100	90	60~90	40~75	20~55	7~40	2~20	0~10
S16	0~3	—	100	80	50~80	25~60	8~45	0~25	0~15

（4）填料。沥青混合料的矿粉必须采用石灰岩或岩浆岩的强基性岩石等憎水性石料经磨细得到的矿粉，原石料中的泥土杂质应除净。矿粉应干净、洁净，能自由地从矿粉仓流出，其质量应符合表10.10的要求。

表 10.10　沥青混合料用填料规格

指标		单位	高速公路、一级公路	其他等级公路	试验方法
表观密度，不小于		t/m³	2.50	2.45	T0352
含水量，不大于		%	1	1	T0103 烘干法
粒度范围	< 0.6 mm	%	100	100	T0351
	< 0.15 mm	%	90~100	90~100	
	< 0.075 mm	%	75~100	70~100	
外观		—	无团粒结块		—
亲水系数			< 1		T0353
塑性指数			< 4		T0354
加热安定性			实测记录		T0355

拌和机的粉尘也可作为矿粉的一部分回收使用。但每盘用量不得超过填料总量的25%，掺有粉尘填料的塑性指数不得大于4%。

粉煤灰作为填料使用时，用量不得超过填料总量的50%，粉煤灰的烧失量应小于12%，与矿粉混合后的塑性指数应小于4%。高速公路、一级公路的沥青面层不宜采用粉煤灰做填料。

四、沥青混合料配合设计

热拌沥青混合料配合比设计，应通过目标配合比设计、生产配合比设计及生产配合比验证三个阶段，确定沥青混合料的材料品种及配合比、矿料级配、最佳沥青用量。本处着重介绍目标配合比设计。热拌沥青混合料的目标配合比设计宜按图10.5的框图的步骤进行。

1. 矿质混合料的配合组成设计

矿质混合料的配合组成设计通常是根据规范推荐的级配范围，来选配一个具有足够密实度，并有较高内摩阻力的矿质混合料。其基本步骤如下：

（1）确定沥青混合料类型。

沥青混合料的类型，根据道路等级、路面类型及所处的结构层位，参照《公路沥青路面设计规范（征求意见稿）》按表10.11选定。

（2）确定工程设计的级配范围。

密级配沥青混合料，宜根据公路等级、气候及交通条件按表10.12选择粗型（C型）或细型（F型）混合料。对夏季温度高、高温持续时间长、重载交通多的路段，宜选用粗型密

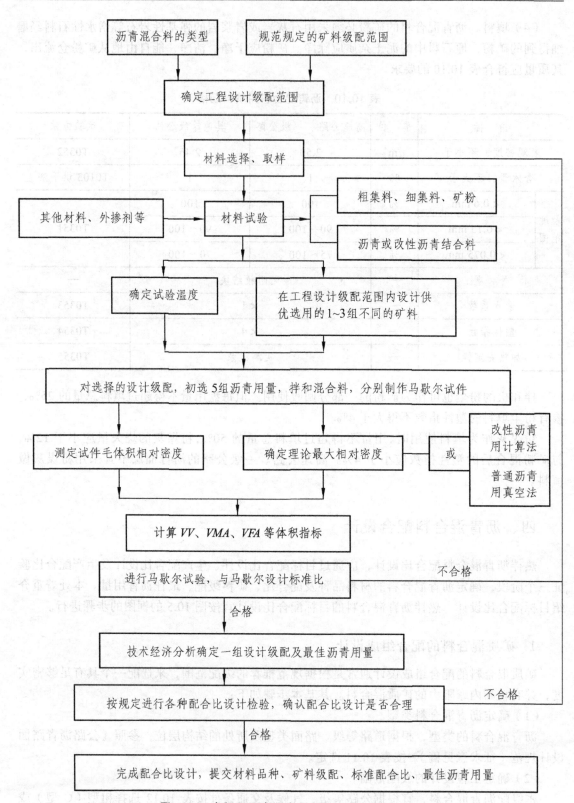

图 10.5 密级配沥青混合料目标配合比设计流程

表 10.11 沥青混合料类型适用性

层 位	开级配	半开级配	密实型沥青混合料			最大粒径/mm
			断级配型	粗级配型	细级配型	
空隙率/%	>15	8~15	3~5	3~4	3~6(8) 3~6	
抗滑磨耗层	OGFC-10 OGFC-13		UTAC-10 UTAC-13	SMA-10 SMA-13		13 16
表面层		AM-13		SMA-13	DCG-13 SUP-13	DFG-13	16
		AM-16		SMA-16	DCG-16	DFG-16	19
中面层		AM-20	FAC-20	SMA-20	DCG-20 SUP-19	DFG-20	26.5
下面层					DCG-25	DFG-25	31.5
基 层	ATPB-25	AM-25			LSM-25		31.5
	ATPB-30	AM-30			LSM-30		37.5
底基层	ATPB-35	AM-35			LSM-35		53.0

注：OGFC—排水式沥青磨耗层；UTAC—抗滑磨耗层；SMA—沥青玛蹄脂碎石混合料；AM—沥青碎石混合料；DCG—密实粗级配；SUP—Superrpave 混合料；DFG—密实细级配；FAC—高沥青含量沥青混凝土混合料；AT-PB—排水式沥青碎石基层；LSM—大粒径沥青碎石混合料。

表 10.12 粗型和细型密级配沥青混凝土的关键性筛孔通过率

混合料类型	公称最大粒径/mm	用以分类的关键性筛孔/mm	粗型密级配		细型密级配	
			名 称	关键性筛孔通过率/%	名 称	关键性筛孔通过率/%
AC-25	26.3	4.75	AC-25C	<40	AC-25F	>40
AC-20	19	4.75	AC-20C	<45	AC-20F	>45
AC-16	16	2.36	AC-16C	<38	AC-16F	>38
AC-13	13.2	2.36	AC-13C	<40	AC-13F	>40
AC-10	9.5	2.36	AC-10C	<45	AC-10F	>45

级配沥青混合料（AC-C 型），并取较高的设计空隙率。对冬季温度低且低温持续时间长的地区，或者重载交通较少的路段，宜选用细型密级配沥青混合料（AC-F 型），并取较低的设计空隙率。

密级配沥青混合料的设计级配，宜在表 10.13 规定的级配范围内，根据公路等级、工程特性、气候条件、交通条件、材料品种等因素，通过对条件大体相当的工程使用情况进行调查研究后调整确定，必要时允许超出规范级配范围。经确定的工程设计级配范围是配合比设计的依据，不得随意变更。

表 10.13 密级配沥青混凝土混合料矿料级配范围

级配类型		通过下列筛孔（mm）的质量百分比（%）											
		31.5	26.5	19	16	13.2	9.5	4.75	2.36	1.18	0.6	0.3	0.15	0.075
粗粒式	AC-25	100	90~100	75~90	65~83	57~76	45~65	24~52	16~42	12~33	8~24	5~17	4~13	3~7
中粒式	AC-20		100	90~100	78~92	62~80	50~72	26~56	16~44	12~33	8~24	5~17	4~13	3~7
	AC-16			100	90~100	76~92	60~80	34~62	20~48	13~36	9~26	7~18	5~14	4~8
细粒式	AC-13				100	90~100	68~85	38~68	24~50	15~38	10~28	7~20	5~15	4~8
	AC-10					100	90~100	45~75	30~58	20~44	13~32	9~23	6~16	4~8
砂粒式	AC-5						100	90~100	55~75	35~55	20~40	12~28	7~18	5~10

调整工程设计级配范围应遵循下列原则：

① 要确保高温抗车辙能力，同时兼顾低温抗裂性能的需要。配合比设计时宜适当减少公称最大粒径附近的粗集料用量，减少 0.6 mm 以下部分细粉的用量，使中等粒径集料较多，形成 S 形级配曲线，并取中等或偏高水平的设计空隙率。

② 确定各层的工程设计级配范围时，应考虑不同层位的功能需要，经组合设计的沥青路面应能满足耐久、稳定、密水、抗滑等要求。

③ 根据公路等级和施工设备的控制水平，确定的工程设计级配范围应比规范级配范围窄，其中 4.75 mm 和 2.36 mm 通过率的上下限差值宜小于 12%。

④ 沥青混合料的配合比设计，应充分考虑施工性能，使沥青混合料容易摊铺和压实，避免造成严重的离析。

（3）材料选择与准备。

按气候和交通条件选择合适的各种材料，经现场取样检验，其质量应符合规定的技术要求。当单一规格的集料某项指标不合格，但不同粒径规格的材料按级配组成的集料混合料指标能符合规范要求时，允许使用。

（4）矿料配合比设计。

高速公路和一级公路沥青路面矿料配合比设计，宜借助电子计算机的电子表格，用试配法进行，见表 10.14。

矿料级配曲线采用泰勒曲线的标准画法绘制（见图 10.6），纵坐标为普通坐标，横坐标按 $\chi = d^{0.45}$ 计算见表 10.15。以原点与通过集料最大粒径 100% 的点的连线作为沥青混合料的最大密度线。

表 10.14 矿料级配设计计算（示例）

筛孔/mm	10~20 mm/%	5~10 mm/%	3~5 mm/%	石屑/%	黄砂/%	矿粉/%	消石灰/%	合成级配/%	工程设计级配范围 中限	下限	上限
16	100	100	100	100	100	100	100	100	100	100	100
13.2	88.6	100	100	100	100	100	100	97.6	95	90	100
9.5	16.6	99.7	100	100	100	100	100	76.6	70	60	80
4.75	0.4	8.7	94.9	100	100	100	100	47.7	41.5	30	53
2.36	0.3	0.7	3.7	97.2	87.9	100	100	30.6	30	20	40
1.18	0.3	0.7	0.5	67.8	62.2	100	100	22.8	22.5	15	30
0.6	0.3	0.7	0.5	40.5	46.4	100	100	17.2	16.5	10	23
0.3	0.3	0.7	0.5	30.2	3.7	99.8	99.2	9.5	12.5	7	18
0.15	0.3	0.7	0.5	20.6	3.1	96.2	97.6	8.1	8.5	5	12
0.075	0.2	0.6	0.3	4.2	1.9	84.7	95.6	5.5	6	4	8
配合比	28	26	14	12	15	3.3	1.7	100.0	—	—	—

表 10.15 泰勒曲线的横坐标

d_i	0.075	0.15	0.3	0.6	1.18	2.36	4.75	9.5
$\chi = d_i^{0.45}$	0.312	0.426	0.582	0.795	1.077	1.472	2.016	2.754
d_i	13.2	16	19	26.5	31.5	37.5	53	63
$\chi = d_i^{0.45}$	3.193	3.482	3.762	4.370	4.723	5.109	5.969	6.452

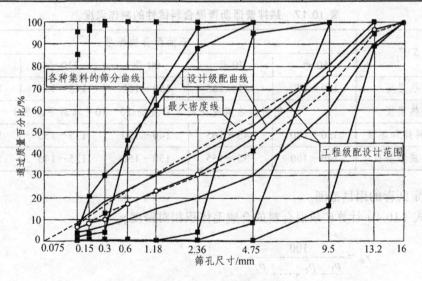

图 10.6 矿料级配曲线示例

对高速公路和一级公路，宜在工程设计级配范围内计算 1~3 组粗细不同的配合比，绘制设计级配曲线，分别位于工程设计级配范围的上方、中值及下方。设计合成级配不得有太多的锯齿形交错,且在 0.3~0.6 mm 范围内不出现"驼峰"。当反复调整不能满足时,宜更换材料设计。

根据当地的实践经验选择适宜的沥青用量,分别制作几组级配的马歇尔试件,测定 VMA,初选一组满足或接近设计要求的级配作为设计级配。

2. 确定沥青混合料的最佳沥青用量

沥青混合料的最佳沥青用量(简称 OAC),按《公路沥青路面施工技术规范》(JTG F40—2004)中规定,以马歇尔试验方法为标准的设计方法,同时也允许采用其他设计方法。当采用其他设计方法时,应按马歇尔设计方法进行检验。马歇尔试验法确定沥青最佳用量按下列步骤进行:

(1)制备条件。

① 确定试件的制作温度。沥青混合料试件的制作温度宜通过在 135 ℃ 及 175 ℃ 条件下测定的黏度-温度曲线按表 10.16 的规定确定,并与施工实际温度一致,普通沥青混合料如缺乏黏温曲线时可参照表 10.17 执行,改性沥青混合料的成型温度在此基础上再提高 10 ℃~20 ℃。

表 10.16 确定沥青混合料拌和及压实温度的适宜温度

黏 度	适宜于拌和的沥青混合料黏度	适宜于压实的沥青混合料黏度	测定方法
表观黏度	(0.17±0.02) Pa·s	(0.28±0.03) Pa·s	T0625
运动黏度	(170±20) mm²/s	(280±30) mm²/s	T0619
赛波特黏度	(85±10) s	(140±15) s	T0623

表 10.17 热拌普通沥青混合料试件的制作温度

施工工序	石油沥青的标号				
	50 号	70 号	90 号	110 号	130 号
沥青加热温度	160~170	155~165	150~160	145~155	140~150
矿料加热温度	集料加热温度比沥青温度高 10~30(填料不加热)				
沥青混合料拌和温度	150~170	145~165	140~160	135~155	130~150
试件击实成型温度	140~160	135~155	130~150	125~145	120~140

② 确定沥青的用量范围。

a. 按式(10.4)计算矿质混合料的合成毛体积相对密度 γ_{sb}:

$$\gamma_{sb} = \frac{100}{\dfrac{p_1}{\gamma_1} + \dfrac{p_2}{\gamma_2} + \cdots + \dfrac{p_n}{\gamma_n}} \quad (10.4)$$

式中 $p_1, p_2, \cdots, p_n$ ——各种矿料成分的配合比,其各为 100;

$\gamma_1, \gamma_2, \cdots, \gamma_n$ ——各知种矿料相应的毛体积相对密度,粗集料按 T0304 方法测定,

机制砂及石屑可按 T0330 方法测定，也可以用筛出的 2.36~4.75 mm 部分的毛体积相对密度代替，矿粉（含消石灰、水泥）以表观相对密度代替。

b. 按式（10.5）或按式（10.6）预估沥青内混合料的适宜的油石比 p_a 或沥青用量 p_b：

$$p_a = \frac{p_{a1} \cdot \gamma_{ab1}}{\gamma_{sb}} \tag{10.5}$$

$$p_b = \frac{p_a}{100 + \gamma_{sb}} \times 100 \tag{10.6}$$

式中 p_a——预估的最佳油石比（与矿料总量的百分比）(%)；

p_b——预估的最佳沥青用量（占混合料总量的百分比）(%)；

p_{a1}——已建类似工程沥青混合料的标准油石比(%)；

γ_{sb}——集料的合成毛体积相对密度；

γ_{sb1}——已建类似工程集料的合成毛体积相对密度。

c. 确定矿料的有效相对密度。对非改性沥青混合料，宜以预估的最佳油石比拌和 2 组的混合料，采用真空法实测最大相对密度，取平均值。然后由式（10.7）反算合成矿料的有效相对密度 γ_{se}：

$$\gamma_{se} = \frac{100 - p_b}{\frac{100}{\gamma_t} - \frac{p_b}{\gamma_b}} \tag{10.7}$$

式中 γ_{se}——合成矿料的有效相对密度；

p_b——试验采用的沥青用量（占混合料含量的百分比）(%)；

γ_t——试验沥青用量条件下实测得到的最大相对密度、无量纲；

γ_b——沥青的相对密度（25 ℃/25 ℃），无量纲。

d. 以预估的油石比为中值，按一定间隔（对密级配沥青混合料通常为 0.5%，对沥青碎石混合料可适当缩小间隔为 0.3%~0.4%），取 5 个或 5 个以上不同的油石比分别成型马歇尔试件。例如，预估油石比为 4.8%，可选 3.8%、4.3%、4.8%、5.3%、5.8%等。

（2）测定物理指标。

① 测定压实沥青混合料试件的毛体积相对密度 γ_f 和吸水率（取平均值）。通常采用表干法测定毛体积相对密度；对吸水率大于 2% 的试件，宜改为采用蜡封法测定。

② 确定沥青混合料的最大理论相对密度。对非改性的普通沥青混合料，在成型马歇尔试件的同时，用真空法实测各组沥青混合料的最大理论相对密度 γ_{ti}。当只对其中一组油石比测定最大理论相对密度时，也可按式（7.8）或式（7.9）计算其他不同油石比时的最大理论相对密度 γ_{ti}。当只对其中一组油石比测定最大理论相对密度时，也可按式（10.8）或（10.9）计算其他不同油石比时的最大理论相对密度 γ_{ti}：

$$\gamma_{ti} = \frac{100 + p_{ai}}{\frac{100}{\gamma_{se}} + \frac{p_{ai}}{\gamma_b}} \tag{10.8}$$

$$\gamma_{ti} = \frac{100}{\dfrac{p_{si}}{\gamma_{se}} + \dfrac{p_{bi}}{\gamma_{b}}} \quad (10.9)$$

式中　γ_{ti}——相对于计算沥青用量 p_{bi} 时，沥青混合料的最大理论相对密度，无量纲；

p_{ai}——所计算的沥青混合料中的油石比（%）；

p_{bi}——所计算的沥青混合料的沥青用量（%），$p_{bi} = p_{ai}/(1+p_{ai})$；

p_{si}——所计算的沥青混合料的矿料含量（%），$p_{si} = 100 - p_{bt}$；

γ_{se}——矿料的有效相对密度，无量纲；

γ_{b}——沥青的相对密度（25 ℃/25 ℃），无量纲。

③ 按式（10.10）~式（10.12）计算沥青混合料试件的空隙率、矿料间隙率 VMA、有效沥青的饱和度 VFA 等体积指标，进行体积组成分析。

$$VV = \left(1 - \frac{\gamma_{f}}{\gamma_{t}}\right) \times 100 \quad (10.10)$$

$$VMA = \left(1 - \frac{\gamma_{f}}{\gamma_{ab}} \times p_{s}\right) \times 100 \quad (10.11)$$

$$VFA = \frac{VMA - VV}{VMA} \times 100 \quad (10.12)$$

式中　VV——试件的空隙率（%）；

VMA——试件的矿料间隙率（%）；

VFA——试件的有效沥青饱和度（%），有效沥青含量占 VMA 的体积比例；

γ_{f}——试件的毛体积相对密度，无量纲；

γ_{t}——沥青混合料的最大理论相对密度，无量纲；

p_{s}——各种矿料占沥青混合料总质量的百分比之和（%），即 $p_{s} = 100 - p_{s}$；

γ_{sb}——矿质混合料的合成毛体积相对密度。

（3）测定力学指标。

进行马歇尔试验，测定马歇尔稳定度和流值。

（4）马歇尔试验结果分析。

① 绘制沥青用量与物理力学指标关系图。以油石比或沥青用量为横坐标，以毛体积密度、空隙率、有效沥青饱和度（VFA）、矿料间隙率（VMA）、稳定度和流值为纵坐标，将试验结果点入图中，连成光滑的曲线，见图 10.7。确定均符合规范规定的沥青混合料技术标准的沥青用量范围 $OAC_{\min} \sim OAC_{\max}$。

选择的沥青用量范围必须涵盖设计空隙率的全部范围，并尽可能涵盖沥青饱和度的要求范围，同时使密度及稳定度曲线出现峰值。如果没有涵盖设计空隙率的全部范围，试验必须扩大沥青用量范围并重新进行。

② 根据试验曲线走势确定最佳沥青用量 OAC_{1}。

a. 在曲线图上求取相应于密度最大值、稳定度最大值、目标空隙率（或中值）、沥青饱和度范围的沥青用量 a_{1}、a_{2}、a_{3}、a_{4}，按式（10.13）取平均值作为 OAC_{1}，即

$$OAC_1 = (a_1 + a_2 + a_3 + a_4)/4 \tag{10.13}$$

b. 如果在所选择的沥青用量范围未能涵盖沥青饱和度的要求范围，按式（10.14）求取 3 者的平均值作为 OAC_1，即

$$OAC_1 = (a_1 + a_2 + a_3)/3 \tag{10.14}$$

c. 对所选择试验的沥青用量范围，密度或稳定度没有出现峰值（最大值经常在曲线的两端）时，可直接以目标空隙率所对应的沥青用量 a_3 作为 OAC_1，但 OAC_1 必须介于 $OAC_{\min}$ ~ $OAC_{\max}$ 的范围内，否则应重新进行配合比设计。

③ 确定最佳沥青用量 OAC_2。以各项指标均符合沥青混合料技术标准（不含 VMA）的沥青用量范围 $OAC_{\min}$ ~ $OAC_{\max}$ 的中值作为 OAC_2，即

$$OAC_2 = (OAC_{\min} + OAC_{\max})/2 \tag{10.15}$$

④ 确定计算的最佳沥青用量 OAC。通常情况下取 OAC_1 及 OAC_2 的中值作为计算的最佳沥青用量 OAC。

$$OAC = (OAC_1 + OAC_2)/2 \tag{10.16}$$

按式（10.16）计算的最佳沥青用量 OAC，从图 10.7 中得出所对应的空隙率和 VMA 值，检验是否能满足表 10.2 关于最小 VMA 值的要求。OAC 宜位于 VMA 凹形曲线最小值的贫油一侧。

当空隙率不是整数时，最小 VMA 按内插法确定，并将其画入图 10.7 中。

检查图 10.6 中相应于此 OAC 的各项指标是否均符合马歇尔试验技术标准。

⑤ 根据实践经验和公路等级、气候条件、交通情况，调整确定最佳沥青用量 OAC。

a. 调查当地各项条件相接近的工程的沥青用量及使用效果，论证适宜的最佳沥青用量。检查计算得到的最佳沥青用量是否相近，如相差甚远，应查明原因，必要时重新调查级配，进行配合比设计。

b. 对炎热地区公路以及高速公路、一级公路的重载交通路段，山区公路的长大坡度路段，预计有可能产生较大车辙时，宜在空隙率符合要求的范围内将计算的最佳沥青用量减小 0.1% ~ 0.5%作为设计沥青用量。此时，除空隙率外的其他指标可能会超出马歇尔试验配合比设计技术标准，配合比设计报告或设计文件必须予以说明。但配合比设计报告必须要求采用重型轮胎压路机和振动压路机组合等方式加强碾压，以使施工后路面的空隙达到未调整前的原最佳沥青用量时的水平，且渗水系数符合要求。如果试验路段试拌、试铺达不到此要求时，宜调整所减小的沥青用量的幅度。

c. 对寒区道路、旅游道路、交通量很少的公路，最佳沥青用量可以在 OAC 的基础上增加 0.1% ~ 0.3%，以适当减小设计空隙率，但不得降低压实度要求。

⑥ 检验最佳沥青用量时的粉胶比和有效沥青膜厚度。

a. 按式（10.17）及式（10.18）计算沥青结合料被集料吸收的比例及有效沥青含量：

$$p_{ba} = \frac{\gamma_{se} - \gamma_b}{\gamma_{se} \cdot \gamma_{sb}} \cdot \gamma_b \times 100\% \tag{10.17}$$

$$p_{be} = p_b - \frac{p_{ba}}{100} \cdot p_s \times 100\% \tag{10.18}$$

式中 p_{ba} —— 沥青混合料中被集料吸收的沥青结合料的比例（%）；

p_{be} —— 沥青混合料中的有效沥青用量（%）；

γ_{se} —— 集料的有效相对密度，无量纲；

γ_{ab} —— 材料的合成毛体积相对密度，无量纲；

γ_b —— 沥青的相对密度（25 ℃/25 ℃），无量纲；

p_b —— 沥青含量（%）；

p_s —— 各种矿料占沥青混合料总质量的百分比之和，即 $p_s = 100 - p_b$ (%)。

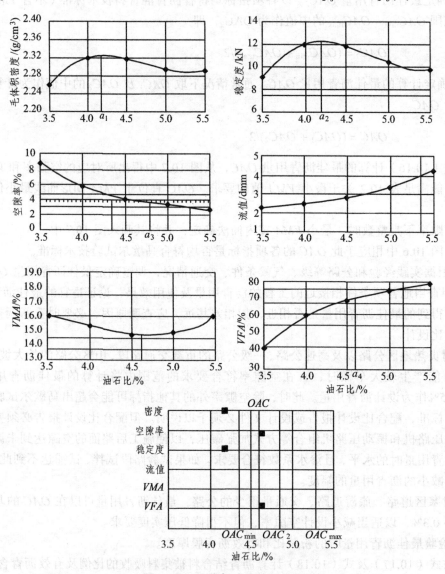

图 10.7 马歇尔试验结果示例

注：图中 $a_1 = 4.2\%$，$a_2 = 4.25\%$，$a_3 = 4.8\%$，$a_4 = 4.7\%$，$OAC_1 = 4.49\%$（由 4 个平均值确定），$OAC_{min} = 4.3\%$，$OAC_{max} = 5.3\%$，$OAC_2 = 4.8\%$，$OAC = 4.64\%$。此例中相对于空隙率 4%的油石比为 4.6%。

如果有需要，可按式（10.19）及式（10.20）计算有效沥青的体积百分比 V_b 及矿料的体积百分比 V_g。

$$V_b = \frac{\gamma_f \cdot p_{be}}{\gamma_b} \tag{10.19}$$

$$V_g = 100 - (V_{be} + VV) \tag{10.20}$$

b. 检验最佳沥青用量时的粉胶比和有效沥青膜厚度。

• 按式（10.21）计算沥青混合料的粉胶比，宜符合 0.6~1.6 的要求。对常用的公称最大粒径为 13.2~19 mm 的密级配沥青混合料，粉胶比宜控制在 0.8~1.2 范围内。

$$FB = \frac{P_{0.075}}{P_{be}} \tag{10.21}$$

式中　FB ——粉胶比，沥青混合料的矿料中 0.075 mm 通过率与有效沥青含量的比值，无量纲；
　　　$P_{0.075}$ ——矿料级配中 0.075 mm 的通过率（水洗法）（%）；
　　　P_{be} ——有效沥青含量（%）。

• 按式（10.22）的方法计算集料的比表面，按式（10.23）估算沥青混合料的沥青膜有效厚度。根据国外资料，通常情况下连续密级配沥青混合料的有效厚度宜不小于 6 μm，密实式沥青碎石混合料的有效厚度宜不小于 5 μm。各种集料粒径的表面积系数按表 10.16 采用。

$$SA = \sum(P_i \cdot FA_i) \tag{10.22}$$

$$DA = \frac{P_{be}}{\gamma_b \cdot SA} \times 10 \tag{10.23}$$

式中　SA ——集料的比表面积（m²/kg）；
　　　p_i ——各种粒径的通过百分比（%）；
　　　FA_i ——相应于各种粒径的集料的表面积系数，如表 10.18 所列；
　　　DA ——沥青膜有效厚度（μm）；
　　　p_{be} ——有效沥青含量（%）；
　　　γ_b ——沥青的相对密度（25 °C ~ 25 °C），无量纲。

注意：各种公称最大粒径混合料中大于 4.75 mm 尺寸集料的表面积系数 FA 均取 0.004 1，且只计算一次，4.75 mm 以下部分的 FA，如表 10.18 所示。该例的 $SA = 6.60$ m²/kg。若混

表 10.18　集料的表面积系数计算示例

筛孔尺寸	19	16	13.2	9.5	4.75	2.36	1.18	0.6	0.3	0.15	0.075	集料比表面总和 SA /(m²/kg)
表面积系数 FA_i	4.1× 10⁻³	—	—	—	4.1× 10⁻³	8.2× 10⁻³	1.6× 10⁻²	2.87× 10⁻²	6.14× 10⁻²	12.29× 10⁻²	32.27× 10⁻²	
通过百分比 p_i/%	100	92	85	76	60	42	32	23	16	12	6	
比表面 $FA_i \times p_i$ /(m²/kg)	0.41	—	—	—	0.25	0.34	0.52	0.66	0.98	1.47	1.97	6.60

合料的有效沥青含量为 4.65%，沥青的相对密度为 1.03，则沥青膜厚度为 $DA = 4.65/(1.03 \times 6.60) \times 10 = 6.83~\mu m$。

3. 配合比设计检验

对用于高速公路和一级公路的公称最大粒径等于或小于 19 mm 的密级配沥青混合料（AC），SMA、OGFC 混合料，需在配合比设计的基础上按规范要求进行各种使用性能的检验，不符合要求的沥青混合料，必须更换材料或重新进行配合比设计。配合比设计检验，按计算确定的设计最佳沥青用量在标准条件下进行，若按照根据实践经验和公路等级、气候条件、交通情况调整确定的最佳沥青用量，或者改变试验条件时，各项技术要求均应适当调整。

（1）高温稳定性检验。

按规定方法进行车辙试验，动稳定度应符合表 10.19 的要求。

注意：对公称最大粒径大于 19 mm 的密级配沥青混凝土或沥青稳定碎石混合料，由于车辙试件尺寸不能适用，不宜按此方法进行车辙试验和弯曲试验。如需要检验可加厚试件厚度或采用大型马歇尔试件。

表 10.19 沥青混合料车辙试验动稳定度技术要求

气候条件与技术指标	相应于下列气候分区所要求的动稳定度/（次/mm）									试验方法
七月平均最高气（℃）及气候分区	> 30				20～30				< 20	
	1. 夏炎热区				2. 夏热区				3. 夏凉区	
	1-1	1-2	1-3	1-4	2-1	2-2	2-3	2-4	3-2	
普通沥青混合料，不小于	80	1 000			600		800		600	
改性沥青混合料，不小于	2 400	2 800			2 000		2 400		1 800	T0 719
SMA 混合料 非改性，不小于	1 500									
SMA 混合料 改性，不小于	3 000									
OGFC 混合料	1 500（一般交通路段）、3 000（重交通路段）									

注：① 如其他月份的平均气温高于 7 月时，可使用该月最高平均气温。
② 在特殊情况下，如钢桥面铺装，重载车特别多或纵坡较大的长距离上坡路段、厂矿专用道路，可酌情提高动稳定度的要求。
③ 对因气候寒冷而需要使用针入度较大的沥青（如大于 100），动稳定度难以达到要求，或因采用石灰岩等不很坚硬的石料，改性沥青混合料的动稳定度难以达到要求等特殊情况，可酌情降低要求。
④ 为满足炎热地区及重载车的要求，在配合比设计时采取减少最佳沥青用量的技术措施时，可适当提高试验温度或增加试验荷载进行试验，同时增加试件的碾压成型密度和施工压实度要求。
⑤ 车辙试验不得采用多次加热的混合料，试验必须检验其密度是否符合试验规程的要求。
⑥ 如需要对公称最大粒径等于和大于 26.5 mm 的混合料进行车辙试验，可适当增加试件的厚度，但不宜作为评定合格与否的依据。

（2）水稳定性检验。

按规定的试验方法进行浸水马歇尔试验和冻融劈裂试验，残留稳定度、残留强度比必须同时符合表 10.20 的要求。达不到要求时应采取抗剥落措施,调整最佳沥青用量后再次试验。

① 浸水马歇尔试验。将试件分两组:一组在 60 ℃ 水浴中保养 30~40 min 后测其马歇尔稳定度 MS_0;另一组在 60 ℃ 水浴中保养 48 h 后测其马歇尔稳定度 MS_1。其残留稳定度按式(10.24)计算。

表 10.20 沥青混合料水稳定性检验技术要求

气候条件与技术指标	相应于下列气候分区的技术要求/%				试验方法
年降雨量(mm)及气候分区	>1 000	500~1 000	250~500	<250	
	1. 潮湿区	2. 湿润区	3. 半干区	4. 干旱区	
浸水马歇尔试验残留稳定度/%,不小于					
普通沥青混合料	80		75		T0709
改性沥青混合料	85		80		
SMA混合料 普通沥青	75				
SMA混合料 改性沥青	80				
冻融劈裂试验的残留强度比/%,不小于					
普通沥青混合料	75		70		T0729
改性沥青混合料	80		75		
SMA混合料 普通沥青	75				
SMA混合料 改性沥青	80				

$$MS_0 = \frac{MS_1}{MS} \times 100 \tag{10.24}$$

式中 MS_0 ——试件的浸水残留稳定度(%);

MS_1 ——试件浸水 48 h 后的稳定度(kN)。

② 冻融劈裂试验。将双面各击实 50 次的马歇尔试件分两组;一组在 25 ℃ 水浴中浸泡 2 h 后测其劈裂抗拉强度 R_{T1};另一组先真空饱水,在 98.3~98.7 kPa 真空条件下浸水 15 min,然后恢复常压,在水中放置 0.5 h,再在 -18 ℃ 冰箱中置放 16 h,而后放到 60 ℃ 水浴中恒温 24 h,再放到 25 ℃ 水中浸泡 2 h 后测其劈裂抗拉强度 R_{T2}。其残留强度比按式(10.25)计算:

$$TSR = (R_{T2}/R_{T1}) \times 100 \tag{10.25}$$

(3)低温抗裂性能的检验。

宜对密级配沥青配合料在温度 -10 ℃、加载速率 50 mm/min 的条件下进行低温弯曲试验测定破坏强度、破坏应变、破坏劲度模量,并根据应力应变曲线的形状,综合评价沥青混合料的低温抗裂性能。其中沥青混合料的破坏应变宜不小于表10.21的要求。

表10.21 沥青混合料低温弯曲试验破坏应变（$\mu\varepsilon$）技术要求

气候条件与技术指标	相应于下列气候分区所要求的破坏应变								试验方法
年极端最低气温（℃）及气候分区	< -37.0		-21.5 ~ -37.0			-9.0 ~ -21.5		> -9.0	
	1. 冬严寒区		2. 冬寒区			3. 冬冷区		4. 冬温区	
	1-1	2-1	1-2	2-2	3-2	1-3	2-3	1-4	2-4	
普通沥青混合料,不小于	2 600		2 300			2 000				T0715
改性沥青混合料,不小于	3 000		2 800			2 500				

（4）渗水系数检验。

宜利用轮碾机成型的车辙试验试件,脱模架起进行渗水试验,并符合表10.22的要求。

表10.22 沥青混合料试件渗水系数（mL/min）技术要求

级配类型	渗水系数要求/（mL/min）	试验方法
密级配沥青混凝土,不大于	120	
SMA混合料,不大于	80	T0730
OGFC混合料,不小于	实测	

（5）钢渣活性检验。

对使用钢渣作为集料的沥青混合料,应按规定的试验方法进行活性和膨胀性试验。钢渣沥青混凝土的膨胀量不得超过1.5%。

（6）配合比设计检验。

根据需要,可以改变试验条件进行配合比设计检验,如按调整后的最佳沥青用量、变化最佳沥青用量 $OAC \pm 0.3\%$、提高试验温度、加大试验荷载、采用现场压实密度进行车辙试验,在施工后的残余空隙率（如7%~8%）的条件下进行水稳定性试验和渗水试验等,但不宜用规范规定的技术要求进行合格评定。

4. 配合比设计报告

配合比设计报告应包括工程设计级配范围选择说明、材料品种选择与原材料质量试验结果、矿料级配、最佳沥青用量,以及各项体积指标、配合比设计检验结果等。试验报告的矿料级配曲线应按规定的方法绘制。

当按实践经验和公路等级、气候条件、交通情况调整的沥青用量作为最佳沥青用量,宜报告不同沥青用量条件下的各项试验结果,并提出对施工压实工艺的技术要求。

第三节　其他沥青混合料

一、冷拌沥青混合料

冷拌沥青混合料是指采用乳化沥青或稀释沥青与矿料在常温状态下拌和、铺筑的沥青混合料。其主要具有节省能源、保护环境、节约沥青、延长施工季节等优势。我国目前经常采用的冷拌沥青混合料主要是乳化沥青混合料。

1. 强度的形成过程

乳化沥青混合料的成型过程与热拌沥青混合料明显不同，由于乳液是沥青与水的混合物，其中的沥青必须经过乳液与集料的黏附、分解破乳、排水、蒸干等过程才能完全恢复原有的黏结性能。最初摊铺和碾压的乳化沥青混合料，因乳液分散在集料中水分不能立即排净，水的润滑降低了集料间的内摩阻力，故要成型达到一定的强度，时间比热沥青要长得多。随着行车的碾压，混合料中的水分继续分离蒸发，粗、细集料的位置进一步调整，密实度逐步增加，强度也将随时间增长。

2. 材料组成

冷拌沥青混合料的材料组成及技术要求与热拌沥青混合料的基本相同。冷拌沥青混合料宜采用乳化沥青或液体沥青拌制，也可采用改性乳化沥青。乳化沥青类型根据集料品种及使用条件选择，其用量可根据当地实践经验以及交通量、气候、集料情况、沥青标号、施工机械等条件确定，也可按热拌沥青混合料的沥青用量折算，如乳化沥青碎石混合料，其乳液的沥青残留物数量可较同规格的热拌沥青混合料的沥青用量减少 10%~20%。冷拌沥青混合料宜采用密级配沥青混合料，当采用半开级配的冷拌沥青碎石混合料路面时，应铺筑上封层。

3. 施工工艺

（1）拌和。乳化沥青混合料的拌和应在乳液破乳前结束，在保证乳液与集料拌和均匀的前提下，拌和时间宜短不宜长。最佳拌和时间应根据施工现场使用的集料级配情况、拌和机械性能、施工时的气候等条件通过试拌确定。此外，当采用阳离子乳化沥青拌和时，宜先用水使集料湿润，以便乳液能均布在其表面，也可延缓乳液的破乳时间、保持良好的施工和易性。

（2）摊铺、压实。由于乳化沥青混合料有一个乳液破乳、水分蒸发过程，故摊铺必须在破乳前完成，而压实则不可能在水分蒸发前完成，开始时必须用轻碾碾压，使其初步压实，待水分蒸发后再做补碾。在完全压实之前，不能开放交通。

4. 应用

冷拌沥青混合料适用于三级及三级以下公路的沥青面层、二级公路的罩面层施工，以及各级公路沥青路面的基层、联结层或整平层。冷拌改性沥青混合料可用于沥青路面的坑槽冷补。

二、沥青稀浆封层混合料

沥青稀浆封层混合料简称沥青浆封层，是由乳化沥青、石屑（或砂）、填料和水等拌制而成的一种具有一定流动性能的沥青混合料。将沥青稀浆混合料摊铺在路面上（厚度为3～10 mm），经破乳、析水、蒸发、固化等过程，形成密实、坚固耐磨的表面处治薄层，可以处治路面早期病害，延长路面使用寿命。

1. 沥青稀浆封层的作用

（1）防水作用。稀浆混合料的集料粒径较细，并具有一定的级配，在铺筑成型后，能与原路面牢固地黏附在一起，形成一层密实的表层，从而防止雨水或雪水通过裂缝渗入路面基层，保持了基层和土基的稳定。

（2）防滑作用。由于稀浆混合料摊铺厚度薄，沥青在粗、细集料中分布均匀，沥青用量适当，没有多余的沥青，从而使铺筑稀浆封层后的路面不会产生光滑、泛油等病害，具有良好的粗糙面，路面的摩擦系数明显增大，抗滑性能显著提高。

（3）填充作用。由于稀浆混合料中有较多的水分，拌和后成稀浆状态，具有良好的流动性，可封闭沥青路面上的细微裂缝，填补原路面由于松散脱粒或机械性破坏等原因造成的不平，改善路面的平整度。

（4）耐磨作用。乳化沥青对酸、碱性矿料都有着较好的黏附力，所以稀浆混合料可选用坚硬的优质抗磨矿料，以铺筑有很强耐磨性能的沥青路面面层，延长路面的使用寿命。

（5）恢复路面外观形象。对使用已久，表面磨损发白、老化干涩，或经养护修补，表面状态很不一致的旧沥青路面，可用稀浆混合料进行罩面，遮盖破损与修补部位，使旧沥青路面外观形象焕然一新，形成一个新的沥青面层。

但是，稀浆封层也有其局限性。它只能作为表面保护层和磨耗层使用，而不起承重性的结构作用，不具备结构补强能力。

2. 材料组成

（1）乳化沥青。常采用阳离子慢凝乳液，为提高稀浆封层的效果，可采用改性乳化沥青，如丁苯橡胶改性沥青、氯丁胶乳改性沥青等。

（2）集料。采用级配石屑（或砂）成矿质混合料，集料应坚硬、粗糙、耐磨、洁净，稀浆封层用通过4.75 mm筛的合成矿料的砂当量不得低于50%。细集料宜采用碱性石料生产的机制砂或洁净的石屑。对集料中的超粒径颗粒必须筛除。

根据铺筑厚度、处治目的、公路等级等条件，可按照表10.23选用合适的矿料级配。

（3）填料。为提高集料的密实度，需掺加水泥、石灰、粉煤灰、石粉等填料。掺入的填料应干燥、无结团、不含杂质。

（4）水，为湿润集料。使稀浆混合料具有所要求的流动度，需掺加适量的水。水应采用饮用水，一般可采用自来水。

（5）添加剂。为调节稀浆混合料的和易性和凝结时间，需添加各种助剂，如氯化铵、氯化钠、硫酸铝等。

表 10.23 稀浆封层的矿料级配

筛孔尺寸/mm	不同类型通过各筛孔的百分比/%		
	ES-1 型	ES-2 型	ES-3 型
9.5		100	100
4.75	100	95~100	70~90
2.36	90~100	65~90	45~70
1.18	60~90	45~70	27~50
0.6	40~65	30~50	19~34
0.3	25~42	18~30	12~25
0.15	15~30	10~21	17~18
0.075	10~20	5~15	5~15
一层的适宜厚度/mm	2.5~3	4~7	8~10

3. 沥青稀浆封层混合料的配合比设计

沥青稀浆封层混合料的配合比设计，可根据理论的矿料表面吸收法，即按单位质量的矿料表面积裹覆 8 μm 厚的沥青膜，计算出最佳沥青用量。但该方法并不能反映稀浆混合料的工作特性、旧路面的情况和施工的要求。为满足上述特性、情况和要求，目前通常采用试验法来确定配合比，其主要试验内容包括下列各项：

（1）稠度试验。该试验是为了确定稀浆混合料的加水量。它类似于水泥混凝土的坍落度试验。稀浆混合料的含水量，既要满足施工和易性的要求，又要保证所摊铺的稀浆能形成稳定、坚固的封层。一般要求总的含水量在 12%~20%。

（2）初凝时间试验。稀浆混合料的初凝时间不能太长也不能太短，初凝时间太长，就会延长开放交通的时间，给施工管理带来困难；初凝时间太短，会给搅拌和摊铺带来困难，保证不了质量。

稀浆混合料的初凝时间可用斑点法测定，即混合料拌和至乳液完全破乳，用滤纸检验已无沥青斑点的时间。

（3）固化时间试验。稀浆混合料的固化时间，也就是其摊铺后开放交通的时间。稀浆混合料摊铺后开放交通的时间不能太长，太长了会对施工和管理带来很大困难，因此，得考虑用助剂来调节。稀浆混合料的固化时间，是初凝后的混合料在黏结力试验中达到最大黏结力的时间。

（4）湿轮磨耗试验。稀浆混合料的沥青用量是配合比设计中最重要的参数。沥青用量太少，稀浆封层就会松散；沥青用量太多，路面就会壅包，并且也浪费沥青材料。湿轮磨耗试验是用来确定稀浆混合料的最小沥青用量，同时也用于检验稀浆，混合料成型后的耐磨耗性能。

湿轮磨耗试验是按规定的成型方法，将成型后的稀浆混合料试件放在水中，用湿轮磨耗仪磨头磨 5 min，测定磨耗损失的试验。

（5）乳化沥青稀浆混合料碾压试验。乳化沥青稀浆混合料碾压试验是用来测定混合料中是否有过量的沥青,也就是确定稀浆混合料的最大沥青用量。可与湿轮磨耗试验一起确定稀浆混合料的最佳沥青用量。

碾压试验是稀浆混合料成型后,在 57 kg 负荷轮下碾压 1 000 次,模拟车辆行驶碾压;然后在试件上撒定量的热砂,再碾压 100 次,以每平方米吸收的砂量来表示。

经配合比设计,稀浆封层混合料的性能应符合表 10.24 的要求。

表 10.24 稀浆封层混合料技术要求

项 目	单 位	稀浆封层	试验方法
可拌和时间	s	>120	手工拌和
稠度	cm	2~3	T0751
黏聚力试验		(仅适用于快开放交通的稀浆封层)	
30 min（初凝时间）	N·m	≥1.2	T0754
60 min（开放交通时间）	N·m	≥2.0	
负荷轮碾压试验（LWT）黏附砂量	g/m²	(仅适用于交通道路表层时)<450	T0755
湿轮磨耗试验的磨耗值（WTAT）浸水 1 h	g/m²	<800	T0752

4. 沥青稀浆封层混合料的应用

沥青稀浆封层适合于沥青路面预防性养护,在路面尚未出现严重病害之前,为了避免沥青性质明显硬化,在路面上用沥青稀浆进行封层,不但有利于填充和治越路面的裂缝,还可以提高路面的密实性以及抗水、防滑、抗磨耗的能力,从而提高路面的服务能力,延长路面的使用寿命。

在水泥混凝土路面上加铺稀浆封层,可以弥合表面细小的裂缝,防止混凝土表面剥落,改善车辆的行驶条件。

用稀浆封层技术处理砂石路面,可以起到防尘和改善道路状况的作用。

三、桥面铺装材料

桥面铺装又称车道铺装。其作用是保护桥面板,防止车轮或履带直接磨耗桥面,并借以分散车轮集中荷载。对于大中型钢筋水泥混凝土桥,常采用沥青混凝土桥面铺装,对其材料的强度、变形稳定性、疲劳耐久性等要求很高,同时要求具有重量轻、高黏结性、不透水等性能。沥青桥面铺装构造可分下列层次：

（1）垫层。为使桥面横坡能形成路拱的形状。先用贫混凝土（C15 划 C20）做三角垫拱和整平层（厚度不小于 6 cm）。在做垫层前应将桥面整平并喷洒透层油,以防止水渗入桥面,并加强桥面与垫层黏结。

（2）防水层。厚度为 1.0~1.5 mm,类型有沥青涂胶类防水层、高聚物涂胶类防水层或沥青卷材防水层等。

（3）保护层。为了保护防水层免遭损坏,在其上应加铺保护层,一般采用 AC-10（或

AC-5）型沥青混凝土（或沥青石屑、或单层表面处治），厚度约 1.0 cm。

（4）面层。面层分承重层和抗滑层。承重层宜采用高温稳定性好的 AC-16（或 AC-20）型中粒式热拌沥青混凝土，厚度 4~6 cm。抗滑层宜采用抗滑表层结构，厚度 2.0~2.5 cm。为提高桥面铺装的高温稳定性，承重层和抗滑层宜采用高聚改性沥青。

四、新型沥青混合料

近年来随着国民经济的高速发展，公路交通量增长迅猛，再加之车辆大型化、超载严重及交通渠化等，使沥青路面面临严峻的考验，因而对沥青混合料的路用性能也提出了更高的要求。沥青面层必须具备良好的热稳性、低温抗裂性、不透水、耐久性及抗滑性等。传统的沥青混凝土在综合性能上并不能完全满足要求，故公路部门进行了许多研究，研制出一些新型沥青混合料，以期改善沥青混合料的路用性能。

1. 沥青玛蹄脂碎石混合料（SMA）

SMA 是一种由沥青、纤维稳定剂、矿粉和少量细集料组成的沥青玛蹄脂填充间断级配的粗集料骨架间隙而组成的沥青混合料。

（1）组成特点。

① SMA 是一种间断级配的沥青混合料，属于骨架密实结构。

② 为加入较多的沥青，在增加矿粉用量的同时使用纤维作为稳定剂。通常采用木质素纤维，用量为沥青混合料的 0.3%；也可采用矿物纤维，用量为混合料的 0.4%。

③ 沥青结合料用量多，比普通混合料要高 1% 以上，黏结性要求高，需要选用针入度小，软化点高，温度稳定性好的沥青。最好采用改性沥青，以改善其高低温变形性能及与矿料的黏附性。

④ SMA 的配合比不能完全依靠马歇尔配合比设计方法，主要由体积指标确定。马歇尔试件成型双面击实 50 次，目标空隙率 2%~4%。稳定度和流值不是主要指标，沥青用量还可参考高温析漏试验确定，且车辙试验是重要的设计手段。

⑤ SMA 的材料要求，粗集料必须特别坚硬、表面粗糙，针片状颗粒少，以便嵌挤良好；细集料一般不用天然砂，宜采用坚硬的人工砂；矿粉必须是磨细石灰石粉，最好不使用回收的粉尘。

⑥ SMA 的施工与普通沥青混凝土相比，其拌和时间要适当延长，施工温度要提高，压实不得采用轮胎碾。

综合 SMA 的特点，可以归纳为"三多一少"，即粗集料多、矿粉多、沥青结合料多、细集料少；掺纤维增强剂，材料要求高，其使用性能全面提高。

（2）路用性能。

① 良好的高温稳定性。由于在 SMA 的组成中，粗集料占到 70% 以上，其相互接触，空隙由高黏度玛蹄脂填补，形成了一个嵌挤密实的骨架结构，具有较高的承受车轮荷载碾压的能力，因此 SMA 具有较强的抗车辙能力。

② 良好的低温抗裂性。在低温条件下，抗裂性能主要由结合料延伸性能决定。在 SMA 中由于使用了较合适的改性沥青，同时采用了纤维起加筋作用，故填充在集料之间的玛蹄脂会有较好的黏结作用和柔韧性，且填充的数量较多，沥青膜较厚，使混合料能够抵抗低温变形。

③ 优良的表面特性。SMA 混合料的集料要求采用坚硬的、粗糙的、耐磨的优质石料，在级配方面采用间断级配，粗集料含量高，路面压实后表面构造深度大，抗滑性能好，拥有良好的横向排水性能，雨天行车不会产生较大的水雾和溅水，路面噪声可降低 3~5 dB，从而使 SMA 路面具有良好的表面特性。

④ 耐久性。SMA 混合料内部被沥青结合料充分的填充，使沥青膜较厚、空隙率小、沥青与空气的接触少，使老化的速度、水蚀作用降低。另外，改性沥青与纤维的使用大大提高了沥青与矿料的黏附性，从而使 SMA 混合料的耐老化性与水稳性得到大幅度的提高，且耐疲劳性能大大优于密级配沥青混凝土。

⑤ 投资效益高。由于 SMA 结构能全面地提高沥青混合料和沥青路面的使用性能，使得 SMA 路面的维修费用能够减少，使用寿命延长。

2. 多孔隙沥青混凝土表面层（PAWC）

多孔隙沥青混凝土表面层或多孔隙沥青混凝土磨耗层（PAWC）在一些国家又称开级配磨耗层（OGFC），采用比普通沥青碎石高的大空隙率，一般在 20% 左右，属骨架空隙结构。其路用性能特点如下：

（1）排水和抗滑性。多空隙沥青混合料由于空隙率大，使得内部的空隙呈连通状态，路表水能迅速地从内部排走，故可提高路面雨天的抗滑性，避免水滑现象的产生。同时还能大大减少行驶车轮引起的水雾及溅水，使雨天行车的能见度提高，从而使雨天的行车速度和安全性提高。

（2）降低噪声性能。道路交通噪声主要来自于车轮胎在路面滚动产生的噪声，沥青路面因其柔性，对车轮的振动、撞击有缓冲、吸收作用，同时其自身的空隙及表面纹理对声音的吸收作用也比混凝土路面大，故沥青路面噪声低。而多孔隙沥青混凝土因空隙较高，使车轮行驶中形成的气流顺利消散，进一步降低了各种噪声的生成水平，所以，总的噪声低于其他类型的沥青路面。其降噪声效果与路面厚度、空隙率大小有关。路面越厚、空隙率越大，降噪声效果越好。

（3）高温稳定性。设计、施工优良的多孔隙沥青混凝土路面具有较高的高温稳定性，原因在于其大颗粒间相互直接接触形成骨架结构，可承担主要的荷载作用，颗粒间有效的黏结，也减小了温度对自身的影响。

（4）耐久性。多孔隙沥青混凝土路面的耐久性比一般沥青混合料类路面要低，主要表现为：多空隙路面在使用一定时间后，空隙率会因灰尘、污物的堵塞而减少，排水、吸音效果降低，从而产生老化、剥落的现象会较早。

3. 多碎石沥青混凝土

4.75 mm 以上碎石含量占主要部分（一般为 60%）的密级配沥青混凝土称多碎石沥青混凝土。

多碎石沥青混凝土是与传统密级配沥青混凝土相比较而言的。传统的Ⅰ型沥青混凝土因空隙率只有 3%~6%，故透水性小、耐久性好，但表面构造深度远达不到要求，抗变形能力较强。多碎石沥青混凝土结合了两者颗粒组成的特点，既能提供所要求的表面构造深度，又能具有较小的空隙率和透水性，同时还具有较好的抗变形能力。

4. 再生沥青混凝土

沥青混凝土再生利用的过程是指将需翻修或废弃的旧沥青路面，经翻挖、回收、破碎、筛分，再和再生剂、新集料、新沥青材料等按一定比例重新拌和，形成具有一定路用性能的再生沥青混合料。

沥青路面的再生利用，能够大量节约沥青、砂石材料，节省工程投资，同时又有利于处理废料、保护环境，因而具有显著的经济效益和社会、环境效益。

沥青混合料的再生关键是沥青的再生，从化学的角度来看，沥青的再生是沥青老化的逆过程。目前通常采取在旧沥青中加入某种组分的低黏度油料（再生剂）或加入适当稠度的沥青材料，经过调配可获得具有适当黏度及一定路用性能的再生沥青。

再生沥青路面的施工工艺可分为表面再生法、厂拌再生法和路拌再生法。表面再生法就是用红外线加热装置将原路面表面以下一定深度范围内的沥青混合料加热到一定温度，使混合料达到可塑状态后，用翻松机将混合料翻松，最后再碾压成型。路拌再生法是将路面混合料在原路面上就地翻挖、破碎、再加入新沥青和新集料，用路拌机原地拌和，最后碾压成型。厂拌再生法是将旧沥青路面经过翻挖后运回拌和厂，集中破碎，与再生剂、新沥青、新集料等在拌和机中按一定比例重新拌和成新的混合料，铺筑成再生沥青路面。

复习思考题

1. 何谓沥青混合料？沥青混凝土混合料与沥青碎石混合料有什么区别？
2. 沥青混合料按其组成结构可分为哪几种类型？各种结构类型的沥青混合料各有什么优缺点？
3. 试述沥青混合料强度形成的原理，并从内部材料组成参数和外界影响因素方面加以分析。
4. 论述路面沥青混合料应具备的主要技术性质及我国现行沥青混合料高温稳定性的评定方法。
5. 试述我国现行热拌沥青混合料配合组成的设计方法。
6. 按我国现行沥青混凝土配合比设计方法，沥青最佳用量（OAC）是怎样确定的？
7. 何谓沥青玛蹄脂碎石混合料（SMA）？它由什么材料组成的，在技术性能上有何特征？
8. 什么是多孔隙沥青混凝土表面层（PAWC）？其路用性能有何特点？
9. 什么是多碎石沥青混凝土？它有什么特点？

第十一章 新型墙体与屋面材料

用于墙体的材料主要有砖、砌块和板材三类。而新型的墙体和屋面材料则是要改善其隔热、隔声的性能，从而达到环保节能的效果，满足现代建筑的需要。

墙体砖按所用原料不同分为黏土砖和废渣砖（如页岩砖、灰砂砖、煤矸石砖、粉煤灰砖、炉渣砖等）。

按砖的外形不同分为普通砖（实心砖）、多孔砖及空心砖。

砌块有混凝土砌块、蒸压加气混凝土砌块、粉煤灰硅酸盐砌块等。

板材有混凝土大块、玻纤水泥板、加气混凝土板、石膏板及各种复合墙板等。

用于屋面的材料主要为各种材质的瓦和板材。

第一节 烧土制品的原料及生产工艺简介

一、烧土制品原料

1. 黏 土

（1）黏土的组成。

主要组成矿物为黏土矿物：层状结晶结构的含水铝硅酸盐（$mSiO_2 \cdot nAl_2O_3 \cdot xH_2O$），$SiO_2$ 和 Al_2O_3 的含量分别为 55%～65% 和 10%～15%。

常见的黏土矿物：高岭石、蒙脱石、水云母等。

黏土中除黏土矿物外，还含有石英、长石、碳酸盐、铁质矿物及有机质等杂质。

黏土的颗粒组成直接影响其可塑性。可塑性是黏土的重要特性，它决定了制品成型性能。黏土中含有粗细不同的颗粒，其中极细（小于 0.005 mm）的片状颗粒，使黏土获得极高的可塑性。这种颗粒称作黏土物质，含量越多，其可塑性越高。

黏土的种类（通常按其杂质含量、耐火度及用途不同）：

① 高岭土（瓷土）。杂质含量极少，为纯净黏土，不含氧化铁等染色杂质。焙烧后呈白色。耐火度高达 1 730 ℃～1 770 ℃，多用于制造瓷器。

② 耐火黏土（火泥）。杂质含量小于 10%，焙烧后呈淡黄至黄色。耐火度在 1 580 ℃以上，用于生产耐火材料，是内墙面砖及耐火、耐酸陶瓷制品的原料。

③ 难熔黏土（陶土）。杂质含量为 10%～15%，焙烧后呈淡灰，淡黄至红色，耐火度为 1 350 ℃～1 580 ℃，是生产地砖、外墙面砖及精陶制品的原料。

④ 易熔黏土（砖土、砂质黏土）。杂质含量高达 25%。耐火度低于 1 350 ℃，是生产黏

土砖瓦及粗陶制品的原料。当其在氧化气氛中焙烧时，因高价氧化铁的存在而呈红色。在还原气氛中焙烧时，因低价氧化铁的存在而呈青色。

（2）黏土焙烧时的变化。

黏土焙烧后能成为石质材料，这是其极为重要的特性。

① 黏土成为石质材料的过程。一般的物理化学变化大致如下：

a. 焙烧初期，黏土中自由水分逐渐蒸发。

b. 110 ℃时，自由水分完全排出，黏土失去可塑性。

c. 500 ℃~700 ℃时，有机物烧尽，黏土矿物及其他矿物的结晶水脱出。随后黏土矿物发生分解。

d. 1 000 ℃以上时，已分解出的各种氧化物将重新结合生成硅酸盐矿物。与此同时，黏土中的易熔化合物开始形成熔融体（液相），一定数量的熔融体包裹未熔的颗粒，并填充颗粒之间的空隙，冷却后便转变为石质材料。随着熔融体数量的增加，焙烧黏土中的开口孔隙减少，吸水率降低，强度、耐水性及抗冻性等提高。

② 黏土的烧结性。黏土在焙烧过程中变得密实，转变为具有一定强度的石质材料，称为黏土的烧结性。

2. 工业废渣

（1）页岩。页岩中含有大量黏土矿物，可用来代替黏土生产烧土制品。

（2）煤矸石。它是煤矿的废料。煤矸石的化学成分波动较大，适合作烧制土制品的是热值相对较高的黏土质煤矸石。煤矸石中所含黄铁矿（FeS）为有害杂质，故其含硫量应限制在10%以下。

（3）粉煤灰。用电厂排出的粉煤灰作烧土制品的原料，可部分代替黏土。通常为了改善粉煤灰的可塑性，需加入适量黏土。

二、烧土制品生产工艺简介

烧结普通砖或空心砖的工艺流程为：坯料调制—成型—干燥—焙烧—制品。

烧结饰面烧土制品（饰面陶瓷）的工艺流程为：坯料调制—成型—干燥—上釉—焙烧—制品。也有的制品工艺流程是在成型、干燥后先第一次焙烧（素烧），然后上釉后再烧第二次（釉烧）。

1. 坯料调制

坯料调制的目的是破坏原料的原始结构，粉碎大块原料，剔除有害杂质，按适当组分调配原料再加入适量水分拌和，制成均匀的、适合成型的坯料。

2. 制品成型

坯料经成型制成一定形状、尺寸后称为生坯。成型方法如下：

（1）塑性法。用可塑性良好的坯料。含水率为15%~25%。将坯料用挤泥机挤出一定断面尺寸的泥条，切割后获得制品的形状。适合成型的烧结普通砖、多孔砖及空心砖。

（2）模压法（半干压或干压法）。半干压法为 8%～12%、干压法为 4%～6%，可塑性差的坯料，在压力机上成型。有时可不经干燥直接进行焙烧，黏土平瓦、外墙面砖及地砖多用此法成型。

（3）注浆法。坯料呈泥浆状，原料为黏土时，其含水率可高达 40%。将坯料注入模型中成型，模型吸收水分，坯料变干获得制品的形状。此法适合成型形状复杂或薄壁制品，如卫生陶瓷、内墙面砖等。

3. 生坯干燥

生坯的含水率必须降至 8%～10%才能入窑焙烧，因此要进行干燥。干燥可分：

自然干燥：在露天阴干，再在阳光下晒干；人工干燥：利用焙烧窑余热，在室内进行。

防止生坯脱水过快或不均匀脱水，制品裂缝大多是在此阶段形成的。

4. 焙 烧

当生产多孔制品时，烧成温度宜控制在稍高于开始烧结温度（t_A）900 ℃～950 ℃ 为宜，使其既具有相当的强度，又有足够的孔隙率。

当生产密实制品时，烧成温度控制在略低于烧结极限（耐火度），使所得制品密实而又不坍流变形。

欠火：因烧成温度过低或时间过短，坯料未能达到烧结状态。颜色较浅，呈黄皮或黑心，敲击声哑，孔隙率很大，强度低，耐久性差。

过火：因烧成温度过高使坯体坍流变形。颜色较深，外形有弯曲变形或压陷、黏底等质量问题。但过火制品敲击声脆（呈金属声），较密实、强度高、耐久性好。

烧制的坯体按其致密程度（由高→低）可分为：瓷器、炻器（如地面砖、锦砖）、陶器（如排水陶管）、土器（如黏土砖、瓦）。

焙烧工艺如下：

（1）连续式。隧道窑或轮窑中，将装窑、预热、焙烧、冷却、出窑等过程同步进行，生产效率较高。

（2）间歇式。在农村中的立式土窑则属间歇式生产。

有的制品在焙烧时要放在匣钵内，防止温度不均和窑内气流对制品外观的影响。

5. 上 釉

坯体表面作上釉处理：提高制品的强度和化学稳定性，并获得洁净美观的效果。

釉料：熔融温度低、易形成玻璃态的材料，通过掺加颜料可形成各种艳丽的色彩。

上釉方法：在干燥后的生坯上施以釉料，然后焙烧，如内墙面砖、琉璃瓦上的釉层；在制品焙烧的最后阶段，在窑的燃烧室内投入食盐，其蒸气被制品表面吸收生成易熔物，从而形成釉层，如陶土排水管上的釉层。

第二节 烧结砖

一、烧结普通砖

根据国家标准《烧结普通砖》(GB 5101—2003)的规定,烧结普通砖按其主要原料分为黏土砖(N)、页岩砖(Y)、煤矸石砖(M)和粉煤灰砖(F)。

烧结普通砖的规格为 240 mm×115 mm×53 mm(公称尺寸)的直角六面体。在烧结普通砖砌体中,加上灰缝 10 mm,每 4 块砖长、8 块砖宽或 16 块砖厚均为 1 m。1 m³ 砌体需用砖 512 块。

1. 烧结普通砖的主要技术性质

根据 GB 5101—2003,烧结普通砖的技术要求包括:尺寸偏差、外观质量、强度、抗风化性能、泛霜、石灰爆裂及欠火砖、酥砖和螺纹砖(过火砖)等,并划分为不同强度等级和优等品(A)、一等品(B)和合格品(C)3 个质量等级。

(1)强度。烧结普通砖根据 10 块试样抗压强度的试验结果,分为 5 个强度等级(见表 11.1)不符合的为不合格品。

(2)尺寸偏差。烧结普通砖应根据 20 块试样的公称尺寸检验结果,分为优等品(A)、一等品(B)及合格品(C),见表 11.2。

表 11.1 烧结普通砖及多孔砖的强度(MPa)

强度等级	抗压强度平均值 f,不小于	变异系数 $\delta \leqslant 0.21$ 抗压强度标准值 f_k,不小于	变异系数 $\delta > 0.21$ 单块最小抗压强度 f_{min},不小于
MU30	30.0	22.0	25.0
MU25	25.0	18.0	22.0
MU20	20.0	14.0	16.0
MU15	15.0	10.0	12.0
MU10	10.0	6.5	7.5

表 11.2 烧结普通砖的尺寸允许偏差(mm)

公称尺寸	优等品 样本平均偏差	优等品 样本极差≤	一等品 样本平均偏差	一等品 样本极差≤	合格品 样本平均偏差	合格品 样本极差≤
长度 240	±2.0	6	±2.5	7	±3.0	8
宽度 115	±1.5	5	±2.0	6	±2.5	7
厚度 53	±1.5	4	±1.6	5	±2.0	6

（3）外观质量。烧结普通砖的外观质量应符合表 11.3 的规定。产品中不允许有欠火砖、酥砖和螺旋纹砖（过火砖），否则为不合格品。

（4）泛霜。是指原料中可溶性盐类（如硫酸钠等），随着砖内水分蒸发而在砖表面产生的盐析现象，一般为白色粉末，常在砖表面形成絮团状斑点。国家标准规定，优等品砖不允许有泛霜现象；一等品砖不得有中等泛霜；合格品砖不得有严重泛霜。

表 11.3 烧结普通砖的外观质量要求（mm）

项　目		优等品	一等品	合　格
两条面高度差 ≤		2	3	4
弯曲 ≤		2	3	4
杂质凸出高度 ≤		2	3	4
缺棱掉角的三个破坏尺寸不得同时大于		5	20	30
裂纹长度≤	a. 大面上宽度方向及其延伸至条面的长度	30	60	80
	b. 大面上长度方向及其延伸至顶面的长度或顶面上水平裂纹长度	50	60	100
完整面②不得少于		二条面和二顶面	一条面和一顶面	—
颜色		基本一致	—	—

注：① 为装饰而施加的色差，凹凸纹、拉毛、压花等不算作缺陷。
② 凡有下列缺陷之一者，不得称为完整面：
　a. 缺损在条面或顶面上造成的破坏面尺寸同时大于 10 mm×10 mm。
　b. 条面或顶面上裂纹宽度大于 1 mm，其长度超过 30 mm。
　c. 压陷、粘底、焦花在条面或顶面上的凹陷或凸出超过 2 mm，区域尺寸同时大于 10 mm×10 mm。

（5）石灰爆裂。如果原料中夹杂石灰石，则烧砖时将被烧成生石灰留在砖中。有时掺入的内燃料（煤渣）也会带入生石灰，这些生石灰在砖体内吸水消化时产生体积膨胀，导致砖发生胀裂破坏，这种现象称为石灰爆裂。

石灰爆裂对砖砌体影响较大，轻者影响美观，重者将使砖砌体强度降低直至破坏。国家标准规定，优等品砖不允许出现最大破坏尺寸大于 2 mm 的爆裂区域；一等品砖不允许出现大于 10 mm 爆裂区，且 2~10 mm 爆裂区域者，每组砖样中也不得多于 15 处；合格品砖不允许出现大于 15 mm 的爆裂区域，且 2~15 mm 爆裂区域者，每组砖样中不得多于 15 处，其中 10~15 mm 的不得多于 7 处。

（6）抗风化性能。砖的抗风化性能是烧结普通砖耐久性的重要标志之一。通常以抗冻性、吸水率及饱和系数等指标来判定砖的抗风化性能。国家标准 GB 5101—2003 规定，根据工程所处的省、区，对砖的抗风化性能（吸水率、饱和系数及抗冻性）提出不同的要求。

将东北、西北及华北各省区划为严重风化区；山东省、河南省及黄河以南地区划为非严重风化区；东北、内蒙古及新疆地区（特别严重风化区）的砖，必须进行冻融试验；其他省区的砖，按表 11.4 根据其抗风化性能以吸水率及饱和系数来评定。当符合表 11.4 的规定时，可不做冻融试验，评为抗风化性能合格；否则，必须进行上述冻融试验。

表 11.4 抗风化性能（mm）

砖种类	严重风化区				非严重风化区			
	5 h沸煮吸水率（%）≤		饱和系数≤		5 h沸煮吸水率（%）≤		饱和系数≤	
	平均值	单块最大值	平均值	单块最大值	平均值	单块最大值	平均值	单块最大值
黏土砖	18	20	0.85	0.87	19	20	0.88	0.90
粉煤灰砖[①]	21	23			23	25		
页岩砖 煤矸石砖	16	18	0.74	0.77	18	20	0.78	0.80

注：① 粉煤灰掺入量（体积比）小于30%时，按黏土砖规定判定。

2. 烧结普通砖的应用

主要用于砌筑建筑工程的承重墙体、柱、拱、烟囱、沟道、基础等，有时也用于小型水利工程，如闸墩、涵管、渡槽、挡土墙等。

因砂浆性质对砖砌体强度有影响，在砌筑前，必须预先将砖进行吮水润湿，原因：砖的吸水率大，一般为15%~20%。

二、烧结多孔砖

烧结多孔砖为大面有孔的直角六面体，孔多而小，孔洞垂直于受压面。砖的主要规格有M型：190 mm×190 mm×90 mm 及 P型：240 mm×115 mm×90 mm。国家标准《烧结多孔砖》（GB 13544—2000）规定，根据抗压强度，烧结多孔砖分为MU30、MU25、MU20、MU15、MU10五个强度等级（见表11.1）。根据砖的尺寸偏差、外观质量、强度等级和物理性能（冻融、泛霜、石灰爆裂、吸水率等）分为优等品（A）、一等品（B）和合格品（C）三个质量等级。

烧结多孔砖的孔洞率在25%以上，表观密度约为1 400 kg/m³，常被用于砌筑6层以下的承重墙。

三、烧结空心砖和空心砌块

烧结空心砖为顶面有孔洞的直角六面体，孔大而少，孔洞为矩形条孔（或其他孔形），平行于大面和条面，在与砂浆的接合面上，设有增加结合力的深度为1 mm以上的凹线槽。

根据国家标准《烧结空心砖和空心砌块》（GB 13545—2003）的规定，空心砖和砌块的规格尺寸（长度、宽度及高度）应符合390、290、240、190、180（175）、140、115、90 mm 的系列（也可由供需双方商定）。按砖及砌块的表观密度，分为800、900、1 000及1 100（kg/m³）四个表观密度等级。按其抗压强度分为MU10.0、MU5.0、MU3.5及MU2.5五个强度等级（见表11.5）。

表 11.5 烧结空心砖及空心砌块的强度指标

强度等级	抗压强度平均值 $f \geq$	抗压强度/MPa		密度等级范围 /（kg/m³）
		变异系数 $\delta \leq 0.21$	变异系数 $\delta > 0.21$	
		抗压强度标准值 $f_k \geq$	单块最小抗压强度 $f_{min} \geq$	
MU10.0	10.0	7.0	8.0	≤1 100
MU7.5	7.5	5.0	5.8	
MU5.0	5.0	3.5	4.0	
MU3.5	3.5	2.5	2.8	
MU2.5	2.5	1.6	1.8	≤800

对于强度、密度、抗风化性及放射性物质合格的空心砖及砌块，根据尺寸偏差、外观质量、孔洞排列及其结构、泛霜、石灰爆裂及吸水率，分为优等品（A）、一等品（B）和合格品（C）三个质量等级。

烧结空心砖和空心砌块，孔洞率一般在40%以上，质量较轻，强度不高，因而多用作非承重墙，如多层建筑内隔墙或框架结构的填充墙等。

第三节 非烧结砖

一、蒸压灰砂砖（简称灰砂砖）

主要原料：磨细砂子，加入10%~20%的石灰，成坯后需经高压蒸汽养护，磨细的二氧化硅和氢氧化钙在高温、高湿条件下反应生成水化硅酸钙而具有强度。

国家标准《蒸压灰砂砖》（GB 11945—1989）规定，按砖浸水24 h后的抗压强度和抗折强度分为MU25、MU20、MU15、MU10四个等级。

避免用于长期受热高于200 °C、受急冷急热交替作用或有酸性介质侵蚀的建筑部位。原因：灰砂砖中的一些组分如水化硅酸钙、氢氧化钙等不耐酸，也不耐热。

避免有流水冲刷的地方除外，其原因：砖中的氢氧化钙等组分会被流水冲失。

二、蒸养粉煤灰砖（简称粉煤灰砖）

以粉煤灰、石灰为主要原料，加入适量石膏、外加剂、颜料和集料等，经坯料制备、压制成型、常压或高压蒸气养护而成的实心砖。

国家建材局标准《粉煤灰砖》（JC 239—2001）根据砖的抗压强度和抗折强度将其分为MU30、MU25、MU20、MU15、MU10五个强度等级，并根据尺寸偏差、外观质量及干燥收缩性质分为优等品（A）、一等品（B）及合格品（C）三个质量等级。

优势：大量处理工业废料，节约黏土资源，可用于工业与民用建筑的墙体和基础。

缺点：不能用于长期受热（200 ℃以上）、受急冷急热和有酸性介质侵蚀的建筑部位。应适当增设圈梁及伸缩缝，避免或减少收缩裂缝的产生。

三、炉渣砖（又称煤渣砖）

以煤燃烧后的炉渣为主要原料，加入适量石灰、石膏（或电石渣、粉煤灰）和水搅拌均匀，并经陈伏、轮碾、成型、蒸汽养护而成。炉渣砖按其抗压强度和抗折强度分为 MU20、MU15、MU10 三个强度等级。

炉渣砖可用于一般工程的内墙和非承重外墙。其他使用要点与灰砂砖、粉煤灰砖相似。

第四节　建 筑 砌 块

砌块是用于建筑的人造材，外形多为直角六面体，也有异形的。其分类见表 11.6。

表 11.6　砌块的分类

按尺寸（mm）分类	按密实情况分类		按主要原材料分类
大型砌块（主规格高度 >980）	实心砌块		普通混凝土砌块
中型砌块（主规格高度 380~980）	空心砌块	空心率 <25%	轻集料混凝土砌块
		空心率 25%~40%	粉煤灰硅酸盐砌块
小型砌块（主规格高度 115~380）	多孔砌块（表观密率 300~900 kg/m³）		煤矸石砌块
			加气混凝土砌块

一、蒸压加气混凝土砌块

以钙质材料和硅质材料以及加气剂、少量调节剂，经配料、搅拌、浇注成型、切割和蒸压养护而成的多孔轻质块体材料。

钙质材料、石灰硅质材料可分别采用水泥、矿渣、粉煤灰、砂等。

国家标准《蒸压加气混凝土砌块》（GB/T 11968—97）规定，砌块的规格（公称尺寸），长度（L）有：600 mm；宽度（B）有：100 mm、125 mm、150 mm、200 mm、250 mm、300 mm 及 120 mm、180 mm、240 mm；高度（H）有：200 mm、250 mm、300 mm 等多种。

砌块的质量，按其尺寸偏差、外观质量、表观密度级别分为：优等品（A）、一等品（B）及合格品（C）三个质量等级。

砌块强度级别按 100 mm×100 mm×100 mm 立方体试件的抗压强度值（MPa）划分为七个强度级别。见表 11.7 的规定。

砌块表观密度级别，按其干燥表观密度分为：B03、B04、B05、B06、B07 及 B08 六个级别。不同质量等级砌块的干燥表观密度值应符合表 11.8 的规定。

表 11.7 不同强度级别的砌块抗压强度（MPa）

强 度 级 别	A1.0	A2.0	A2.5	A3.5	A5.0	A7.5	A10.0
立方体抗压强度平均值，不小于	1.0	2.0	2.5	3.5	5.0	7.5	10.0
立方体抗压强度最小值值，不小于	0.8	1.6	2.0	2.8	4.0	6.0	8.0

表 11.8 砌块的干燥表观密度（kg/m³）

表观密度级别	B03	B04	B05	B06	B07	B08
优等品（A），不大于	300	400	500	600	700	800
优等品（B），不大于	330	430	530	630	730	830
优等品（C），不大于	350	450	550	650	750	850

不同质量等级的不同表观密度的砌块强度级别应符合表 11.9 的规定。

表 11.9 砌块的强度级别

表观密度级别		B03	B04	B05	B06	B07	B08
强度级别应符合	优等品（A）	A1.0	A2.9	A3.5	A5.0	A7.5	A10.0
	优等品（B）	A1.0	A2.9	A3.5	A5.0	A7.5	A10.0
	优等品（C）			A2.5	A3.5	A5.0	A7.5

蒸养粉煤灰砖多用于高层建筑物非承重的内外墙，也可用于一般建筑物的承重墙，还可用于屋面保温，是当前重点推广的节能建筑墙体材料之一。但其不能用于建筑物基础和处于浸水、高湿和有化学侵蚀的环境（如强酸、强碱或高浓度 CO_2），也不能用于表面温度高于 80 ℃ 的承重结构部位。

二、普通混凝土小型空心砌块

普通混凝土小型空心砌块由水泥、粗细集料加水搅拌，经装模、振动（或加压振动或冲压）成型，并经养护而成。分为承重砌块和非承重砌块两类。其主要规格尺寸为 390 mm×190 mm×190 mm。国家标准《普通混凝土小型空心砌块》（GB 8239—97）按砌块的抗压强度分为 MU20.0、MU15.0、MU10.0、MU7.5、MU5.0 及 MU3.5 六个强度等级；按其尺寸偏差及外观质量分为：优等品（A）、一等品（B）及合格品（C）。

特点：质量轻、生产简便、施工速度快、适用性强、造价低等优点，用于低层和中层建筑的内外墙。

缺点：砌筑时一般不宜浇水，但在气候特别干燥炎热时，可在砌筑前稍喷水湿润。

三、轻集料混凝土小型砌块（LHB）

轻集料混凝土小型砌块由水泥、轻集料、普通砂、掺和料、外加剂，加水搅拌，灌模成型养护而成。《轻集料混凝土小型砌块》（GB/T 1522—2002）规定，砌块主规格尺寸为 390 mm × 190 mm × 190 mm。按砌块内孔洞排数分为：实心（O）、单排孔（1）、双排孔（2）、三排孔（3）和四排孔（4）五类。砌块表观密度分为：500、600、700、800、900、1 200 及 1 400 等 8 个等级，其中，用于围护结构或保温结构的实心砌块表的观密度不应大于 800 kg/m³。砌块抗压强度分为 10.0、7.5、5.0、3.5、2.5、1.5 等 6 个强度等级。按砌块尺寸偏差及外观质量分为一等品（B）及合格品（C）两个质量等级。

四、粉煤灰硅酸盐中型砌块（简称粉煤灰砌块）

粉煤灰硅酸盐中型砌块是以粉煤灰、石灰、石膏和集料等为原料，经加水搅拌、振动成型、蒸汽养护而制成的密实砌块。其主规格尺寸为 880 mm × 380 mm × 240 mm 及 880 mm × 430 mm × 240 mm 两种。国家建材局标准《粉煤灰砌块》（JC 238—91）规定，按砌块的抗压强度分为 MU10 和 MU13 两个强度等级；按砌块尺寸偏差、外观质量及干缩性能分为一等品（B）和合格品（C）两个质量等级。

用于一般工业和民用建筑物墙体和基础。不宜用在有酸性介质侵蚀的建筑部位，也不宜用于经常受高温影响的建筑物。

在常温施工时，砌块应提前浇水润湿，冬季施工时则不需浇水润湿。

第五节　建筑板材

一、预应力空心墙板

用高强度低松弛预应力钢绞线，52.5 MPa 强度等级早强水泥及砂、石为原料，经过钢绞线张拉、水泥砂浆搅拌、挤压、养护及放张、切割而成的混凝土制品。

特点：板面平整，尺寸误差小，施工使用方便，减少湿作业，加快施工速度，提高工程质量。用于承重或非承重的外墙板及内墙板。

根据需要可增加保温吸声层、防水层和多种饰面层（彩色水刷石、剁斧石、喷砂和釉面砖等），可制成各种规格尺寸的楼板、屋面板、雨罩和阳台板等。

二、玻璃纤维增强水泥-多孔墙板（简称 GRC-KB 墙板）

以低碱水泥为胶结料，抗碱玻璃纤维（或中碱玻璃纤维加隔离覆被层）的网格布为增强材料，以膨胀珍珠岩、加工后的锅炉炉渣、粉煤灰为集料，按适当配合比经搅拌、灌注、成型、脱水、养护等工序制成。

特点：质量轻、强度高、不燃、可锯、可钉、可钻，施工方便且效率高。
主要用于工业和民用建筑的内隔墙。

三、轻质隔热夹芯板

轻质隔热夹芯板外层是高强材料（镀锌彩色钢板、铝板、不锈钢板或装饰板等），内层是轻质绝热材料（阻燃型发泡聚苯乙烯或矿棉等），通过自动成型机，用高强度黏结剂将两者黏合，经加工、修边、开槽、落料而成板材。

质量为 10~14 kg/m^2，导热系数为 0.021 W/(m·K)，良好的绝热和防潮性能，较高的抗弯和抗剪强度，安装灵活快捷，可多次拆装重复使用。

可用于厂房、仓库和净化车间、办公楼、商场等工业和民用建筑，还可用于房屋加层、组合式活动房、室内隔断、天棚、冷库等。

四、网塑夹芯板

网塑夹芯板是由呈三维空间受力的镀锌钢丝笼格做骨架，中间填以阻燃型发泡聚苯乙烯组合而成的复合墙板。

网塑夹芯板质量轻，绝热、吸声性能好，施工速度快。主要用于宾馆、办公楼等的内隔墙。

五、纤维增强低碱度水泥建筑平板（TK板）

纤维增强低碱度水泥建筑平板是以低碱度水泥、中碱玻璃纤维或石棉纤维为原料制成的薄型建筑平板。

特点：具有质量轻、抗折、抗冲击强度高、不燃、防潮、不易变形和可锯、可钉、可涂刷。

TK板与各种材质的龙骨、填充料复合后，可用作多层框架结构体系、高层建筑、旧房加屋改造中的内隔墙。

第六节 屋面材料

瓦是最常用的屋面材料，主要起防水和防渗等作用。

一、黏土瓦

是以黏土、页岩为主要原料，经成型、干燥、焙烧而成。成型方式可用模压成型或挤压成型。生产工艺和烧结普通砖相同。

黏土瓦有平瓦和脊瓦两种，颜色有青色和红色，平瓦用于屋面，脊瓦用于屋脊。

根据行业标准《黏土瓦》（JC 709—1998），平瓦的规格尺寸主要在 400 mm × 240 mm 至 360 mm × 220 mm 之间。每平方米屋面需覆盖的片数分别为 14 块至 16.5 块。平瓦分为优等品、一等品及合格品 3 个质量等级。单片瓦最小的抗折荷重不得小于 1 020 N。经 15 次冻融循环后无分层、开裂和剥落等损伤。抗渗性要求为不得出现水滴。

黏土瓦质量大、质脆、易破损。

二、混凝土瓦

是以水泥、砂或无机的硬质细集料为主要原料，经配料混合、加水搅拌、机械滚压或人工操压成型、养护而成。

根据行业标准《混凝土瓦》(JC 746—1999)，其主要规格尺寸为 420 mm×330 mm。按承载力和吸水率要求分为优等品（A）、一等品（B）及合格品（C）3个质量等级。此外，混凝土瓦尚需满足规范所要求的尺寸偏差、外观质量、质量偏差及抗渗性、抗冻性等。

混凝土平瓦可用来代替黏土瓦，其耐久性好、成本低，但质量大于黏土瓦，如在配料时加入颜料，可制成彩色混凝土平瓦。

三、石棉水泥波瓦

是用水泥和温石棉为原料，经加水搅拌、压波成型、养护而成的波形瓦。分为大波瓦、中波瓦、小波瓦和脊瓦四种。

根据国家标准《石棉水泥波瓦及其脊瓦》(GB 9722—1996)，其规格尺寸如下：大波瓦为 2 800 mm×994 mm、中波瓦为 2 400 mm×745 mm 和 1 800 mm×745 mm、小波瓦为 1 800 mm×720 mm。按波瓦的抗折力、吸水率和外观质量分为优等品、一等品和合格品3个质量等级。

可作屋面材料来覆盖层面，也可作墙面材料装敷墙壁。

现正逐步采用耐碱玻璃纤维和有机纤维生产水泥波瓦，原因：石棉纤维对人体健康有害。

四、铁丝网水泥大波瓦

是用普通水泥和砂加水混合后浇模，中间放置一层冷拔低碳钢丝网，成型后经养护而成。其尺寸为 1 700 mm×830 mm×14 mm，质量较大（50±5 kg），适用于作工厂散热车间、仓库及临时性建筑的屋面或围护结构。

五、塑料瓦

1. 聚氯乙烯波纹瓦（又称塑料瓦楞板）

是以聚氯乙烯树脂为主体，加入添加材料，经塑化、压延、压波而制成的波形瓦。其规格尺寸为 2 100 mm×(1 100~1 300) mm×(1.5~2) mm。

特点：质量轻、防水、耐腐蚀、透光、有色泽。

常用作车棚、凉棚、果棚等简易建筑的屋面，也可用作遮阳板。

2. 玻璃钢波形瓦

是用不饱和聚酯树脂和玻璃纤维为原料，经手工糊制而成。其尺寸为长 1 800 mm，宽 740 mm，厚 0.8~2.0 mm。

质量轻、强度高、耐冲击、耐高温、耐腐蚀、透光率高、色彩鲜艳和生产工艺简单。适用于屋面、遮阳、车站月台和凉棚等。

六、金属波形瓦（也称为金属瓦楞板）

是以铝合金板、薄钢板或镀锌铁板等轧制而成，还有用薄钢板轧成瓦楞状，再涂以搪瓷釉，经高温烧制而得的搪瓷瓦楞板。金属波形瓦质量轻、强度高、耐腐蚀、光反射好、安装方便，适用于屋面、墙面等。

复习思考题

1. 烧结普通砖是用哪些原料制作的？其标准尺寸多大？
2. 烧结普通砖的技术要求有哪些？其强度等级和质量等级是如何测定、如何划分的？
3. 砌块有哪些优点？目前工程中用得较多的砌块有哪些？
4. 使用墙板有什么好处？常用的墙板有哪些种类和品种？
5. 常用的瓦有哪些品种？

第十二章 土木工程材料发展及展望

本章将结合中国古代和近代建筑发展的历史，讲述土木工程材料的发展情况。在本章中并不会具体举出某种或某类其他的土木工程材料来进行讲述。而是希望读者在了解人类建筑发展的同时，注意到建筑材料在人类建筑发展中的重要作用，甚至清楚一种新型的建筑材料的诞生或者对旧建筑材料的取代，那就意味着人类一个新时期的到来，所有的建筑将会随之改变。

一、中国古代建筑的发展历史

1. 创始阶段

这一时代包括中国原始社会新石器时代中、晚期和整个奴隶社会的夏、商、周。

以定居为基础的新石器时代，是我国古代建筑艺术的萌生时期。由于自然条件的不同，黄河流域及北方地区流行穴居、半穴居及地面建筑；长江流域及南方地区流行地面建筑及干栏式建筑。

到了商代，建筑又有了较大的发展。在河南偃师二里头发现了商代早期宫殿遗址。商代末年，商纣王大兴土木："南距朝歌，北距邯郸及沙丘，皆为离宫别馆。"这一历史记载也已为现代考古发掘所证实。

周朝的建筑较之殷商更为发达，尤其技术进步很大，开始用瓦盖屋顶。此时建筑以版筑法为主，其屋顶如翼，木柱架构，庭院平整，已具一定法则。在陕西岐山凤雏村发现了西周早期宫殿遗址，在扶风召陈村有西周中晚期的建筑遗址。

"上古穴居而野处，后世圣人易之以宫室，上栋下宇，以避风雨。"人类从穴居到发明三尺高的茅屋再到建筑高大宫室，从原始本能的遮风避雨到崇尚、表现高大雄伟的壮美之感，艺术的进步也是随着人类生产力的不断提高和经济的发展而不断进步的。

2. 成型阶段

这一阶段处于封建社会初期，从春秋直到南北朝。其中春秋、战国是这一阶段的序曲；秦、汉是主题，是中国古代建筑发展史的第一个高峰；三国、两晋是第一高峰的余脉；南北朝是下一阶段，即成熟阶段的序曲。

在这一历史阶段，中国古代建筑体系已经定型。在构造上，穿斗架、叠梁式构架、高台建筑、重楼建筑和干栏式建筑等相继确立了自身体系，并成了日后 2 000 多年中国古代木构建筑的主体构造形式。在类型上，城市的格局、宫殿建筑和礼制建筑的形制，佛塔、石窟寺、住宅、门阙、望楼等都已齐备。

春秋战国时期，各诸侯国皆大兴土木，"高台榭，美宫室。"今天，我们仍可在燕赵古都30多所高大的台址上窥见当时宫殿建筑之一斑。

秦代后，开始了中国建筑史上首次规模宏大的工程，这便是上林苑、阿房宫。此外，又派蒙恬率领30万人"筑长城，固地形，用制险塞。"从中我们可以看到秦作为一个统一的大帝国，在中国建筑历史上所表现出来的气派。

中国建筑从一开始就追求一种宏伟的壮美。汉代建筑规模更大，到汉武帝时更是大兴宫殿、广辟苑囿，较著名的建筑工程有长乐宫、未央宫等。汉代宫殿突出雄伟、威严的气势，后苑和附属建筑却又表现出雅致、玲珑的柔和之美，这与秦代的相比显然又有了很大的艺术进步。

魏晋南北朝佛教盛行，给中国建筑艺术蒙上一层神秘的色彩。寺庙建筑大盛，难怪唐代诗人杜牧有"南朝四百八十寺，多少楼台烟雨中。"值得一提的是，北朝不仅寺庙建筑众多而且依山开凿石窟，造佛像刻佛经，今天我们仍可见的云冈、龙门石窟都是中国及世界建筑史上的奇观。

3. 成熟阶段

这是中国古代建筑达到顶峰的时代，也是中国古代各民族间建筑第二次大融合的年代。这一历史阶段有较多的建筑遗存，并开始有了总结性著述。

这一历史阶段又可分为前、后半期。前半期包括隋、唐两个朝代，后半期包括五代、宋、辽、金各代。隋唐建筑气势雄伟、粗犷简洁、色彩朴实；而以两宋为代表的建筑风格趋于精巧华丽，纤缛繁复、色彩"绚丽如织绣"。

这一历史时期的建筑成就表现在建筑类型更为完善，规模极其恢宏；在建筑设计和施工中广泛使用图样和模型；建筑师从知识分子和工匠中分化出来成为专门职业；建筑技术上又有了新发展并趋于成熟——组合梁柱的运用，材分模数制的确立，铺作层的形成。此外，这一时期还留下了为数众多的伟大建筑。

隋唐建筑的主要成就在皇宫建筑方面。隋唐兴建的长安城是中国古代最宏大的城市，唐代增建的大明宫，特别是其中的含元殿，气势恢宏而高大雄壮，充分体现了大唐盛世的时代精神。此外，隋唐时期还兴建了一系列宗教建筑，以佛塔为主，如玄奘塔、香积寺塔、大雁塔等。

北宋将汴京外城东北部扩展了一些，并仿洛阳宫殿的制度修了大内宫殿。南宋偏安江南，在临安多建游幸苑囿。

4. 程式化阶段

这一阶段指元、明、清（1840年前）。我们所谓此时的建筑步入衰微，是指其体系的凝固化和不适应性，并非建筑技术上的后退。

这一历史阶段里重要的建筑活动和变革有：元大都，明、清北京城的兴建，这是中国古代封建帝都建设的总结与终结；木构造技术的变革——拼合梁柱的大量使用、斗拱作用的衰退、模数制的进一步完善促使设计标准化、定型化以及砖石建筑的普及；施工机构的双轨制及设计工作的专业化；个体建筑形制的凝固，总体设计的发达。

这一时期建筑遗存十分丰富,重要的有明、清北京城、故宫和一些大型的皇家园林、众多的私家园林及许多著名的寺观建筑。

在上述四个阶段中,我国的建筑发展在第一阶段具有最大的变革,因为人类从穴居、半穴居向人造建筑的居住方式发展,这正是在建筑材料上的使用有了大的变化,从利用天然洞穴到使用石材、木材进行加工后使用。这种建筑材料上的变化带来人类文明社会的发展。

在后面的几个阶段中,我国的建筑虽然有很显著的发展,但是由于建筑材料的使用和改变并不大,所以使得建筑只是在结构上和艺术氛围上有了不同的特点和区别。直到近代我国的建筑特点发生了巨大的变化。

二、中国近代建筑的发展历史

从清代 1840—1911 年,此时中国社会已经完全沦为半殖民地、半封建性质。大量外国文化、建筑、技术涌入,被动的揭开了中国历史上第三次对外来文化的吸收时期,同时,也揭开了中国近代建筑史沉重的帷幕。这股外来势力动摇了中国传统的价值观,也动摇了中国传统建筑体系的根基。在强大的外来冲击、挑战下,固有的体系显得很不适应而开始解体。

近代(一般指 1840—1919 年)中国发生了前所未有的变革,爆发了史无前例的"新文化运动",出现了"古为今用""洋为中用"的学术思想。同时有一批学子从西方留学归来,带来了西方的技术和思想。在建筑方面,也呈现出新与旧、中与西复杂交织的特殊面貌,大批的新型的建筑出现了。所谓新,一是这些建筑的出现提供了一些前所未有的功用;二是这些建筑的建成采用了新型的建筑材质及与之相应的新的结构方式、施工技术、建筑设备。这些建筑物如车站、银行、医院、学校和新式住宅等,反映了当时的审美特征。

20 世纪以来,随着西方近代和现代建筑的发展,面貌与西方同时期建筑一样的"洋房",在各大城市的租界更是大量出现。这些建筑既保留着古典主义的风采,又有模仿西方文艺复兴时建筑的痕迹,有的建筑还把西方各种古代建筑的形式拼凑于一身,如上海外滩英商汇丰银行、北京留美预备学校清华学堂大礼堂等。

到了 20 世纪 20~30 年代,中国建筑开始向"摩登建筑"方向转化,如上海 24 层的国际饭店。国际饭店是地道的现代建筑,与同时期的西方建筑作品相差无几。从 30 年代起,由于中国受到了日本的侵略,国内战火不断,全国建筑活动不多。

在这个阶段中我国的建筑虽然受到了西方国家建筑的影响,但是这也是历史的趋势。因为在大量新技术、新材料的使用,使得建筑的功能性越来越强,多功能也被当做了重点,原来的建筑材料已经满足不了我国建筑发展的需要。新型建筑材料的引进和使用,使得近代建筑的风格和中国古代建筑的风格相比发生翻天覆地的变化。正在这时战争年代过去了,在这和平时期中我们在建筑上又有什么需要呢?我们建筑的发展方向又是什么呢?答案很简单,那就是全球都在提倡的方向:环保节能、循环使用、高效多功能。而在建筑上想做到这些必须要对建筑材料进行大胆、全面地研发和改革。

本章并没有举例说出其他具体的建筑材料,这是不想约束读者们丰富的想象力。随着科技的不断发展,新型的建筑材料已经层出不穷,其他材料的范围和品种也越来越多。也许在不久的将来,会出现一种新型的建筑材料颠覆现在的世界。

参 考 文 献

[1] 人民共和国交通行业标准. JTJ 051—2007 公路土工试验规程. 北京：人民交通出版社, 2007.
[2] 中华人民共和国国家标准. GB/T14685—2011 建筑用碎石、卵石. 北京：中国标准出版社, 2011.
[3] 中华人民共和国交通行业标准. JTGE20—2011 公路工程沥青及沥青混合料试验规程. 北京：人民交通出版社, 2011.
[4] 中华人民共和国交通行业标准. JTG E30—2005 公路工程水泥及水泥混凝土试验规程. 北京：人民交通出版社, 2005.
[5] 邝为民. 工程材料. 北京：中国铁道出版社, 2001.
[6] 闫宏生. 工程材料. 北京：中国铁道出版社, 2005.
[7] 阎西康. 土木工程材料. 天津：天津大学出版社, 2004.
[8] 田文玉. 建筑材料质量控制与检测. 重庆：重庆大学出版社, 2004.
[9] 安文汉. 铁路工程试验与检测. 山西：山西科学技术出版社, 2006.
[10] 田文玉. 道路建筑材料. 北京：人民交通出版社, 2004.
[11] 伍必庆. 道路材料试验. 北京：人民交通出版社 2002.
[12] 陈晓明. 道路材料. 北京：人民交通出版社, 2005.
[13] 文梓芸. 混凝土工程与技术. 武汉：武汉理工大学出版社, 2004.
[14] 中华人民共和国国家标准. GB/T 1346—2011 水泥标准稠度用水量、凝结时间、安定性检验方法. 北京：中国标准出版社, 2011.
[15] 中华人民共和国交通行标准. JTG E42—2005 公路工程集料试验规程. 北京：人民交通出版社, 2005.
[16] 中华人民共和国国家标准. GB/T232—1999 金属材料弯曲试验方法. 北京：中国标准出版社, 2000.
[17] 中华人民共和国国家标准. GB/T50081—2002 普通混凝土力学性能试验方法标准. 北京：中国建筑工业出版社, 2003.
[18] 中华人民共和国国家标准. JGJ55—2011 普通混凝土配合比设计规程. 北京：中国建筑工业出版社, 2011.
[19] 中华人民共和国建设部标准. GB50204—2002 混凝土结构工程施工质量验收规范. 北京：中国建筑工业出版社, 2002.
[20] 中华人民共和国国家标准. GB/5080—2002 混凝土拌和物性能试验方法标准. 北京：中国建筑工业出版社, 2003.
[21] 中华人民共和国交通行业标准. JTG E40—2005 公路工程岩石试验规程. 北京：人民交通出版社, 1995.
[22] 中华人民共和国国家标准. 光圆钢筋（第一部分）GB1499.1—2008 钢筋混凝土用钢. 北京：中国标准出版社, 2008.
[23] 中华人民共和国国家标准. 热轧带肋钢筋（第二部分）GB1499.1—2008 钢筋混凝土用钢. 北京：中国标准出版社, 2007.
[24] 中华人民共和国国家标准. GB700—2006 碳素结构钢. 北京：中国标准出版社, 2007.